Center for Chemical Process Safety/AIChE

化学工学会 SCE・Net安全研究会＝訳

若い技術者のための
プロセス安全入門

丸善出版

Introduction to
Process Safety for Undergraduates
and Engineers

by

CENTER FOR CHEMICAL PROCESS SAFETY
of the
AMERICAN INSTITUTE OF CHEMICAL ENGINEERS

Copyright © 2016 by the American Institute of Chemical Engineers, Inc. All rights reserved.

This translation published under license with the original publisher John Wiley & Sons, Inc. through Japan UNI Agency, Inc., Tokyo.

Japanese Copyright © 2018 by Maruzen Publishing Co., Ltd.

Printed in Japan

訳 者 序 文

　公益社団法人化学工学会の SCE・Net（シニアケミカルエンジニアズ・ネットワーク）安全研究会は，化学品メーカー，エンジニアリング会社など，長年，化学産業に従事してきたエンジニアの集まりである．安全研究会では毎月，AIChE CCPS（アメリカ化学工学会　化学プロセス安全センター）が発行する PSB（Process Safety Beacon）の和訳と，PSB のテーマに関するメンバーの経験や意見をまとめた「安全談話室」を公表しており，2015 年には CCPS と共著の形で『事例に学ぶ 化学プロセス安全──Beacon の教訓と事故防止の知恵』（丸善出版）も上梓している．これらの活動は企業の第一線で働いてきたエンジニアとして，日本の化学産業におけるプロセス安全に貢献したいという思いの下に続けているもので，本書の出版もその活動の一環である．

　本書は 2016 年に CCPS が Wiley 社（John Wiley & Sons）から発行した "Introduction to Process Safety for Undergraduates and Engineers" の翻訳である．タイトルから分かるように，この本は元々，アメリカの大学生及び若手のエンジニアに向けて書かれたもので，2007 年に CCPS が提唱した RBPS（リスクに基づくプロセス安全）を分かり易く解説した入門書である．SCE・Net 安全研究会では，この本がプロセス安全の全容を理解するのに最適な書籍の一つであると考えて，CCPS, Wiley 社と丸善出版株式会社に和訳の出版を提案し，2017 年 7 月に同意を取り付けた．この時，既に化学工学会　安全部会のチームが CCPS の "Guidelines for Risk Based Process Safety"（『リスクに基づくプロセス安全ガイドライン』）の翻訳に着手しており，丸善出版から同時に上梓させて頂くこととなった．これにより，読者の皆様に RBPS に関する和訳書籍を二冊同時に提供できる運びとなった．

　日本では PSM（プロセス安全管理）は，アメリカにおけるように強制されてはいない．従って，各会社は OSHA PSM（労働安全衛生管理局　プロセス安全管理）などを参考に自主的に PSM に取り組み，リスクアセスメントなども行ってきているが，断片的な取り組みになりがちだと言われている．既に PSM に取り組んでいる会社や，こ

れから取り組もうとしている会社においても，社員一人ひとりが PSM の全容を理解していることはプロセス安全を業務に反映させる基礎となるであろう．特に第 7 章は，アメリカの化学プロセス産業において，若手の技術者たちが経験するであろうことについて記述してあり，PSM が生産現場だけの課題ではなく，現代の企業経営の一部であることを垣間見ることが出来る．化学プロセスを扱う企業の経営や管理に係わる多くの方々にも参考にして頂ければ幸いである．そして，本書が元々対象としている学生の皆さんには，化学産業に就職するのであれば，PSM の知識を持っていることが，もはやグローバルには常識になっていることを知っておいて頂きたい．尚，第 6 章はAIChE SAChE（安全教育委員会）の提供する学習教材の紹介となっている．一部に無償で提供されているコースもあるので，英語が堪能な方は試してみては如何だろう．

　化学工学会　安全部会の翻訳チームは東京工業大学准教授の渕野哲郎先生がリードされているのに対して，我々 SCE・Net 安全研究会は東京大学名誉教授の田村昌三先生に査読していただくことで，学術的な見地からの検証を行った．田村先生には，快く査読を承諾して頂き，多くのアドバイスを頂いた．心より感謝申し上げる．

　安全部会が翻訳を手掛けた『リスクに基づくプロセス安全ガイドライン』とは，出来る限り用語を統一したいと考えて努力したが，本書が入門書であることを考慮し，言葉の厳密性よりも分かり易さを優先した部分がある．このために表現を変えたものもあるが，大きな違いは無い．

　本書を出版するに際して，丸善出版株式会社の長見裕子氏と糠塚さやか氏には，大変お世話になった．この場を借りてお礼を申し上げる．

　　2018 年　深秋

化学工学会 SCE・Net

安全研究会幹事　竹　内　　亮

目　　次

頭字語および略語 ……………………………………………………… xi

用語解説 ………………………………………………………………… xv

謝　辞 …………………………………………………………………… xxi

序　文 …………………………………………………………………… xxiii

1　はじめに ………………………………………………………… 1

1.1　本書の目的 …………………………………………………… 1

1.2　対象読者 ……………………………………………………… 1

1.3　プロセス安全とは何か？ …………………………………… 2

1.4　本書の構成 …………………………………………………… 3

1.5　参考文献 ……………………………………………………… 4

2　プロセス安全の基礎 …………………………………………… 5

2.1　リスクに基づくプロセス安全 ……………………………… 5

ピラー：プロセス安全を誓う ………………………………… 12

2.2　プロセス安全文化 …………………………………………… 12

2.3　規範の遵守 …………………………………………………… 15

2.4　プロセス安全能力 …………………………………………… 17

2.5　従業員の参画 ………………………………………………… 18

2.6　利害関係者との良好な関係 ………………………………… 19

ピラー：ハザードとリスクを理解する ……………………… 20

2.7　プロセス知識管理 …………………………………………… 20

2.8　ハザードの特定とリスク分析 ……………………………… 22

ピラー：リスクを管理する …………………………………… 25

2.9　運転手順 ……………………………………………………… 25

2.10　安全な作業の実行 …………………………………………… 27

2.11　設備資産の健全性と信頼性 ………………………………… 29

iv　目　次

2.12	協力会社の管理	31
2.13	訓練と能力保証	32
2.14	変更管理	34
2.15	運転準備	36
2.16	操業の遂行	38
2.17	緊急時の管理	39

ピラー：経験から学ぶ······································43

2.18	事故調査	43
2.19	測定とメトリクス	46
2.20	監　査	47
2.21	マネジメントレビューと継続的な改善	49
2.22	まとめ	50
2.23	参考文献	51

3　プロセス安全の必要性······································55

3.1　プロセス安全文化：テキサス州テキサスシティー，BP 社製油所
　　爆発，2005 年···59

　　3.1.1　要　約···59

　　3.1.2　事故の詳細···59

　　3.1.3　原　因···61

　　3.1.4　重要な教訓···62

　　3.1.5　参考文献および調査報告書へのリンク·················64

3.2　設備資産の健全性と信頼性：テキサス州 ARCO 社チャネル
　　ヴューでの爆発，1990 年····································65

　　3.2.1　要　約···65

　　3.2.2　事故の詳細···65

　　3.2.3　原　因···66

　　3.2.4　重要な教訓···66

　　3.2.5　参考文献および調査報告書へのリンク·················66

3.3　プロセス安全文化：NASA スペースシャトル，コロンビア号
　　の大惨事，2003 年···67

　　3.3.1　要　約···67

　　3.3.2　事故の詳細···68

目　次　　v

　　　3.3.3　原　因 ………………………………………………………… 69
　　　3.3.4　重要な教訓 …………………………………………………… 70
　　　3.3.5　参考文献および調査報告書へのリンク ………………………… 71
　3.4　プロセス知識管理：ペンシルバニア州ハノーバー・タウンシップ，
　　　コンセプト・サイエンス社爆発，1999 年 ………………………… 71
　　　3.4.1　要　約 ………………………………………………………… 71
　　　3.4.2　事故の詳細 …………………………………………………… 72
　　　3.4.3　原　因 ………………………………………………………… 74
　　　3.4.4　重要な教訓 …………………………………………………… 74
　　　3.4.5　参考文献および調査報告書へのリンク ………………………… 74
　3.5　ハザードの特定とリスク分析：エッソ社ロングフォードガス
　　　プラント爆発，1998 年 …………………………………………… 75
　　　3.5.1　要　約 ………………………………………………………… 75
　　　3.5.2　事故の詳細 …………………………………………………… 75
　　　3.5.3　原　因 ………………………………………………………… 77
　　　3.5.4　重要な教訓 …………………………………………………… 78
　　　3.5.5　参考文献および調査報告書へのリンク ………………………… 78
　3.6　運転手順：アイオワ州ポートニール，硝酸アンモニウム爆発，
　　　1994 年 …………………………………………………………… 79
　　　3.6.1　要　約 ………………………………………………………… 79
　　　3.6.2　事故の詳細 …………………………………………………… 79
　　　3.6.3　原　因 ………………………………………………………… 81
　　　3.6.4　重要な教訓 …………………………………………………… 81
　　　3.6.5　参考文献および調査報告書へのリンク ………………………… 82
　3.7　安全な作業の実行：英国，北海，パイパーアルファ，1988 年 …… 82
　　　3.7.1　要　約 ………………………………………………………… 82
　　　3.7.2　事故の詳細 …………………………………………………… 84
　　　3.7.3　原　因 ………………………………………………………… 85
　　　3.7.4　重要な教訓 …………………………………………………… 86
　　　3.7.5　参考文献および調査報告書へのリンク ………………………… 87
　3.8　協力会社の管理：ミシシッピー州ローリー，パートリッジ・
　　　ローリー油槽所の爆発，2006 年 ………………………………… 87
　　　3.8.1　要　約 ………………………………………………………… 87
　　　3.8.2　事故の詳細 …………………………………………………… 88

vi　　目　　次

3.8.3　原　因 ……………………………………………………………… 89

3.8.4　重要な教訓 …………………………………………………………… 89

3.8.5　参考文献および調査報告書へのリンク ………………………… 90

3.9　設備資産の健全性と信頼性：英国，ミルフォード・ヘブン，
テキサコ製油所の爆発，1994 年 ……………………………………… 90

3.9.1　要　約 ……………………………………………………………… 90

3.9.2　事故の詳細 ……………………………………………………… 91

3.9.3　原　因 …………………………………………………………… 92

3.9.4　重要な教訓 ……………………………………………………… 92

3.9.5　参考文献および調査報告書へのリンク ……………………… 92

3.10　操業の遂行：イリノイ州イリオポリス，台湾プラスチック社
塩ビモノマー爆発，2004 年 ………………………………………… 93

3.10.1　要　約 …………………………………………………………… 93

3.10.2　事故の詳細 …………………………………………………… 94

3.10.3　原　因 ………………………………………………………… 95

3.10.4　重要な教訓 …………………………………………………… 96

3.10.5　参考文献および調査報告書へのリンク …………………… 97

3.11　変更管理：英国，フリックスボローの爆発，1974 年 …………… 97

3.11.1　要　約 …………………………………………………………… 97

3.11.2　事故の詳細 …………………………………………………… 97

3.11.3　原　因 ………………………………………………………… 99

3.11.4　重要な教訓 …………………………………………………… 100

3.11.5　参考文献および調査報告書へのリンク …………………… 100

3.12　緊急時の管理：スイス，サンド社倉庫火災，1986 年 ………… 101

3.12.1　要　約 …………………………………………………………… 101

3.12.2　重要な教訓 …………………………………………………… 102

3.12.3　参考文献および調査報告書へのリンク …………………… 103

3.13　操業の遂行：アラスカ，エクソン・バルディーズ号，1989 年 … 103

3.13.1　要　約 …………………………………………………………… 103

3.13.2　事故の詳細 …………………………………………………… 104

3.13.3　原　因 ………………………………………………………… 106

3.13.4　重要な教訓 …………………………………………………… 106

3.13.5　参考文献および調査報告書へのリンク …………………… 107

3.14　規範の遵守：メキシコシティ，ペメックス LPG 基地，1984 年 … 107

目　　次　vii

　　　3.14.1　要　約··107
　　　3.14.2　事故の詳細··107
　　　3.14.3　原　因··110
　　　3.14.4　重要な教訓··110
　　　3.14.5　参考文献および調査報告書へのリンク················110
　3.15　プロセス安全文化：インド，ボパール，イソシアン酸メチル
　　　　放出，1984 年··111
　　　3.15.1　要　約··111
　　　3.15.2　事故の詳細··111
　　　3.15.3　重要な教訓··112
　　　3.15.4　参考文献および調査報告書へのリンク················113
　3.16　教訓を活かせなかった例：メキシコ湾，BP 社マコンド油井の
　　　　暴噴，2010 年··114
　　　3.16.1　要　約··114
　　　3.16.2　事故の詳細··115
　　　3.16.3　重要な教訓··119
　　　3.16.4　参考文献および調査報告書へのリンク················120
　3.17　まとめ··120
　3.18　参考文献··122

4　エンジニアリング分野でのプロセス安全······················123
　4.1　背　景··123
　4.2　プロセス知識管理··123
　4.3　規範の遵守··126
　4.4　ハザードの特定とリスク分析····································128
　組織変更管理··129
　4.5　設備資産の健全性と信頼性······································130
　4.6　安全な作業の実行··131
　4.7　事故調査··132
　4.8　さらに学ぶための学習教材······································132
　4.9　要　約··135
　4.10　参考文献··135

viii　目　次

5　設計におけるプロセス安全 ……………………………………… **137**

- 5.1　プロセス安全設計戦略 …………………………………………137
- 5.2　一般的単位操作とその故障モード ……………………………138
  - 5.2.1　ポンプ，コンプレッサー，送風機 …………………………138
  - 5.2.2　熱交換装置 ………………………………………………145
  - 5.2.3　物質移動：蒸留，浸出と抽出，吸着 ………………………149
  - 5.2.4　機械的分離/固液分離 ……………………………………155
  - 5.2.5　反応器と反応のハザード …………………………………159
  - 5.2.6　燃焼加熱設備 ……………………………………………164
  - 5.2.7　貯　蔵 …………………………………………………169
  - 一般的な故障モード …………………………………………177
- 5.3　石油精製プロセス …………………………………………181
  - 5.3.1　製油所における一般的なプロセス安全ハザード ……………182
  - 5.3.2　原油の処理と分離 …………………………………………183
  - 5.3.3　軽質炭化水素の処理と分離 ………………………………184
  - 5.3.4　水素化処理 ………………………………………………185
  - 5.3.5　接触分解 …………………………………………………187
  - 5.3.6　改　質 …………………………………………………188
  - 5.3.7　アルキル化 ………………………………………………189
  - 5.3.8　コーキング（重質油熱分解）……………………………190
- 5.4　非定常運転状態 ……………………………………………192
  - 5.4.1　概　要 …………………………………………………192
  - 5.4.2　プロセス安全事故事例 ……………………………………193
  - 5.4.3　設計上の注意 ……………………………………………194
- 5.5　参考文献 ……………………………………………………195

6　学習教材 ……………………………………………………… **199**

- 6.1　はじめに ……………………………………………………199
- 6.2　本質安全設計 ………………………………………………200
- 6.3　プロセス安全管理と人命の尊重 ………………………………200
- 6.4　プロセス安全の概要と化学プロセス産業における安全性 ………201
- 6.5　プロセスハザード …………………………………………201
  - 6.5.1　化学反応の危険性（ハザード）……………………………202

目　　次　　ix

6.5.2　火災と爆発 ·· 203
6.5.3　その他のハザード ··· 204
6.6　ハザードの特定とリスク分析 ·· 204
6.7　緊急放出システム ··· 206
6.8　Case Histories ·· 207
6.8.1　暴走反応 ·· 208
6.8.2　その他の事故事例 ··· 208
6.9　その他のモジュール ·· 210
6.10　まとめ ·· 211
6.11　参考文献 ··· 211

7　職場でのプロセス安全 ·· 213

7.1　新人に期待されること ··· 213
7.1.1　正式なトレーニング ·· 213
7.1.2　運転員や技能工とのインターフェース ······································ 216
7.2　新しいスキル ·· 217
7.2.1　ノンテクニカル・スキル ·· 217
7.2.2　テクニカル・スキル ·· 219
7.3　安全文化 ··· 219
7.4　操業の遂行 ··· 220
7.4.1　運転規律 ·· 221
7.4.2　エンジニアリング規律 ··· 234
7.4.3　管理者の規律 ·· 236
7.4.4　その他の「操業の遂行」に関する新任エンジニアのための
　　　　トピックス ··· 241
7.5　まとめ ·· 242
7.6　参考文献 ··· 243

付録A　RAGAGEP サンプルリスト ·· 244
付録B　CSB ビデオのリスト ·· 246
付録C　反応性化学物質のチェックリスト ·· 250
C.1　化学反応によるハザードの特定 ··· 250
C.2　反応プロセスの設計での注意事項 ··· 253

x　　目　　次

　　　C.3　学習教材と出版物 ·· 254
付録 D　SACHE トレーニングコースのリスト ······························· 256
付録 E　反応危険性評価ツール ··· 258
　　　E.1　スクリーニングテーブルとフローチャート ······················ 258
　　　E.2　参考文献 ··· 259

索　引 ·· 261

頭字語および略語

ACC	American Chemistry Council：米国化学審議会
AIChE	American Institute of Chemical Engineers：アメリカ化学工学会
API	American Petroleum Institute：アメリカ石油協会
ASME	American Society of Mechanical Engineers：アメリカ機械工学会
BLEVE	boiling liquid expanding vapor explosion：沸騰液膨張蒸気爆発，ブレビー
BMS	burner management system：バーナー管理システム
CEI	Chemical Exposure Index (Dow Chemical)：（ダウケミカル）化学物質暴露指数
CFR	Code of Federal Regulations：連邦規則コード
CMA	Chemical Manufacturers Association：化学品製造業者協会
CSB	US Chemical Safety Board：米国化学安全委員会（アメリカ化学物質安全委員会）
CCPS	Center for Chemical Process Safety：化学プロセス安全センター
CCR	continuous catalyst regeneration：連続触媒再生
COO	conduct of operations：操業の遂行
COO	chief operating officer：最高執行責任者
CPI	chemical process industries：化学プロセス産業
DCU	delayed coker unit：ディレードコーカー設備
DDT	deflagration to detonation transition：爆燃から爆轟への転移
DIERS	Design Institute for Emergency Relief Systems：緊急放出システム設計研究所
ERS	emergency relief system：緊急放出システム
EPA	US Environmental Protection Agency：アメリカ環境保護庁
FCCU	fluidized catalytic cracking unit：流動接触分解装置
F&EI	Fire and Explosion Index (Dow Chemical)：（ダウケミカル）火災爆発指数
FMEA	failure modes and effect analysis：故障モード影響分析
HAZMAT	hazardous materials：危険物質

HAZOP	hazard and operability study：ハザードと操作性レビュー，ハゾップ
HIRA	hazard identification and risk analysis：ハザードの特定とリスク分析
HTHA	high temperature hydrogen attack：高温水素浸食
HSE	Health & Safety Executive (UK)：英国安全衛生庁
I&E	instrument and electrical：計装・電気
IDLH	immediately dangerous to life and health：脱出限界濃度（国立職業安全衛生研究所（NIOSH）と労働安全衛生管理局（OSHA）が定めており，30分以内に脱出不能な状態や回復不能な健康障害に陥る危険を回避できる限界の濃度を意味）
ISD	inherently safer design：本質安全設計
ISO	International Organization for Standardization：国際標準化機構
ISOM	isomerization unit：異性化設備
ITPM	inspection, testing and preventive maintenance：検査，試験および予防保全
KPI	key performance index：重要なパフォーマンスの指標(「重要業績評価指標」「重要達成度指標」「重要成果指標」「重要管理項目」などと訳される)
LFL	lower flammable limit：燃焼下限界
LNG	liquefied natural gas：液化天然ガス
LOPA	layer of protection analysis：防護層分析
LOTO	lockout tagout：ロックアウト・タグアウト
LPG	liquefied petroleum gas：液化石油ガス
MAWP	maximum allowable working pressure：最大許容使用圧力
MCC	motor control center：動力制御室
MIE	minimum ignition energy：最小着火エネルギー
MOC	management of change：変更管理
MOOC	management of organizational change：組織変更管理
MSDS	material safety datasheet：（化学）物質安全データシート
NASA	National Aeronautics and Space Administration：米国航空宇宙局
NDT	nondestructive testing：非破壊検査
NFPA	National Fire Protection Association：全米防火協会
OCM	organizational change management：組織変更管理

OIMS	Operational Integrity Management System（ExxonMobil）：（エクソンモービル）安全・健康・環境のトータルマネジメントシステム
OSHA	US Occupational Safety and Health Administration：米国労働安全衛生管理局
PHA	process hazard analysis：プロセスハザード分析
PLC	programmable logic controller：プログラマブルロジックコントローラ
PRA	probabilistic risk assessment：確率論的リスク評価
PRD	pressure relief device：圧力放出装置
PRV	pressure relief valve：リリーフ弁
PSB	Process Safety Beacon：プロセス安全ビーコン（訳者註：CCPS が毎月発行しているプロセス安全に関するリーフレットの名称）
PSE	process safety event：プロセス安全小事故
PSI	process safety information：プロセス安全情報
PSI	process safety incident：プロセス安全事故
PSM	process safety management：プロセス安全管理
PSO	process safety officer：プロセス安全管理者
PSSR	pre-startup safety review：運転前の安全レビュー
PSV	pressure safety valve：安全弁
QRA	quantitative risk analysis：定量的リスク分析
RBPS	risk-based process safety：リスクに基づくプロセス安全
RAGAGEP	recognized and generally accepted good engineering practice：一般的技術標準（訳者註："広く認められているエンジニアリング手法" などと訳されることもある）
RMP	risk management plan：リスク管理プラン （risk management program：リスク管理プログラム）
SACHE	safety and chemical engineering education：化学工学会安全教育（委員会）
SCAI	safety controls, alarms, and interlocks：安全制御・アラーム・インターロック
SHE	safety, health and environmental（EHS または HSE とも略される）：安全，健康および環境
SIS	safety instrumented system：安全計装システム

SHIB	Safety Hazard Information Bulletin：(OSHA 発行の）安全上の問題情報
SME	subject matter expert：特定分野の専門家
TQ	threshold quantity：しきい値
UFL	upper flammable limit：燃焼上限界
UK	United Kingdom：イギリス（英国）
US	United States：アメリカ合衆国（米国）
UST	underground storage tank：地下貯蔵タンク
VCE	vapor cloud esplosion：蒸気雲爆発

用 語 解 説

安全計装システム（SIS）: プロセスの安全運転のために装備される計測装置，制御装置，インターロックなどを有する計装・制御・インターロック．

安全弁（PSV）: 圧力が正常状態に回復したときに，閉鎖して流体の流出を防止するように設計された圧力解放装置．

一般的技術標準（RAGAGEP）: 米国労働安全衛生管理局（OSHA）が最初に使用した用語．安全性を確保しプロセス安全事故を防止する目的で，化学設備を設計・運転・維持する場合に適切な工学知識・運転知識・保全知識を選択して応用することを基軸とする．

RAGAGEP とは，適切な内外の基準・適用コード・技術報告書・ガイダンス・類似プロセスに対する推奨手法や文書などに対する評価・分析に基づいて，工学的知識と業界の経験を設計・運転・保全に役立てることである．RAGAGEP は，単一または複数の情報源から得られるが，個々の設備プロセス・物質・業務・その他工学的な課題によって異なる．発音は，[rǽgəgæp]（r の発音に注意して「ラガギャップ」とすると近い発音になる）

引火性液体: 密閉式引火点（NFPA 30 に記述されたテスト方法で決定）が 100°F（37.8°C）以下でかつ 100°F（37.8°C）でのリード蒸気圧（Reid vapor pressure）（ASTM D 323，石油製品の蒸気圧標準試験方法（Reid 法）で決定）が 40 psia（2068.6 mm Hg）を超えない液体．

クラス IA は，引火点が 73°F（22.8°C）未満，沸点が 100°F（37.8°C）未満の液体．
クラス IB は，引火点が 73°F（22.8°C）以下，沸点が 100°F（37.8°C）以上の液体．
クラス IC は，引火点が 73°F（22.8°C）以上，沸点が 100°F（37.8°C）未満の液体．
（NFPA 30）．

（訳者註：本書では NFPA の flammable liquid を引火性液体と訳すが，日本の消防法での定義とは異なることに注意すること）

インターロック: プロセス状態が限界値を外れると起動する防御用の応答機構．例えば，プロセスのある部分が機能しない限り，プロセスの他の部分が機能することを許さない装置．危険性（ハザード）がある場合には機器が作動しないようにするスイッチなどの装置．二つのパーツを繋ぐ際，物理的な干渉だけでぴったりと合わせる機構（訳者註：不適切な組み合わせでは物理的に繋がらない）．必要な条件が満足され

xvi 用語解説

ているかを確認し，安全制御の主回路にその情報を伝達する機構などがある.

運転準備：　プロセスのスタートアップや再スタートの準備が確実に整っているための取り組みに関するプロセス安全管理（PSM）プログラムのエレメント．このエレメントは，メンテナンスのための短いプロセス停止後の再スタートから数年間操業を休止していたプロセスの再スタートに至るまで，いろいろな再スタートの状況に適用される.

運転手順書：　設備を運転するために必要なことについて，手順を追った指示と情報を一冊にまとめた書類で，運転指示・プロセスの詳細・運転限界・化学的危険性・必要な安全装備などが記述されている.

運転前の安全レビュー（PSSR）：　危険な化学物質を投入する前にプロセスに対して行う系統的かつ徹底的なプロセスチェック．PSSR では次の事項を確認しなければならない．建設および機器が設計仕様に合致していること．安全・運転・保全・緊急時の手順が整っており，適切であること．新しい設備はプロセスハザード分析が実施され，スタートアップ前にハザード対策が解決し，実施されており，改変された設備は変更管理要件を満たしていること．プロセスの運転に従事する従業員の訓練が完全に終了していること.

OSHA プロセス安全管理（OSHA PSM）：　法規制（the regulations 49 CFR 1910. 119）が適用されるプロセスから，化学物質やエネルギーが破局的に漏洩することの予防や影響の緩和に役立つ 14 のエレメントからなるマネジメントシステムを用いることを要求している米国の規制基準.

化学プロセス産業：　化学物質を製造・取り扱い・使用する設備を包括して述べる際に，大まかに使用される表現.

火気使用工事：　火気を使用するかまたは火花を生成（例えば，溶接）する可能性があるすべての作業

確率論的リスク評価：　確率論を使用する定量的リスク評価．原子力産業で一般に使われる用語.

可燃性粉塵：　420 ミクロン（μm）以下の直径の微粒固体（米国の No40 の標準篩を通過する物質）で，空気中（または他のガス状酸化物）に分散して着火すると，火災や爆発災害を引き起こす．（訳者註：米国の No. 40 標準篩はタイラー 35 メッシュに相当する）

機械的健全性：　機器が所期の機能を確実に満足するように，設計・設置・保全することに焦点を当てたマネジメントシステム.

故障モード影響分析：　システムの構成要素または機能について，すべての既知の故障モードを順番に吟味するハザード特定の手法で，好ましくない結果に注意を向け

る.

事故：　人々の環境に害を及ぼすことや，資産や事業の損失のような好ましくない結果になる出来事または一連の出来事．火災・爆発・毒性物質の放出，他の有害な物質の放出などが含まれる.

事故調査：　事故の原因を特定し，将来の事故の防止もしくは緩和をするために，原因の対処方法を提案するための体系的なアプローチ．根本原因分析（root cause analysis）や簡易的原因分析（apparent cause analysis）にも着目すること．（訳者註：簡易的原因解析とは事故の直接的な原因に焦点を当てた，簡便的な調査方法）

常圧貯槽（タンク）：　大気圧から 0.5 psig（3.45 kPa gage）の間で使用するように設計された貯槽（タンク）.

蒸気雲爆発（VCE）：　引火性の蒸気，ガス，またはミスト雲に着火することにより引き起こされ，炎の伝搬速度が大きくて著しく高い圧力を生ずる爆発.

設備資産の健全性：　プロセス安全管理（PSM）プログラムのエレメントで，装置が仕様通りに設計，設置され，そのライフサイクルを通じてその目的を満足するように維持管理するための業務活動．設備資産の健全性と信頼性とも呼ばれる.

操業の遂行（COO）：　組織の存在価値と管理システムの原理原則を具体化するために，以下のことを構築し，実行し，維持していくこと．（1）組織がそのリスクを許容できるように運転操作の任務を体系化し，（2）すべての任務を慎重かつ正確に遂行し，（3）任務遂行のばらつきを最小にする.

操業規律（OD）：　すべての業務を必ず毎回，規律に従って遂行することであり，優れた操業の規律に従えば，毎回適切な方法で業務を遂行する結果となる．個人は，操業規律を通して，プロセス安全への誓いを実証する．操業規律は全従業員によって遂行される日々の活動について言及したものである．操業規律は組織内のメンバー一人一人が操業の遂行システム（COO）に基づいて行動することを意味する.

組織変更：　組織内の地位や責任の変更，またはプロセス安全に影響する組織方針や手続きの変更.

組織変更管理（OCM）：　会社（またはその設備）の体系または組織の変更が提案された場合に，その変更について従業員や協力会社員の健康と安全，環境，または周辺の住民に脅威を与える可能性がないかどうかを判断するための調査手法.

チェックリスト分析：　現存の安全対策が適切かどうかについて，チーム討論をスムーズに遂行するために，リストを利用するハザード評価分析手法．予め準備したプロセス安全について考慮すべき事項を記した一つ以上のリストを利用する.

ニアミス：　条件が異なる場合や，その状況が続いた場合には，危害や損失を引き起こしたかもしれないが，現実には起こらずに済んだ想定外の一連の出来事.

xviii 用語解説

爆発： 圧力の不連続または衝撃波を発生させるエネルギーの放出.

ハザードの特定： 事故が発生するという形で好ましくない事象を引き起こす可能性のある物質・システム・プロセス・プラントの特性をリストアップすること.（訳者註：ハザードの「特定」は，より厳密な意味を込めて「同定」と訳される場合もある）

ハザードの特定とリスク分析（HIRA）： 従業員，社会，または環境に対するリスクが組織のリスク許容度の範囲内で確実に管理されるように，設備のライフサイクルを通じたハザードの特定とリスク評価をする活動全体を含む包括的な用語.（訳者註：本書では基本的に「分析」と訳すが「解析」と訳しても間違いではない）

ハザード分析： ハザードの具体化に繋がる好ましくない事象の特定，これらの好ましくない事象が発生するメカニズムの分析および通常はこれらの事象による結果（ハザードの結末）の推定.（訳者註：Hazard Analysis は，「ハザード解析」と訳される場合もある）

ハゾップ（HAZOP）： プロセスの逸脱を調べる一連のガイドワード（訳者註：パラメータの変動をイメージさせる誘導語）を使用して，プロセスのハザードや潜在的な問題を特定する体系的な定性分析手法. HAZOP は，プロセスのあらゆる部分に疑問を呈して，設計の意図からどのような逸脱が起こり得るのか，その原因と結果が何であるかを発見するためのものである. これは，適切なガイドワードを適用することによって体系的に行われる手法である. また，バッチおよび連続プラントのいずれにも有用な体系的かつ詳細なレビュー手法であり，新規プロセスや既存のプロセスに適用してハザードを特定することができる.

反応性化学物質： 着火源なしで，空気中で容易に酸化したり（自然発火や過酸化物の生成），他の物質（酸化剤）の存在下で燃焼を開始させたり促進させたり，水と反応したり，自己反応（重合，分解，転位）したりする化学反応によりハザードをもたらす可能性のある物質. 反応は，熱や機械的エネルギーなどのエネルギーが与えられ，反応速度を加速させる触媒作用によって自然に起こることがある.

ピラー： CCPS の提唱する「リスクに基づくプロセス安全」は，その構成要素としてのエレメント 20 項目をピラーと呼ばれる 4 本の柱に分類して説明している. ピラーは「プロセス安全を誓う」「ハザードとリスクを理解する」「リスクを管理する」「経験から学ぶ」の四つである. エレメントとの対応は "表 2.1 RBPS「エレメント」と OSHA PSM「エレメント」の比較" を参照のこと.

沸騰液膨張蒸気爆発（ブレビー）（BLEVE）： 大気圧で沸点以上の液体が急に減圧され，相応のエネルギー放出を伴いながら液体から気体に瞬間的に移行する急激な相転移の一つ. 引火性液体のブレビーの場合は，圧力容器から出た蒸気が外部の着火源に触れてしばしばファイアボール（火の玉）の発生を伴う. ただし，ブレビーの発生

には，かならずしも液体が引火性である必要はない．

プロセス安全管理（PSM）: 設備に関するプロセスからの化学物質やエネルギーの破局的な漏洩を防止し，備え，緩和し，対応し，復旧することに焦点を置いた管理システム．

プロセス安全管理システム: 偶発的な事故に対する防御が整備，使用され，効果を発揮することを確実にするための方針・手順・慣行を包括したシステムのこと．

プロセス安全事故/事象: プロセスにおいて破局的な事態になる可能性のある事象．例えば，大規模な健康被害や環境被害を引き起こす危険物質の放出/漏洩など．

プロセス安全情報（PSI）: 化学物質・プロセス・装置に関連する物理的，化学的，毒性に関する情報．プロセスの構成・特性・限界・プロセスハザード分析のデータを文書化する際に使用される．

プロセス安全文化: プロセス安全に影響を及ぼす，施設内またはより幅広い組織内のすべての階層の人たちが共通して持つ，価値観・行動・規範のセット．

プロセス知識管理: プロセス安全管理（PSM）プログラムを構成するエレメントの一つで，他の PSM プログラム構成要素に対し情報を集積・体系化・維持管理・提供する役割を担う作業活動を含む．プロセス安全知識は，主として危険性情報・プロセス技術情報・装置情報などの情報を提供する文書からなる．プロセス安全知識は，この PSM エレメントの活動の成果として得られる（訳者註：OSHA PSM では「PSI（プロセス安全情報）」とされているエレメントが，RBPS では「プロセス安全知識（process safety knowledge）」となっている．これは CCPS が，情報は知識となって初めて活用できると考えた変更だと思われる．本書でもそれに倣い，「知識」と訳すことにした）．

プロセスハザード分析（PHA）: プロセスと運転に関係するハザードを特定，評価し，それらを管理できるようにする体系付けられた取り組み．通常，この調査は定性的手法を用いてハザードの重大性を特定して評価する．結論と適切な勧告が作成される．リスク低減の優先順位付けのために定量的手法が用いられることもある．（訳者註：「プロセスハザード解析」と訳しているものもある）

変更管理（MOC）: "同種のものへの交換"以外で，装置・手順・原料・プロセス条件のすべての変更について事前にハザードを特定，内容を精査，承認するシステム．

防護層分析（LOPA）: ある事故のシナリオ（原因と結果の組み合わせ）について，最初の事象に対する頻度，独立防護層が破られる確率，結果の重大さについて事前に定義した値を用いて求めたシナリオのリスクの値をリスク基準と比較し，どこにリスク低減の対策が必要か，さらに詳細な分析が必要かを判断するための手法で，一度に一つのシナリオを分析する．尚，シナリオは，HAZOP などのシナリオベースの

ハザード評価手順を用いて，別途見出される．

マネジメントシステム： 継続維持可能な基準に基づく一貫した方法で特定された結果を生み出すために考案された，公式に確立された一連の管理システム．

メトリクス： metrics は「評価」と訳されることが多いが，PSM で指している metrics は数値で表す評価である．日本語の「評価」には定性的な意味も含まれるため，本書ではあえて「メトリクス」と訳すことにした（訳者補足項目）．

予防保全： 日常的な検査と修理を計画的に実施するスケジュールを作成して，計画外のシャットダウンの頻度や影響を軽減しようとする保全．

ラインの開放（line break）： 通常の操作以外で，危険性（ハザード）のある物質が入っている配管や機器類を開放する作業．危険な化学物質や高温，高圧などの危険から作業者を保護するために，一般的に事前に作業の危険性の分析を行い，対策を記した作業許可申請書を提出させている（訳者補足項目）．

リスク管理プログラム（RMP）ルール： アメリカ環境保護庁（EPA）の偶発的放出防止規則で，対象とする施設にリスク管理プランの作成，提出，実施を求めている．

リスクに基づくプロセス安全（RBPS）： 化学プロセス安全センター（CCPS）のプロセス安全管理（PSM）システム．プロセス安全管理の活動を立案，修正，改善するために，プロセス安全活動，資源の入手可能性，既存のプロセス安全文化に対して，ニーズに見合ったリスクに基づく戦略と実行戦術を展開する．

リリーフ弁（PRV）： "安全弁" を参照．

レスポンシブルケア©： 1988 年に化学品製造業者協会（CMA）が提案した構想で，10 の重要な原則を遵守しながら，社会，経済，環境への貢献度をさらに高めるという倫理的観点から化学プロセス業界をリードするもの．

ロックアウト/タグアウト： 保全や運転業務などで，作業者の安全を確保するために，施錠機構と目に見える札掛けを用いて，プロセスの一部からエネルギー源を確実に遮断する，安全に作業をするための慣行．

謝　辞

　アメリカ化学工学会（AIChE）および化学プロセス安全センター（CCPS）は，本書の作成に貢献された小委員会のすべてのメンバーおよび多大なサポートと技術的貢献をして頂いた CCPS 加盟企業の方々に心から感謝申し上げる.

　小委員会メンバー：

Don Abrahamson	CCPS-Emeritus
Iclal Atay	New Jersey DEP
Brooke Cailleteau	LyondellBasell（Houston Refining）
Dan Crowl	Michigan Technical University
Jerry Forest	Celanese-Project Chair
Robert Forest	University of Delaware
Jeff Fox	Dow Corning
Mikelle Moore	Buckman North America
Albert Ness	CCPS-Process Safety Writer
Eric Peterson	MMI Engineering
Robin Pitblado	DNV GL
Dan Sliva	CCPS-Staff Consultant
Rob Smith	Siemens Consulting
Scott Wallace	Olin Corporation

　小委員会メンバーからの集約された産業界の経験から得られた知識と技術情報，加えてメンバー個人の実務経験と専門的知識により，本書はプロセス安全プログラムと管理システムを構築・運用するエンジニアにとって必要な知見が何であるかをはじめとして，特に価値のあるものとすることができた.

　本書作成委員会は，本書の出版に貢献された CCPS の Albert Ness 氏と AIChE の Arthur Baulch 氏に感謝の意を表するものである.

　すべての CCPS の書籍は，出版に先立ち徹底的な査読という手順を経ている. CCPS は，査読者の思慮深いコメントや提案に感謝申し上げる. 査読により，本書はより正確で分かり易いものとすることができた.

xxii　謝　辞

査読者：

John Alderman	Hazard and Risk Analysis, LLC
Dan Crowl	Professor of Chemical Engineering, Michigan Technical University, Retired
Dr. Kerry M. Dooley	BASF Professor of Chemical Engineering, Louisiana State University
John Herber	CCPS Staff Consultant
Greg Hounsell	CCPS Staff Consultant
Robert W. Johnson	President, Unwin Company
Jerry Jones	CCPS Staff Consultant
Michael L. LaFond	Engineer, Hemlock Semiconductor/Dow Corning
Robert J. Lovelett	Chemical Engineering Student, University of Delaware
John Murphy	CCPS Staff Consultant
Eloise Roche	Dow Chemical
Robert Rosen	RRS Engineering
Chad Schaeffer	Chemical Engineering Student, University of Delaware
Steve Selk	Department of Homeland Security
Chris Tagoe	VP HES, Cameron
Bruce Vaughen	Principal Consultant, BakerRisk
Ron Wiley	Professor of Chemical EngineeringUniversity
John Zondlo	Professor of Chemical Engineering, West Virginia University
Lucy Yi	CCPS-China Section

　査読者からは多くの建設的なコメントや提案を受けたが，査読者に本書を承認することは求めておらず，刊行前の最終原稿も提示されていない．

序　文

　化学プロセス安全センター（CCPS）は，メキシコのメキシコシティとインドのボパールで化学工場における大惨事が発生した後，1985 年にアメリカ化学工学会（AIChE）によって創設された．CCPS は，化学物質による大事故の防止に役立つ技術情報の開発と普及をその憲章にうたっている．当センターは，180 以上の化学プロセス産業（CPI）のスポンサーから，技術委員会に必要な資金や専門的ガイダンスの提供などの支援を受けている．CCPS 活動の主な成果には，プロセス安全およびリスク管理システムにおけるエレメント（項目）を実践することを目的としたガイドラインのシリーズがある．本書はその一連のシリーズの一冊である．

　AIChE は，50 年以上にわたり，化学業界および関連産業におけるプロセス安全とロスコントロール（人命・設備・ビジネス機会の喪失防止）の問題に密接に関わってきた．AIChE は，プロセス設計者・建設業者・運転員・安全の専門家・学界のメンバーとの強い繋がりを通じて，コミュニケーションを強化し，産業界における高い安全基準を維持改善してきた．AIChE の出版物やシンポジウムは，プロセス安全と環境保護のための情報供給源となっている．

　大学のエンジニア育成カリキュラムにプロセス安全を組み込むことは，CCPS が推進しようとしている目標の一つであり，このために，CCPS はプロセス安全に関するトレーニング講座を開発するための「化学工学会安全教育委員会（SACHE）」を設立した．学生向けにプロセス安全の技術的側面を扱っている教科書はすでに一冊提供されている．しかし，学生がプロセス安全管理の概念とプロセス安全の必要性を理解するための教科書はなかった．最近の教育レベル認定要件（日本では JABEE に相当）として化学工学のカリキュラムにプロセス安全を組み込むことが求められているが，教科書がないという問題があった．この問題を解決し，この教育要件を満たせるように大学教育を支援することを目論んで，CCPS 技術運営委員会は本書の作成に取り組んだのである．

1

は　じ　め　に

1.1　本　書　の　目　的

　本書は，単独のプロセス安全コースの補足資料または既存のカリキュラムの参考資料として使用することを目的としている．本書は技術的な本ではなく，むしろその意図は，プロセス安全になじみのない学生やエンジニアが次の事項に慣れ親しむことにある．

- ・プロセス安全管理（PSM）の概念
- ・化学プロセス安全センター（CCPS）によって定義されたプロセス安全の 20 のエレメント
- ・実際に起こった主要なプロセス安全上の事故事例から学ぶプロセス安全の必要性
- ・他のエンジニアリング分野におけるプロセス安全の実務
- ・いくつかの単位操作で注意すべきプロセス安全上の事項
- ・既存の化学工学のカリキュラムとプロセス安全がさまざまな局面で直接関連していることを示す
- ・プロセス安全について不慣れなエンジニアが最初の数年間の仕事上で期待される多くのプロセス安全上の実務について説明する

1.2　対　象　読　者

　本書の主な対象読者は，大学 3 年生から大学院レベルの化学工学の学生や，プロセス安全になじみの薄い作業者やエンジニアである．しかし，本書の習得にあたっては，特に技術的な予備知識は必要ないので，同じようなレベルの異なるエンジニアリング分野の方にも役立つであろう．

1.3 プロセス安全とは何か？

化学，石油化学およびその他の産業を見れば，すべての企業に個人の安全を重視した労働安全プログラムが求められていることが分かるだろう(労働安全プログラムは，多くの国，州および地域の法律によって規定されることもある．製造工場・研究所・パイロットプラントの従業員，さらには事務所の従業員にも適用されることがある)．労働安全プログラムは人の安全に重点を置いている．そのプログラムの焦点は，落下・切り傷・捻挫・挫傷・物体との衝突・反復運動過多損傷（RMI: repetitive motion injuries）などの労働災害から労働者を守ることにある．それは実際に，非常に重要なプログラムである．しかし，それは「プロセス安全」に関するものではない．

「プロセス安全」は，"化学プロセス設備における火災，爆発および偶発的な化学物質の放出に焦点を当てた規律"と定義されている．このような事故は，化学工場だけで起こるものではなく，製油所，海洋掘削リグなどでも起こり得る．もう一つの定義は，プロセス安全はプロセス関連設備から化学物質やエネルギーが放出されることで大事故にならないように防止・準備・緩和・対応または修復をすることである．

2005 年に BP 社テキサスシティーの製油所で爆発事故が起こり，15 人が死亡，170人以上が負傷した．この後，BP 社の製油所運営のプロセス安全意識や文化を調査するために，後に Baker Panel として知られるようになった独立行政法人が設立された．Baker Panel はプロセス安全について以下のように述べている．

> "プロセス安全上のハザードは，潜在的に危険な物質の放出，エネルギーの放出（火災や爆発など），またはその両方を含む重大な事故を引き起こす可能性がある．プロセス安全事故は，経済・資産・環境に多大な損害を与えるだけでなく，壊滅的な破壊や多くの死傷者を出すような事故を招く可能性もある．製油所におけるプロセス安全事故の場合，製油所内の作業員や近隣の一般住民に影響が及ぶことがある．製油所におけるプロセス安全には，漏洩・機器の故障・過剰圧力・過剰温度・腐食・金属疲労およびその他の危険な状態を防止することが含まれている．プロセス安全プログラムは，設備のデザイン・エンジニアリング・ハザード評価・変更管理・設備の点検・試験・保守・効果的な警報・効果的なプロセス制御・作業手順・要員の訓練および人的要因に重点を置いている．"（Ref. 1.1）

上の文中の"製油所"という言葉は，"石油化学プラント"，"化学プロセス設備"，

"固形物処理設備"，"水処理プラント"，"アンモニア冷凍プラント"，"洋上掘削リグ"あるいは，引火性，可燃性，有毒性，または反応性の物質を取り扱うあらゆるプラントに置き換えることができる．本書では，'プロセス設備' または単に '設備' という用語は，上記の設備および引火性，可燃性，有毒性，または反応性の材料を取り扱う設備を意味する．Baker Panel の報告書は，プロセス安全は設備の運転に限定されたものではないとしている．プロセス安全プログラムは，基礎的な研究およびプロセス開発段階でのパイロット設備の運転にも適用される．プロセス安全プログラムはまた，プロセス設計の意図に沿うように化学反応や設備の操作方法を選択することも含んでいる．基本設計と詳細設計の段階では，プロセス安全は，どのタイプの設備操作および機器アイテムを使用するか，設備のレイアウト，その他における選択判断にも関係している．設備の運転操作には，前述のとおり，"ハザード評価，変更管理，設備の点検・検査・保守，効果的な警報，効果的なプロセス制御，作業手順，要員の訓練" などがある．研究開発やパイロットプラントでの試験期間中にこれらのプロセス事項をどう選択するかにより，プロセス安全の活動は容易にも困難にもなる可能性がある．

1.4 本 書 の 構 成

2 章では，プロセス安全とプロセス安全管理の概略の歴史を紹介する．CCPS が当初開発したプロセス安全管理の 12 エレメントおよび労働安全衛生管理局（OSHA）の PSM 規制がプロセスを規定する枠組みに始まり，現在の CCPS のリスクに基づくプロセス安全（RBPS）の 20 エレメントへプロセス安全管理の原則が進展したことについて述べている．

3 章では，数件のプロセス安全事故について説明し，優れた PSM システムが必要であることを示す．まず事故内容を説明し，続いて関連するいくつかの RBPS エレメントの関連性を列挙している．

4 章では，新任のエンジニアがプロセスの安全にどのように関与するかについて，化学・機械・土木・計装電気（I&E）系のエンジニア・安全エンジニアなど，いくつか代表的なエンジニアリング分野の役割について説明する．PSM は，多くの分野にまたがるチームの取り組みである．

5 章では，化学・生化学・石油化学および危険な物質を扱う可能性のある産業で見受けられる単位操作および装置でのプロセス安全上の重要事項について説明する．これら単位操作の組み合わせは，プロセス産業全体にわたって多種多様である．石油化

学業界では，よく使われる一般的な操作がいくつかあり，本書では，これらの操作における プロセス安全上の重要事項について説明する．本章では，本質安全(IS: inherent safety) と本質安全設計（ISD: inherently safer design）の概念についても紹介する．ISD は，ハザードを制御しようとするものではなく，プロセスに固有のハザードを排除または小さくすることに重点を置いている．

　6章では，AIChE の化学工学会安全教育委員会（SACHE）が提供しているトレーニングモジュールをリストに示し，その講座内容と大学での化学工学コースとの関連性について説明する．本章は，大学での授業を補完する際のガイドとして利用できる．

　7章では，新任のエンジニアがプロセス業界で初めの 1 年から 2 年の間に直面すると考えられるプロセス安全に関連する実務について説明する．PSM システムがうまく機能するためには，プロセスに関わるすべての人が，PSM の系統だった方法に基づき自分の役割と責任を果たして安全の遂行レベルを高くしなければならない．これは「操業の遂行」と呼ばれている．7章では，エンジニアが運転員，保守要員および管理者に期待することだけでなく，「操業の遂行」に関するエンジニアの作業の多くについて説明する．

1.5　参　考　文　献

1.1　The Report of the BP U.S. Refineries Independent Safety Review Panel, January 2007.
（http://www.documentcloud.org/documents/70604-baker-panel-report）

2

プロセス安全の基礎

2.1 リスクに基づくプロセス安全

　1章ではプロセス安全の考え方を紹介した．本章ではプロセス安全の歴史の概略と，2007年に化学プロセス安全センター（CCPS）が提案した「リスクに基づくプロセス安全マネジメントシステム」のエレメントに沿って，「マネジメントシステムとリスクに基づくプロセス安全」の概念について説明する．

　プロセス安全の歴史　　プロセス産業の組織は，プロセス安全について長い間懸念事項を抱いている（その例としてニトログリセリンの製造に関するコラムを参照のこと）．当初，組織では人々の経験と専門知識に依存した形でプロセスの安全レビューを行っていた．20世紀半ばに，より正式なレビュー技術がプロセス産業に登場し始めた．それには，1960年代にICI社によって開発されたハザードと操作性レビュー（HAZOP：Hazard and Operability Study），故障モード影響分析（FMEA：failure mode and effect analysis），チェックリストおよびWhat–Ifのレビューなどが含まれる．これらは，プロセスの危険性（ハザード）を評価するための定性的な手法であった．

　フォルトツリー分析（FTA：fault tree analysis）などの定量的分析技術が原子力産業で使われ始め，定量的リスクアセスメント（QRA）および防護層分析（LOPA）も，1970年代，1980年代，1990年代と徐々にプロセス産業で使用され始めた．漏えいや放出，爆発，毒性物質への暴露の影響を分析するためのモデリング技術も開発された．緊急放出システム設計研究所（DIERS）が，1976年にAIChE内に設置され，暴走反応を処理するための圧力放出システムの設計方法を開発した．1970年代半ばから後半にかけて，プロセス安全は専門技術として認められるようになった．アメリカ化学工学会（AIChE）は，1979年に安全衛生課（safety and health division）を設置した．

　1976年，イタリアのセベソ（Seveso）近郊で暴走反応が起こり，一般にダイオキシンとして知られている2,3,7,8-テトラクロロジベンゾ–*p*–ダイオキシンが住宅地域に

6　　2　プロセス安全の基礎

放出された．ダイオキシンは有毒な化学物質である．多くの人々が皮膚疾患であるクロルアクネ（塩素挫瘡）を発症し，17 km^2（6.6 mile^2）のエリアは居住できなくなった．この事故が元で最終的に 1982 年にセベソ指令として知られている欧州経済共同体のプロセス産業に対する厳格な規制が発効されることになった．

　1984 年に，化学業界における決定的な出来事があった．インドのボパールの化学工場で，有毒かつ可燃性の物質，イソシアン酸メチル（methylisocyanate）が大量に放出されて 3000 人以上が死亡した（この事故は 3.15 節で詳細に説明する）．化学プラント

　　ニトログリセリン　　ニトログリセリンの製造は，プロセス安全がどのように進化したかの一例である．アルフレッド・ノーベルは 1864 年にニトログリセリンの製造を開始した．この製造プロセスは，温度を約 20～25℃（68～77 F）に保ちながらグリセリンに発煙硝酸と硫酸を添加するものであった．温度を管理下に保つことが，プロセス安全にとって非常に重要であった．図 2.1 は，初期のニトログリセリン製造プロセスの写真である．運転員は温度を監視し，温度が高くなったら反応器への供給を停止していた．彼が一本足の椅子に座っていることに注目して貰いたい．それは，彼が居眠りをしたら（1日 8～10 時間もの間，温度計を見ているのは退屈なことである），椅子から転げ落ちて目を覚ますだろうという工夫だった．また，反応器のサイズにも注目して貰いたい．これでは大量のニトログリセリンが 1 か所にあるので，爆発したら，極めて大きな被害になる．爆発は珍しいことではなかった．アルフレッド・ノーベル自身，兄弟をこのような爆発で亡くしている．

　あまりに多くの爆発が起きたので，地域によってはニトログリセリンの使用を禁止していた．アルフレッド・ノーベルの画期的な発明は，不活性物質に吸収させることで，ニトログリセリンをより安全に扱えるようにしたことである．そうしたニトログリセリンはダイナマイトと呼ばれた．

　ニトログリセリンを製造するプロセスは，当初の反応器のサイズよりもずっと小さく，本質的に安全な連続的な反応器（図 2.2 参照）に進化した．この方法では熱除去の性能が良く（図 2.2 の反応器の冷却コイルに着目），小さな反応器では混合が十分に行われるので，反応の制御が容易にできるようになった．また，爆発が発生した場合にも，被害の程度が軽くて済む．制御が自動化されたということは，誰も反応器の前に立つ必要がなくなったということでもある．

2.1 リスクに基づくプロセス安全　　7

図 2.1　19 世紀のニトログリセリン反応器の写真
"スコットランドのアルフレッド・ノーベル"．Nobel Media AB 2014．Web. 15 Sep 2015．
(http://www.nobelprize.org/alfred_nobel/biographical/articles/dolan/)

図 2.2　連続式ニトログリセリン反応器，Biazzi SA 提供（www.Biazzi.com）

8   2 プロセス安全の基礎

の設計は元々良くできており，このような事態に対しても多くの防護措置が講じられていた．しかし，それらは保守管理されておらず，事故当時は機能もしていなかった．ボパールの事故は，技術的専門知識だけでは不十分であり，危険性やリスク管理もプロセス安全の技術的側面と同様に重要であるという原点に立ち返らせた．ボパール事故をきっかけに，1985 年に化学プロセス安全センター（CCPS）が設立された．CCPSは，アメリカ化学工学会の下部組織で産業界のプロセス安全を向上させる使命を持つ非営利団体である．

　プロセス安全管理　「管理システム」とは，持続可能な一貫した方法により具体的な成果を得るために，正式に確立され，文書化された一連の活動およびその手順である．したがって，プロセス安全管理（PSM）は，製造施設のプロセスから化学物質やエネルギーが放出されることに対して，防止・準備・緩和・対応・復旧することに焦点を当てた管理システムである．本書で扱う PSM は，本章で解説するように，OSHA PSM システム（後述）ではなく，CCPS の「リスクに基づくプロセス安全システム」（RBPS）である．

　1985 年に，後に米国化学審議会（ACC）となった化学品製造業者協会（CMA）がPSM ガイドラインを発行した（Ref. 2.1）．1989 年までに，CCPS は一連の 12 のプロセス安全管理のエレメントを提唱した（Ref. 2.2）．アメリカ石油協会（API）も 1990年に PSM ガイドラインを発行した（Ref. 2.3）．CCPS は，当時のさまざまなアプローチを研究し，マネジメントシステムの評価に豊富な経験を持っているメンバー企業や伝統的なビジネスプロセスのコンサルティング会社から得た情報に基づき PSM の 12の特徴をまとめたのである．これらのガイドラインは，プロセス安全管理システムの設計と評価を目的とした初期の原則集であった．

　1992 年には，労働安全衛生管理局（OSHA）も，同様にプロセス安全管理のエレメントを含む高危険性化学物質のプロセス安全管理規則（OSHA PSM）を発行した．アメリカ環境保護庁（EPA）も，1995 年にクリーンエア法（Clean Air Act）の下，独自のバージョンを発行した．この規制は，その定義と要件を満足するリスクプランの策定と提出を求めているため，一般に RMP（risk management plan）またはリスク管理プランと呼ばれている．

　OSHA の PSM 規制は，現場の労働者に対する危険の影響を考慮しており，EPA のRMP は，事業所の外へのハザードの影響を考慮している．いずれの規制も，一般に高危険性化学物質と呼ばれる特定の化学物質をしきい値（TQ）と呼ばれる特定の量以上，または 1 か所で可燃性物質を 10 000 ポンド（約 4536 kg）以上保有することで適

2.1 リスクに基づくプロセス安全　9

用対象となる. この意味で, CCPS の定義する PSM は, OSHA の PSM や EPA の RMP よりもはるかに適用範囲が広い.

　プロセス安全への努力と安全管理システムへの正式な取り組みは, 一部の企業ではすでに長年にわたり実施されていた. プロセス産業では, PSM は大規模な事故のリスク削減とプロセス安全の向上に役立つものとして広く認知されている. それにもかかわらず, 多くの組織は, 不適切な管理システム, リソースの不足, プロセス安全の成

表 2.1　RBPS「エレメント」と OSHA PSM「エレメント」の比較

CCPS RBPS のエレメント	OSHA PSM/EPA RMP のエレメント
ピラー：プロセス安全を誓う	
1. プロセス安全文化	
2. 規範の遵守	プロセス安全情報
3. プロセス安全能力	
4. 従業員の参画	従業員の参加
5. 利害関係者との良好な関係	利害関係者への働きかけ（EPA の RMP）
ピラー：ハザードとリスクを理解する	
6. プロセス知識管理	プロセス安全情報
7. ハザードの特定とリスク分析	プロセスハザード分析
ピラー：リスクを管理する	
8. 運転手順	運転手順
9. 安全な作業の実行	運転手順 火気使用許可
10. 設備資産の健全性と信頼性	設備の健全性
11. 協力会社の管理	協力会社
12. 訓練と能力保証	トレーニング
13. 変更管理	変更管理
14. 運転準備	運転前の安全レビュー
15. 操業の遂行	
16. 緊急時の管理	緊急時対応計画と行動
ピラー：経験から学ぶ	
17. 事故調査	事故調査
18. 測定とメトリクス	
19. 監査	コンプライアンス監査
20. マネジメントレビューと継続的な改善	

績の停滞などに引き続き苛まれている．プロセス産業全体における PSM のレベルアップと継続的な改善のため，CCPS は，次世代のプロセス安全管理（Ref. 2.4）の枠組みとして，「リスクに基づくプロセス安全」（RBPS：risk-based process safety）を提唱した．RBPS のエレメントに対応する OSHA の PSM と EPA の RMP のエレメントを表 2.1 に示す．

リスク　リスクに基づくプロセス安全プログラムについて論ずるには，リスクの概念を理解する必要がある．メリアム・ウェブスター（Merriam Webster）のオンライン辞書など，辞書によるリスクの典型的な定義は，"喪失または傷害の可能性" または "危険（ハザード）を引き起こすまたは危険の可能性のある人や物" である．CCPS の定義には，二つではなく三つの要素がある．それらは，ハザード（何か悪いことになりそうなこと），大きさ（どれくらい酷いことになり得るか），実現性（どの程度の頻度で発生し得るか）である．したがって，プロセス産業における活動に伴うリスクを理解するには，以下の問に答える必要がある．

1. どんな悪いことが起こりそうか？（人の怪我，環境へのダメージ，経済的損失）
2. それはどれくらい酷いことになりそうか？（損失や怪我の程度）
3. それはどの程度の頻度で発生しそうか？（損失や怪我が現実となる可能性）

図 2.3 はこれを示している．何か悪いことが起きそうか？　アヒルの子は金格子の隙間から落ちる可能性がある．それはどれくらい酷いことになりそうか？　アヒルの子たちの 1 羽以上が落ちていなくなる可能性がある．それはどの程度の頻度で発生し得るか？　この場合，アヒルの子の大きさを考えれば，彼らが金格子を横切ろうとするたびに起こるだろう．

図 2.3　リスクのイメージ図

すべてのプロセスが同じ程度のリスクを持っているわけではない．企業がプロセス安全管理活動をどのようにするかを決定するためには，リスクを理解することが必要である．

リソース，すなわち，お金と人は有限である．設備を設計して運用する場合は，施

設のプロセス安全管理としてどの程度設備面での安全対策を組み込むかには幅広い選択肢がある（最低限，地方自治体および連邦の規制を遵守する必要はある）．言い換えれば，リスクの低いプロセスには，プロセス安全のエレメントをリスクの高いプロセスに求められる場合と同じ程度に厳しく適用する必要はない．

　プロセス安全を誓うことは，優れたプロセス安全の基盤である．組織は一般に強力なリーダーシップと管理者の堅い決意なしには改善しない．

　プロセス安全のために，管理者はプロセス安全が労働安全とは異なることを認識し，労働安全のプログラム以上に行動する必要がある．会社の管理者の行動を見ればプロセス安全を誓っているかどうかが分かるだろう．

　組織が**ハザードとリスクを理解**していれば，限られたリソースを最も効果的に割り当てることができる．業界の経験から，ハザードとリスクの情報を計画・開発段階で活用して，安定したリスクの低い事業を展開している企業は，長期的な成功を収めていることが実証されている．

　リスクを管理することは，次の4点に焦点が絞られる．（1）リスクが存在するプロセスを慎重に運転・維持すること，（2）プロセスの変更を管理して，リスクを許容範囲内に収めること，（3）機器の健全性を維持し，材料・製作・修理のクオリティーを確保すること，（4）事故の発生に備え，対応し，管理すること．「リスク管理」は，企業や生産設備が，長期間にわたり無事故で収益性の高い運営の基盤となる管理システムを展開することに役立つだろう．

　経験から学ぶことは，内外の情報源に注意を払い，それに基づいて行動することを含んでいる．会社が最善の努力を払ったとしても，操業は必ずしも計画通りに進むとは限らず，事故やニアミスが発生する．「ニアミス」とは，事情が少し異なれば事故（物的損害，環境への影響，人的被害）や操業の中断が起きていたかもしれないことである．組織は，自身の間違いや他者の失敗をプロセス安全向上の機会として捕える必要がある．

　20のエレメントについては，次の節で詳しく説明する．これらのエレメントの中には他のエレメントよりも新任のエンジニアやプロセス安全に不慣れな人に関わりが深いものもあるが，関係ないものはない．例えば，自分のプロセスや職場に影響する規格や基準について学ぶことは，就職後初めの数年間は重要なことであるが，「利害関係者との良好な関係」には全く関わらないかもしれない．そうであっても，「利害関係者との良好な関係」に対する組織の努力は，自分がプロセス安全にどのようにアプローチする必要があるかということに直接影響する可能性がある．

ピラー：プロセス安全を誓う

「プロセス安全を誓う」のピラーには次の五つのエレメントがある．
・プロセス安全文化（2.2 節）
・規範の遵守（2.3 節）
・プロセス安全能力（2.4 節）
・従業員の参画（2.5 節）
・利害関係者との良好な関係（2.6 節）

2.2 プロセス安全文化

事例研究 1986 年 1 月 28 日，スペースシャトル，チャレンジャー号は，ケネディ宇宙センターから発射された 73 秒後に爆発し，7 人の宇宙飛行士全員が死亡した（図 2.4）．右側の固体燃料補助ロケットの接続部材が損傷し，高温の燃焼ガスが漏れ，シャトルの外部燃料タンク内の液体水素容器に穴を開けた．その後，連結する液体酸素容器がほどなく破損し，壊滅的な爆発が発生してシャトルを破壊した．

図 2.4 チャレンジャー災害，NASA 提供．

その後の大統領設置委員会による事故調査により，NASA の安全文化に大きな弱点があり，この惨事をお膳立てしたことが明らかにされた．これらの弱点は，次の 4 点

である. 1) 生産性に対する圧力（この場合は積極的な打ち上げスケジュールの維持を重視したこと）が安全上の懸念に優先する状況を容認していたこと. 2) 過去の発射後の点検により明らかにされていた損傷を，当たり前とみなす設計仕様と確立された安全要件に反していたにもかかわらず，当たり前の出来事とみなして継手の損傷に対する許容レベルを徐々に緩めたこと. 3) 過去の成功に基づく「やればできる」という態度が，NASA の"安全上の弱点への感覚"を鈍らせたこと. 4) 情報（特に異質な意見）の自由な交換と，NASA の組織や協力会社組織における地位の低い専門技術者に対する信頼の，両方を制限するような階層構造と態度.

概要 プロセス安全文化は，"プロセス安全を管理する方法の決定に関わる集団のレベルと行動の組み合わせ"と定義されている（Ref. 2.2）．より簡潔な定義には，"自分たちがここでどう行動するのか"，"ここで自分たちが期待していることは何か"，"誰も見ていないとき，どのように振舞うのか"などがある.

壊滅的な事故に関する数々の調査では，しばしば他の重大な事故でも原因となっていたプロセス安全文化の共通の弱点が特定されている．チャレンジャーの爆発の例は，化学や石油化学産業のものではないが，プロセス安全文化の重要性を示しているだけでなく，プロセス安全管理システムが他の取り組みにも適用できることを示している．以下の事項は，企業が優れたプロセス安全文化を醸成するために役立つだろう.

安全上の弱点へのセンスを維持する 組織は，プロセスのハザードとその潜在的な悪影響について高い意識を持ち続け，より重大な安全上の出来事に発展する可能性のあるシステム上の弱点についてその兆候を常に警戒していること.

安全上の責任を効果的に果たすために個人に権限を与える 組織は，安全関連の実行責任について，明確に権限を移譲し，全面的な責任を与えること．これにより，従業員には，割り当てられた役割を成功させるために必要な権限とリソース（人・物・金）が提供される．従業員は個々のプロセス安全の責任を受け入れて遂行し，管理者はその組織内のすべてのメンバーがプロセス安全上の懸念を共有することを期待し，奨励する.

専門知識を重視する 組織は，個人やグループの訓練と能力開発に高い価値を置くこと．重要なプロセス安全の意思決定権限は，地位や職位ではなく，知識や専門知識に基づいて適切な人々に委譲するのが自然である.

オープンで効果的なコミュニケーションを確保する 健全なコミュニケーションチャネルが，組織内で垂直方向と水平方向の両方に存在すること．垂直方向のコミュニケーションは双方向であること——管理者は話すだけでなく聴くこと．水平方向の

14　　2　プロセス安全の基礎

コミュニケーションにより，すべての従業員に情報が確実に伝わること．組織は，安全上の問題を予知する可能性のあるわずかな兆候を素早く検知するために，標準から外れた状況を迅速に観察し報告することを重視していること．

　質問し学習する環境を確立する　　組織は，プロセス安全成績を継続的に改善するための手段として，リスクに対する意識と理解を高めることに努めること．その推進活動には，次のようなさまざまな方法がある．

- ・すべきときに適切にリスクアセスメントを実施する
- ・迅速かつ徹底的に事故を調査する
- ・担当設備または自社の枠を越えて活用できる教訓を探す
- ・必要に応じ，組織全体で学んだ教訓を共有し，応用する

　壊滅的な事故には，通常，複雑な原因があることを組織は認識している．したがって，プロセス安全の問題に対処する場合，単純過ぎる解決策は採用しない．例えば，配管の腐食による漏洩に対する対応は，配管の交換に止まらない．腐食の進行速度が大き過ぎたのか？　もしそうなら，なぜか？　これは対処しなければならないプロセス上の問題を示唆しているのではないか？　組織内の同様のプロセスプラントにも同じ弱点がある可能性があるのではないか？　既知の腐食速度に対して検査頻度が適切であったか？　そうでないなら，なぜか？

　相互信頼を醸成する　　従業員は，プロセス安全をサポートするために管理者が正しく行動するものと信じていること．管理者は，従業員が職務に対する責任を負い，潜在的な問題や懸念事項を速やかに報告するものと信じていること．しかし，相互信頼が存在するとしても，他の人がプロセス安全のリスクに直結する重要な任務／活動を評価したり，チェックしたりすることを受け入れること．

　プロセス安全上の問題や懸案事項に対してタイムリーに対応する　　事故調査，監査，リスクアセスメントなどから学んだ教訓に対するタイムリーなコミュニケーションと対応を優先すること．慣行と手順（または標準）との間の不一致は，逸脱の常態化とならないように直ちに解決すること．組織は従業員の懸念事項の素早い報告と解決を重視していること．

　チャレンジャー事故の調査に関する AIChE の資料は以下を参照．
http://www.aiche.org/ccps/topics/elements-process-safety/commitment-processsafety/process-safety-culture/challenger-case-history.（AIChE 会員にのみ公開）

2.3 規範の遵守

事例研究　2003 年 2 月 20 日，ケンタッキー州コービン（Corbin）の製造設備で粉塵爆発・火災が発生し，7 人の作業員が致命傷を負った．この施設では，自動車産業向けのガラス繊維断熱材を製造していた．事故調査チームは，生産エリアに堆積していた樹脂の粉塵に，おそらく故障したオーブンから出た炎が着火して爆発したものと推定した．樹脂には，ガラス繊維マットの製造に使用されるフェノールバインダーが含まれていた．調査では，この会社は可燃性樹脂の粉塵のリスクを完全には理解しておらず，粉塵爆発を防止する業界基準も満たしていなかったと判断された．これらの技術は，多くの工業規格およびガイドライン（Ref. 2.4）に記されている．

概要　「規範の遵守」とは，プロセス安全に関して適用可能な規準，規定，規則，法律について，特定，開発，取得，評価，普及，アクセスするためのシステムである．そのシステムは，内部規定と外部基準の両方に対応しており，また，国内および国際的な規定・規格，業界団体の指針と慣行，地方・州・連邦の規制および法律に対応しており，必要に応じて誰でも簡単かつ迅速にこの情報にアクセスできるようになっている．このシステムは，RBPS 管理システムのすべてのエレメントと何らかの形で関連している．規範類に関して知識を持ち，それに適合することは，1）安全な設備の操業と維持，2）プロセス安全の慣行の一貫した実施，3）法的責任発生の最小化，の点で会社に有用である．また，管理プログラムの適合性を判断するために行う監査プログラムでは，規範類の適用は参照する基準のベースとなっている．規範類の適用は，会社の義務とその遵守状況を管理者と従業員に知らせるためのコミュニケーション機能を提供している．

表 2.2 では，このエレメントが扱うプロセス安全上の義務のいくつかの例を示す（注：このリストは単なる例であり，完全なリストではない）．表 2.1 を見れば，「規範類」が OSHA の PSM と EPA の RMP 規制のプロセス安全情報のエレメントにもあることが分かるだろう．これらの規定，工業規格および推奨慣行は，特定のエンジニアリング業務を行うための承認された方法について合意されていることを示すものである．いくつかの例としては，容器の設計と製作，検査，リリーフバルブの設計，設備のレイアウトなどがある．

米国では，OSHA と EPA は，これらの規定類を一般的技術標準（RAGAGEP: recognized and generally accepted good engineering practices）の基礎として使用し，

16   2 プロセス安全の基礎

企業がそれらを遵守することを期待している．同じことが，多くの地方の行政機関や
他の国の規制当局にも当てはまるだろう．付録Aに，会社がRAGAGEPとして使用す
ることができる規定のリスト例を掲載している．

　企業には，「規範の遵守」を確実に実施するさまざまな方法がある．表2.2に示すよ
うな適用可能な規定・規格に基づいて独自の社内規定を作成する会社もある．また会
社によっては，規定遵守のためにプロジェクトを特定分野の専門家（SME：subject

表 2.2　プロセス安全に関する規準，規定，規則，法律の例と情報源

自主的な業界基準と合意規定

American Petroleum Institute Recommended Practices（Ref. 2.6）
American Chemistry Council Responsible Care® Management System and RC 12001（Ref. 2.7）
ISO 12001-Environmental Management System（Ref. 2.8）
OHSAS 18001-International Occupational Health and Safety Management System（Ref. 2.9）
Organization for Economic Cooperation and Development-Guiding Principles on Chemical Accident
Prevention, Preparedness, and1 Response, 2003（Ref. 2.10）
American National Standards Institute（Ref. 2.11）
American Society of Mechanical Engineers（Ref. 2.12）
The Chlorine Institute（Ref. 2.13）
The Instrumentation, Systems, and Automation Society（Ref. 2.14）
National Fire Protection Association（Ref. 2.15）

米国連邦，州，および地方の法律および規制

U.S. OSHA-Process Safety Management Standard（29 CFR 1910.119）（Ref. 2.16）
U.S. Occupational Safety and Health Act-General Duty Clause, Section 5（a）（1）（Ref. 2.17）
U.S. EPA-Risk Management Program Regulation（20 CFR 68）（Ref. 2.18）
Clean Air Act-General Duty Requirements, Section 112（r）（1）（Ref. 2.19）
California Risk Management and Prevention Program（Ref. 2.20）
New Jersey Toxic Catastrophe Prevention Act（Ref. 2.21）
Contra Costa County Industrial Safety Ordinance（Ref. 2.22）
Delaware Extremely Hazardous Substances Risk Management Act（Ref. 2.23）
Nevada Chemical Accident Prevention Program（Ref. 2.24）

国際法と規制

Australian National Standard for the Control of Major Hazard Facilities（Ref. 2.25）
Canadian Environmental Protection Agency-Environmental Emergency Planning, CEPA, 1999（Section
200）（Ref. 2.26）
European Commission Seveso II Directive（Ref. 2.27）
Korean OSHA PSM Standard（Ref. 2.28）
Malaysia-Department of Occupational Safety and Health（DOSH）Ministry of Human Resources
Malaysia, Section 16 of Act 512（Ref. 2.29）
Mexican Integral Security and Environmental Management System（SIASPA）（Ref. 2.30）
United Kingdom, Health and Safety Executive COMAH Regulations（Ref. 2.31）

matter expert）に見て貰ったり，双方を組み合わせたり，または全く別の方法を採っているかもしれない．新任のエンジニアとしては，会社がどのように規範を確実に遵守しようとしているかを学ぶ必要がある．

2.4 プロセス安全能力

事例研究　1995 年 4 月 21 日，亜ジチオン酸ナトリウム（次亜硫酸ナトリウム），アルミニウム粉，炭酸カリウムおよびベンズアルデヒドの混合物が入っていた 1 基のブレンダーが爆発したことが，ニュージャージー州ロディ（Lodi）の特殊化学品プラントにおける大火災の引き金となった．5 人の従業員が死亡し，大勢の人々が負傷した．プラントの大部分は火災で徹底的に破壊された．近隣の事業者の施設も壊滅，あるいはかなりの損害を受けた．プラントの物的損害は 2000 万ドルと推定された．EPAと OSHA 共同の“化学品事故調査チーム”は，爆発の直接原因は，混合作業中に水反応性（禁水性）物質に，軽率にも水と熱を加えたことであると断定した（Ref. 2.32）．ブレンダーの内容物を緊急に取り出す作業をしている最中に着火して，爆燃になった．調査チームは，この事故について以下のような根本原因と助長要因を挙げた．

- ・プロセスハザード分析が不十分で，適切な予防行動を取らなかった
- ・標準運転手順書と訓練が不適切であった
- ・プラントへの再入構およびブレンダーからの取出しの決定は不適切な情報に基づいたものであった
- ・使用したブレンダーは混合する物質には不適切なものであった
- ・プラント側とブレンド技術を提供した会社とのコミュニケーションが不十分であった．装置の製造会社は，水反応性（禁水性）物質に使用することは勧めていなかった
- ・消防隊メンバーと緊急事態対応メンバーの訓練が適切ではなかった

概要　「プロセス安全能力」を開発し，維持することには，互いに関連する次の三つの行為が含まれる．1) 知識と能力を継続して改善すること，2) 適切な情報を，必要とする人々が確実に入手できるようにすること，3) 習得したことを一貫して実施すること．

「プロセス安全能力」を評価することは，例えば，適用コードに従っているかを評価することよりも難しい．新任のエンジニアは，自分たちあるいは他の人たちが訓練を受ける機会を与えられているか，受けた訓練を実際に生かす機会が得られるか，また

18　　2　プロセス安全の基礎

必要なプロセス安全情報を入手できるかどうかを確かめるべきである.

2.5　従業員の参画

　事例　　例えばハザードを特定するレビューの最中に,あなたたちエンジニアが,あるプロセスまたは装置がどう作動するかについて詳細な説明文を書かされたとしよう.しかし,それを見たベテランの運転員に"なかなか良くできているじゃないか,だが日曜の午前3時に何が起こるか教えてやろうか"などと言われてしまうことがある.

　概要　　組織内の人たちはその職位によらず全員に,組織運営における安全性の強化と確保に何らかの責任がある.しかし,作業員の中にはどのように貢献したら良いか分からない者もいるだろう.また,組織によっては作業員の経験を上手に活用することができず,悪くすれば,そのような役割は前例がないとして,作業員を落胆させてしまうかもしれない.「従業員の参画」は,設計・開発・作業実施および RBPS マネジメントシステムを絶えず改善することに会社や契約作業員が積極的に参加できるシステムを提供することである.

　プロセスの運転や保全に直接関わっている人たちは,プロセスの危険(ハザード)に一番さらされていると言える.「従業員の参画」というエレメントは,従業員が自分たちの身を守る活動に直接参加できるという公平な仕組みである.さらに,これらの従業員は,日々のプロセスの運転や機器・装置の保守について細部にわたる知識を持っており,経験を通してのみ得られる知識については唯一の情報源である.「従業員の参画」は,管理者がこの貴重な専門知識を活用するための正式な仕組みとなるものである.

　表 2.1 にあるように RBPS の「従業員の参画」(workforce involvement)は,OSHA PSM および EPA RMP 規制の「従業員の参加」(employee participation)の要求に対応している.具体的には,このエレメントは対象プロセスでハザードを特定する作業に"評価対象のプロセスについて経験と知識"を持つ人々が参画することを求めている.それは,これらの公的機関が,実際に該当するプロセスを熟知している人の参加が必要だと考えているためである.積極的な会社であれば,レビューの際に,保全や運転に直接関わっている作業員を参加させ,彼らの率直な意見を求めているであろう.プロセスエンジニア,機械エンジニア,マテリアルエンジニアなどの専門家たちは,技術情報やその他のプロセス安全情報を必要としている.また,プロセスを理解してい

ること，手順が明確で効率的であること，エンジニアや管理者が考えていることに対して実際に現場では何が行われているか，などを評価するには運転員や整備員に頼らざるを得ない．他の地域や国においても，「従業員の参画」に対する法的要求はあるであろう．

この取り組みを積極的に進めるには少なくとも次の2点が重要である．すなわち，適切な人たちがレビューに参加していることと，従業員は運転員に至るまで皆，後でまずいことになるのではないか，というおそれを抱かずに率直な意見を述べられることである．

2.6 利害関係者との良好な関係

事例 1990年代の末，アメリカ環境保護庁（EPA）からの通達として，公衆に影響を及ぼす可能性のある危険物を扱う数々の設備に対して，EPAのリスクマネジメントプラン（RMP）規則（Ref. 2.18）に従って地域住民に対してリスクに関するコミュニケーション努力をする（危険物のリスクを話し合う）ことが求められた．大規模な工業地帯を持つ人口密度の高い地域では，数多くの会社が地域のRMPのコミュニケーションイベントに参加し，協力し合っている．中には，1）利害関係者のグループを招き，2）彼らの懸念やニーズを特定し，3）コミュニケーションと協力の体制案を作成し，4）計画された活動を行い，5）その結果のフォローなどのために数年に及ぶ計画を作成したケースもある．この種の活動の中で最大級のものはテキサス州ヒューストン（Houston）地区における活動で，120を超えるプラントが参加して4年間にわたりRMP奉仕活動が行われた．その活動は，地域社会，規制当局，地域の緊急時対応機関および民間の地域グループとの良好な関係を築くのに役立つものだった．

利害関係者との良好な関係は，プロセス安全とプラント運転にとっても好ましいことである．例を挙げれば，1998年にカリフォルニアで，半導体産業に特殊ガスを供給している再充填会社が設備の拡張許可を申請した際，全国展開する環境団体が反対したにもかかわらず，その会社が長年にわたり築いてきた地域との良好な関係により地域からの圧倒的な支持を受けて，その許可申請は認められた．

概要 「利害関係者との良好な関係」のエレメントは，次の三つを行うためのプロセスである．1）会社業務から影響を受ける可能性のある個人または組織を見つけ出し，プロセスの安全性に関する対話に参加させ，2）地域社会の組織，他の企業および専門家グループ，地域・州・国の公共機関との関係を確立し，3）会社と施設の製品・

20   2 プロセス安全の基礎

プロセス・計画・危険（ハザード）・リスクに関する正確な情報を提供する．このプロセスにより，管理者は関連するプロセス安全情報をさまざまな組織で利用することができる．またこのエレメントは，関連する情報や得られた教訓を，社内の類似した設備や同業他社とも共有することを奨励している．AIChE CCPS の重要な使命の一つは，ハザードやさまざまなプロセスの安全防護における失敗に関する情報やベストプラクティス（良好慣行）などの情報を共有するために，フォーラムを開催することである．最後に，「利害関係者との良好な関係」エレメントは，プラントが地域社会と関わりを持ち，地域社会に影響するような情報やプラントの活動についてコミュニケーションを取ることを促している．

ピラー：ハザードとリスクを理解する

「ハザードとリスクを理解する」のピラーには二つのエレメントがある
・プロセス知識管理（2.7 節）
・ハザードの特定とリスク分析（2.8 節）

2.7　プロセス知識管理

事例研究　1999 年 2 月 19 日，ペンシルバニア州リーハイ（Lehigh）郡コンセプト・サイエンス社での爆発は 5 人の死者，14 人の負傷者を出し，近隣の数件の建物に損害を与えた（図 2.5）．爆発は，その施設で初めて実施した生産規模でのヒドロキシルアミン製造中に発生した．米国化学安全委員会（CSB）の報告書（3.4.5 項参照）によれば，"この事故は，危険な化学品の製造プロセスの開発・設計・建設・スタートアップの全過程を通じて，効率的なプロセス安全管理とエンジニアリングが必要であることを示している…「プロセス知識と文書化」および「建設プロジェクトのプロセス安全審査」の［非］効率がその事故に大きな影響を及ぼした．"

CSB の報告書はさらに続けて，

"ヒドロキシルアミンの持つ爆発分解の危険性（ハザード）に対して，プロセス設計時におけるプロセス安全情報の作成・理解・応用が不十分であった．パイロットプラントの運転段階ですでに，管理者は，70 wt％より高い濃度ではヒドロキシルアミンに火災および爆発の危険性があると MSDS に明記されていることに気付いていた．

この知識は，プロセス設計・運転手順・条件の緩和方法・運転員への事前指導など

図 2.5 ヒドロキシルアミン爆発により損傷した建物およびチャージタンクの痕，CSB 提供

に適切に反映されなかった．このヒドロキシルアミン生産プロセスでは，設計上，液中濃度が 85 wt％を超えるところまでヒドロキシルアミンを濃縮していた．この濃度は，MSDS が爆発の危険があるとしている 70 wt％をはるかに上回っている．"

　CSB の調査委員は，プロセス知識が欠如していたことと，分かっていたプロセス知識を正しく適用できなかったことがこの爆発の直接原因であると結論付けた．この事故は，3 章でさらに詳しく検討する．

　概要　リスクを理解するためには，正確なプロセス知識が必要である．このエレメントは，リスクに基づくプロセス安全（RBPS）という概念全体を下支えしている．そして RBPS による管理は，リスクの理解ができていなければ効率よく利用することはできない．「プロセス知識」のエレメントでは，主に情報が文書として残されることに焦点を当てている．例えば，
・技術文書および仕様書
・エンジニアリング図面および計算書
・プロセス機器の設計・製作・据付の各仕様書
・圧力・温度・レベル・濃度等の安全な運転限界の設定
・その他，物質安全データ（MSDS）のような文書

22   2 プロセス安全の基礎

「プロセス知識」という言葉は，これらのプロセス安全情報を扱う際によく出てくる．“知識”のエレメントには，通常は紙または電子媒体の形で記録される特定のデータセットを編集し，目録を整理して利用できるようにする作業も含まれる．しかしながら，“知識”は，単純にデータを集めるだけではなく理解することも含んでいる．その点で，「プロセス安全能力」のエレメントは，利用者がこのエレメントの一部として集められた情報を確実に正しく解釈し，理解できるようにするという点で「プロセス知識管理」のエレメントを補完するものである．

プロセス知識の作成と文書化は早い時期に始まりプロセスのライフサイクルを通じて継続する．例えば，新物質を開発した初期の研究結果，その物質の特性（暴走反応の可能性，その他の固有の危険性を含む），合成方法の評価は，通常「プロセス知識」に含まれる．このプロセス知識に関する活動は，設計・ハザードレビュー・建設・コミッショニング（運転開始）・操業段階などライフサイクルを通して続けられる．多くの設備ではリスク分析あるいは変更管理レビューを行う直前に，プロセス知識が正確で網羅されているかをレビューすることを重要視している．

プロセス知識は収集後，通常はハードコピーとしてキャビネットや資料室に，あるいは電子化されたファイルとしてコンピューターネットワーク上にデータベースとして保管される．あなたたちは組織で働き始めたら，そこではプロセス知識がどう保管されているかを知り，使いこなさなければならないだろう．

表 2.1 で，「プロセス知識管理」は，OSHA PSM および EPA RMP 規制の「プロセス安全情報」（PSI）に相当し，「プロセス安全情報」（PSI）の文書化を要求していることが分かるであろう．この二つの規則は，使用・生産している化学品の危険性（ハザード）および対象とするプロセスに使用されている技術や装置に関して，情報を文書化することを求めている．尚，地方自治体や他の国々でも同様の要件を出している可能性が高い．

2.8 ハザードの特定とリスク分析

事例研究   1998 年，オーストラリア，ヴィクトリア州ロングフォールドのガス処理設備が大爆発して火災が発生した．従業員 2 人が死亡し，8 人が負傷した．この事故により，事業所におけるガス分離プラントの 1 系統が破損し，他の 2 系統のプラントが停止した．この事故により，州全体へのガス供給が 2 週間にわたって途絶え，生産や営業ができなくなったために 25 万人の労働者は自宅待機となった．従業員たちが

2.8 ハザードの特定とリスク分析　23

プロセスを異常から復帰させようとしていた際に，熱交換器の金属を低温脆化させた事故であった．徹底したリスク分析を実施していれば，リーンオイルのロスがプロセス機器に危険な温度低下を引き起こすという潜在的な危険性を特定することができた筈である．リスク分析は事故の3年前に計画されていたが，実施されていなかった．

　概要　「ハザードの特定とリスク分析（HIRA）」とは，その一連の活動により，従業員，地域住民，自然環境へのリスクを常に組織のリスク許容範囲内に確実に管理するために，ライフサイクルにわたり，設備のハザードを特定してリスクを評価する活動を網羅する総称である．注意：表2.3に示すように，HIRAに含まれる作業を表すために，多くの異なる用語がある．現実には，あなたたちはいろいろな形で「ハザードの特定」や「リスク分析」に参加することはあっても，おそらく「HIRAに参加するように」とは言われないであろう．一部の会社では，プロセスハザード分析（PHA）という用語は，OSHAのPSM基準に準拠してなされた分析を意味しており，他のハザードの特定作業にはハザード評価（hazard assessment）のような他の用語が用いられている．

表 2.3　ハザード評価の同義語

プロセスハザード分析	プロセスハザード解析	プロセスハザードレビュー
プロセスハザード評価	ハザード分析	ハザード解析
プロセスリスク分析	プロセスリスク解析	プロセスリスク評価
リスク分析	リスク解析	

（訳者註：これらは原文の和訳ではなく，日本語で使用されている可能性のあるものとした）

　リスクを管理するためには，まず初めにハザードを特定する必要があり，次にリスクを評価して，許容できるかどうかを決定しなければならない．これらの検討から得られたリスクの理解が，事業所で実施する他の多くのプロセス安全管理活動の基礎となる．いかなる場合も，リスクを間違って認識すると，限られた資源を無駄に利用するか，会社や地域が本当に許容できる範囲を超えたリスクを知らずに受け入れることになるだろう．

　通常，これらの検討では，分析の目的，ライフサイクルの段階，利用可能な情報と資源にふさわしいレベルに達するまで，リスクに関する三要素を検討する．リスクに関する三要素とは，

1. ハザード——どんな悪いことが起こりそうか？
2. 影響の重大性——それはどれくらい酷いことになりそうか？

24　　2　プロセス安全の基礎

3. 可能性——それはどの程度の頻度で発生しそうか？

　ハザード評価を実施するには，レビューチームがプロセスのエキスパートたちの助けを借りて，起こり得るハザードを三要素で吟味し，特定したハザードのリスクを判定する．さまざまな分析のニーズに対応するために一連のツールが用意されている．ハザードの特定または定性的リスク分析の手法としては，ハザードと操作性レビュー（HAZOP），What-If/チェックリスト分析および故障モード影響分析（FMEA）がある．準定量リスク分析の手法には，故障モードの影響と致命度分析（FMECA: failure modes, effects, and criticality analysis）および防護層分析（LOPA: layer of protection analysis）がある．より詳細な定量的リスク分析手法としては，フォルトツリー分析，イベントツリー分析，モデルによる影響度分析がある．次の書籍はこれらの話題を取り扱っている．

- ・Guidelines for Hazard Evaluation Procedures, Third Edition with Worked Examples, Ref. 2.34.
- ・Layer of Protection Analysis-Simplified Process Risk Analysis, Ref. 2.35
- ・Guidelines for Chemical Process Quantitative Risk Analysis, Second Edition, Ref. 2.36.
- ・Guidelines for Initiating Events and Independent Protection Layers, Ref. 2.37.

　一般的に，レビューの過程で得られた結果はワークシートの形式で文書化されるが，そのプロジェクトの段階と使われる評価方法により，形式は細かい点で異なる．通常の HAZOP 分析のワークシートを表 2.4 に示す．

表 2.4　標準的 HAZOP レビュー表書式

対象区域：			会議日：	
図面番号：			チームメンバー：	
ずれ	ずれの原因	影響	安全防護対策	提案
流れ停止	弁誤閉止 配管閉塞			

　HIRA は，簡単で定性的なものから詳細で定量的なものに至るまで，リスク分析のすべての領域を含んでいる．ある会社では，発生頻度とは無関係に，爆発が生じることは許容できないリスクと判断するかもしれない．他の会社では，爆発発生頻度が，例えば年に百万分の一といった具体的な発生頻度よりも少ないことが示されない限り，爆発のリスクを受け入れないかもしれない．

一般に，プロセスの運転に関するリスクの検討は定期的に更新され再確認される．さまざまな国や地域では，HIRA について特別な要求を課すこともある．プロセスハザード分析（PHA）は，米国における OSHA の PSM 規制の特定な法的要求事項を満たす HIRA である（Ref. 2.16）．

新任エンジニアやプロセス安全に初めて取り組むエンジニアは，プロセス産業に入って最初の数年間に何らかの形式の HIRA に参加する可能性がある．表 2.1 の HIRA エレメントは，OSHA の PSM および EPA の RMP 規制で要求されている PHA に対応している．これらの規制では，該当するプロセスで PHA を実行すること，そして 5 年ごとに 1 回更新することを要求している．地方自治体や他の国々でも同様の要件を出している可能性が高い．

ピラー：リスクを管理する

「リスク管理」のピラーは，次の九つのエレメントから構成されている．
  ・運転手順（2.9 節）
  ・安全な作業の実行（2.10 節）
  ・設備資産の健全性と信頼性（2.11 節）
  ・協力会社の管理（2.12 節）
  ・訓練と能力保証（2.13 節）
  ・変更管理（2.14 節）
  ・運転準備（2.15 節）
  ・操業の遂行（2.16 節）
  ・緊急時の管理（2.17 節）

2.9　運　転　手　順

事例研究　　1994 年 12 月 13 日，アイオワ州ポートニールの硝酸アンモニウムプラントの再稼動直前に爆発が発生した．従業員の 4 人が死亡し，18 人が入院した．住民への避難命令は，事業所から 15 マイル（約 24 km）に及び，被害額は 120 百万ドルと推定された．プラントは 18 時間前から停止しており，運転員は爆発が起きたときには再稼動の準備中であった．アメリカ環境保護庁（EPA）の化学事故調査チームは，硝酸アンモニウムプラントを一時停止する際の手順書がなかったことが爆発の原因であ

26   2   プロセス安全の基礎

ると結論付けた（Ref. 2.38）．この事故についての詳細は，3.6 節に記載されている．

概要   運転手順書は，与えられた一連の作業について作業ステップを列挙し，各作業ステップをどのように実施するかを述べた指示書（電子的に保存され，必要に応じてプリントアウトされる手順書も含む）である．また，優れた手順書には，プロセス，ハザード，工具，保護装置および制御装置について十分詳しい記述があり，運転員はハザードを理解でき，制御装置が機能していることを検証でき，プロセスが期待通り応答していることを確認することができる．さらに手順書は，システムが所定の応答をしない場合のトラブルシューティングの指示書でもある．運転手順書には，緊急停止を実行するような場合を明細に記さなければならず，さらに，特定の機器が停止している状態で行う一時的な運転といった特殊な状況にも対処しなければならない．運転手順書は，製品の切換え，プロセス機器の定期洗浄，保全作業のための機器準備および運転員が行うその他の日常業務などの作業を管理するために一般的に使用される．このエレメントの範囲には，スタートアップ，通常運転および緊急停止を含むシャットダウンを安全に遂行するために必要なこれらの作業の運転手順書が含まれる．

人が常に高いレベルの能力を発揮することは，いかなるプロセス安全プログラムにおいても重要である．実際に，人の能力が適切なレベルより低い場合，運転のすべての面にマイナスの影響を与える．文書化された手順がなければ，個々の運転員が設備に対して意図した手順や方法を実際に行うことは期待できないし，特定の業務を意図された方法で首尾一貫して遂行することができる運転員はいないであろう．

手順の文書化には新任エンジニアが参加することになるかもしれない．大抵，手順書はプロセス運転について深く知識のある運転員やプロセスエンジニアが共同して作成する（ここではコントロールシステムあるいは現場機器の操作を通してプロセスを直接コントロールする人たちを称して運転員という用語を用いている．ただし，事業所により，同じ機能を説明するのに「操作員」のような別の用語を用いていることも多い）．運転員，監督者，技術者および管理者は，新規の手順書作成や既存手順書の変更の際に，レビューや承認にしばしば参加する．また，保全グループなどの他のメンバーも，運転手順が彼らの業務に影響を与える可能性がある場合には参加しなければならない．

一旦，手順書が完成して承認されたら，その手順書には，常に例外なく厳密に従うべきであり，変更の必要がある場合には，本章の後の節で詳述する正式な変更管理の業務プロセスを通して変更しなければならない．

表 2.1 を見れば，OSHA の PSM や EPA の RMP の規制でも運転手順がエレメントになっていることが分かる．これらの規則では，通常運転，スタートアップとシャットダウン，緊急停止および緊急運転の手順を有することと，最新版に維持されていることが要求されている．地方自治体や他の国々でも同様の要件を出している可能性が高い．

2.10 安全な作業の実行

事例研究 2001 年 7 月 17 日，デラウェア州デラウェアシティ（Delaware City）のモティバエンタープライズ合同会社（Motiva Enterprises LLC），デラウェアシティ製油所（DCR）で爆発が起こった．保全を行う協力会社のチームが，硫酸貯蔵タンク集合エリア内のキャットウォーク（細い通路）のグレーチング（鉄格子の床）を修理していたが，このとき，彼らの火気作業の火花が 1 基の貯蔵タンク内の可燃性蒸気に着火した．そのタンクは床から剥がれ，同時に内容物が流出した（図 2.6）．協力会社の 1 人が死亡，他の 8 人が負傷した．タンク集合エリア内の他のタンクからも内容物が流出した．火災は約 1.5 時間続き，硫酸はデラウェア川に到達し，水生生物に重大な被害をもたらした．タンクには，新しい硫酸を貯蔵するものと製油所の硫酸アルキ

図 2.6 モティバ製油所での破壊されたタンク写真，CSB 提供

28   2 プロセス安全の基礎

レーションプロセスで使用された廃硫酸を貯蔵するものがあった．廃硫酸は通常，少量の引火性物質を含んでいる．長年にわたり，複数のタンクに重大な局部腐食が進行していた．1998年から2001年5月まで毎年このタンクの側壁からは何度も漏洩が起きていた．モティバ社は，屋根と側壁に複数の穴が開いているタンクの近傍で火気使用工事を行うことを許可した．しかし，火気使用工事を承認すべきではなかった．さらに，その工事を許可したにもかかわらず，可燃性ガスに対する着火防止のための予防措置が不十分であった．

概要　「安全な作業の実行」は，プロセス運転には直接関与しない作業を実行するにあたり，ハザードを抑制し，リスクを管理するための正式な手続きのエレメントである．プロセスエリア内での保全と検査の業務は「安全な作業の実行」で管理される業務の例である．タンク貨車からの荷下ろしのための配管連結と解除などは運転手順書で扱われるだろうが，圧力伝送器（トランスミッター）の結線の取り外しは非定常作業とみなされ，「安全な作業の実行」（安全作業）のエレメントの範疇に含まれる．「安全な作業の実行」は，単一の活動や作業指示に限ったものではない．それは一般的で，事業所や組織全体を横断的に使用するために，大抵は文書化されている．「安全な作業の実行」の例としては，ロックアウト・タグアウト（LOTO），火気使用工事，ラ

表 2.5　「安全な作業の実行」エレメントの範疇に主に含まれる業務

一般的ハザードの管理や危険あるいは危険環境から人を保護するための安全作業手順
- ロックアウト・タグアウトやエネルギーに関するハザードの管理
- ラインブレーク/プロセス機器の開放
- 閉所立入作業
- 火気使用工事の承認
- 許可者以外のプロセスエリアへの立入
- 配管や機器のホットタッピング（訳者註：流体を流したまま配管等の工事を行う工法）

壊滅的な二次災害に繋がるおそれのある事故を防止するための安全作業手順
- プロセスエリア内または近傍での掘削
- プロセスエリアでの車両の運転
- プロセス機器の上部での吊り上げ作業
- プロセスエリア内または近傍での建設重機の使用

特別なハザード管理のための安全作業手順
- 爆薬/ブラストを使用する作業
- 電離放射線の使用（例えば，プロセス機器のX線撮影）

無許可で安全システムを無効にすることを防止するための安全作業手順
- 防火システムの無効化
- 安全装置の一時的な分離
- インターロックの一時的バイパスまたはジャンパー線の取り付け

インブレーク（配管を開ける非定常作業），閉所立入作業などがある．産業界で遵守すべき「安全な作業の実行」のために特別な法規制を設けている国も少なくない．

多くの場合，組織の中で専従の安全衛生部門が，安全作業の手続きを監督・管理している．安全作業の手続きは，プロセス安全にとって必要不可欠である．これらの手続きは，保全，検査およびプロセス機器・槽・制御装置・配管の修理を一貫して安全な方法で行うことを考慮したものである．

安全作業の手続きには，大抵は許可証（例：承認の段階を含むチェックリスト）が付随している．「安全な作業の実行」について，より包括的なリストを表 2.5 に示す．

事業所によっては，このエレメントの範疇に，墜落・転落のような一般的な工場における危険を防止するための手順や慣行も含めている．

OSHA の PSM と EPA の RMP の規制では，火気使用手順を義務付けている．その他の安全作業の手順も，事業所内に存在する化学物質または他のハザードの大きさとは無関係に，他の法規制で義務付けられることが多い．

2.11　設備資産の健全性と信頼性

事例研究　2012 年 8 月 6 日，カリフォルニア州リッチモンド（Richmond）のシェブロン（Chevron）社の製油所の No.4 原油ユニット（図 2.7）で壊滅的にパイプが破裂した．破裂したパイプから引火性の炭化水素であるプロセス流体が流出し，その一部が蒸発して大きな蒸気雲になり，19 人の従業員を飲み込んだ．

図 2.7　52 インチ部分の配管での破裂，CSB 提供

30 2 プロセス安全の基礎

　流出から約2分後，蒸気雲の可燃性混合気に着火した．シェブロン社の従業員6人が，事故とその後の緊急対応活動で軽傷を負った．フラッシュ火災になっていたら，現場の従業員はもっとひどい怪我をしていただろう．火事は数時間にわたり燃え続け，生産設備は長期（数か月）にわたり経済的損失の大きなシャットダウンを余儀なくされ，煙に曝されて病院で診察を受けた数千人の地元住民からは怒りを招いた．破裂は，蒸留塔の側面にある直径8インチの配管の長さ52インチの部分で発生していた．分析によれば，破裂が発生した52インチの部品は極端に薄くなっており，破裂箇所付近では元の肉厚の平均90%が失われていた．

　その肉厚の減少は硫化腐食として知られた現象によるものであり，アメリカ石油協会（API）からはそれに対する推奨手法（RP: recommended practice）が出されている："939-C Guidelines for Avoiding Sulfidation（Sulfidic）Corrosion Failures in Oil Refineries."事故に関与した配管には腐食状態をチェックする検査ポイント（CML: condition monitoring location）が24か所あったが，破裂した52インチの箇所には検査ポイントはなかった．

　この部分は，配管の他の部分よりもシリコン含有量が低かったため，硫化腐食の影響を受けやすかった（シリコン含有量の低い配管部品は高い硫化腐食の影響を受けやすいことが知られている）．シリコン含有量の高い箇所の検査データだけを見ていたため，その配管の危険な状態に気付かず，交換する機会を逸していた（Ref. 2.40）．

概要　「設備資産の健全性と信頼性」は，機器が適切に設計され，仕様に従って設置され，廃棄するまで使用に適した状態を保つためのRBPSエレメントである．設備がその設備寿命を通じて確実に意図した用途に適しているために必要な検査や試験などの活動が「設備資産の健全性」に含まれる．危険な物質の封じ込めを維持することと，必要に応じて圧力開放装置，安全制御・アラーム・インターロック（SCAI）などの安全システムを確実に作動させることは，いかなる設備にも大切な二つの必須要件である．

　このエレメントには，主に，設備のメンテナンスおよび協力会社の作業員が行う，検査・試験・予防保全・予測保守・修理の活動が含まれる．また，これには品質保証のプロセス（例えば，配管やガスケットの材質の確認）と，その活動をサポートする手順や訓練も含まれる．

　生産設備において，設備設計・仕様選択・設置・操作・保守といった作業に関わる運転員・保守要員・検査員・協力会社従業員・技術者たちの日々の業務の一部として，設備保全のエレメントの活動は不可欠である．特に，機械エンジニアは，設備の

予防保全に深く関与している．計装電気（I&E）エンジニアは，多くの場合，計器と制御ループのテストやメンテナンスに携わるようになる．プロセスエンジニアは，漏れ，異常な騒音または異臭を見出し，報告し，その他の異常な状態を検出するなどして貢献することができる．

このエレメントは，OSHA PSM および EPA RMP 規則（表2.1を参照）では「設備の健全性」の要件に含まれている．この規則では，検査と試験のための書面による手続，検査と試験が行われたこと，不具合箇所が補修されたことの文書が要求されている．地方自治体や他の国々でも同様の要件を出している可能性が高い．

2.12　協力会社の管理

事例研究　1988年7月6日の夕方，パイパーアルファ海上採油プラットフォームで爆発・火災が発生したことにより，167人が死亡し，プラットフォームは破壊された．事故は，その日の日中に補修のために使用不可としていたコンデンセート注入ポンプを夜間シフトの運転員が運転しようとした際に発生した．夜間シフトの運転員はメンテナンス作業があったことを知っており，実際にポンプを復帰できるように電気工に対してそのモータをモータ制御センターで開閉器を操作して通電する許可を出さなければならなかった．夕方のシフトの運転員は，保全のグループから計画されていたすべてのメンテナンス作業について，完了しているか延期されたかの連絡を受けていたと思われる．しかし，彼らは協力会社が行っていた別の作業が未完了であることを知らなかった．実のところ，協力会社の作業員は，安全弁を再検定のためにポンプ排出ライン上から取り外したが，勤務終了時間の午後6時までに安全弁を復旧することができなかった．ポンプが始動されるやいなや，大量の炭化水素が放出されて，遂に大災害に繋がった．その後の調査で，当該保守業務を担当していた協力会社の監督者が「安全な作業手順」について適切な訓練を受けていなかったことが判明した．さらに，この調査では，石油プラットフォームで働く協力会社に対する緊急対応訓練が不十分だった（場合によっては，されていなかった）ことが，この事故で多くの命が失われた要因であろうと推測された（Ref. 2.41, 2.42）．

概要　産業界では，しばしば日常業務，特定の専門技術および定期修理などで協力会社に依存している．ここで考慮すべきことは，協力会社の従業員が設備の危険性（ハザード）と操作に習熟していない可能性があることと併せて，協力会社のサービスには安全上，独特な問題があることである．「協力会社の管理」は，契約されたサービ

32   2 プロセス安全の基礎

ス内容が設備の安全な運転と，会社のプロセス安全の双方を支えるものであることと，労働安全衛生面で目標を確実に達成することに対するコントロールシステムである．このエレメントは，そのような契約サービスの選択，取得，使用および監視に対処することを目的としている．

企業は，設計・建設，保守，検査・試験，スタッフの補強など，さまざまな業務を外部に委託することで，内部リソースと共用することをますます活発にしてきている．そうすることで，企業は，1) 継続的または日常的には必要とされない専門知識をアドバイスしてもらえること，2) 需要が異常に高くなった期間に限定して会社のリソースを補うこと，3) 直接雇用による間接費をかけずに人員を増やすこと，などの企業目標の達成が可能となっている．

しかし，協力会社に仕事を依頼することは，社外の組織を自社のリスク管理活動の領域に招き入れることになる．つまり，設備の危険性（ハザード）や防護システムを十分理解していない人を，プロセスハザードの影響を受ける可能性のあるエリアに配置することになる．逆に，協力会社の従業員が作業をすることで，彼らが新しい化学物質やX線源などの設備に新たな危険源（ハザード）をもたらす可能性もある．また，現場での協力会社の従業員は，無意識に設備の安全管理のルールを破ったり，手順を省いたりする可能性がある．会社は，協力会社に伴う新たな課題を認識して対応する必要がある．会社が協力会社の管理のために必要とする業務には次のようなものである．

- ・協力会社の選択にあたっては，安全記録を確認すること
- ・安全プログラムの実施とその成果について，期待することと，役割と責任を明確にすること
- ・協力会社の従業員が適切に訓練されていること
- ・協力会社が契約されたサービスを安全に提供できるように，協力会社に適切な情報を提供すること

「協力会社の管理」は，OSHA PSM および EPA RMP 規制のエレメントでもある．前述の要件は規制の一部である．地方自治体や他の国々でも同様の要件を出している可能性が高い．

2.13　訓練と能力保証

事例研究　1966 年 1 月 4 日，フランスのリヨン（Lyon）近くにある製油所の液

化石油ガス（LPG）タンク基地内で，火災とそれに続く沸騰液膨張蒸気爆発（BLEVE）が発生した．18 人が死亡し，81 人が負傷した（Ref. 2.43）．液化ガス貯蔵設備は大破し，火災は近くの液体炭化水素貯蔵タンクに燃え広がった．事故は，LPG 貯蔵球形タンクの 1 基の底から水を排水しようとしたことから始まった．ドレンラインの流量調整用に使用していた上流側ドレンバルブ（ダブルブロックバルブ配置）を LPG が流れる際にフラッシングが起こり，上流および下流バルブの両方を開いたまま凍結させたことで，LPG が開放ドレンを通して大気に放出された．水の流速を下流のバルブで調整していたなら，LPG がフラッシュし始めても上流のバルブは解放のまま凍結状態にはならなかっただろう．この上流のバルブを，流れを止めるために使用していた可能性がある．この事故は，管理システムで，プロセスに関わる全員が正しい手順で訓練されていることをなぜ保証しなければならないか，また，その成果が満足いくものかをなぜ定期的に検証されなければならないかを示している．

　概要　　「訓練」は，業務と仕事の要件およびその方法に関して行う実践的な指導手段である．訓練は教室や現場で実施され，その目的は，受講者が初めて仕事をするために必要な最低限の技能基準を満たし，技能を維持したり，より要求度の高い地位への昇格の認定を受けたりできるようにすることである．「能力保証」とは，受講者が訓練の内容を理解し，実際の状況でそれを実践できることを保証するものである．能力保証は，作業者が実施能力の基準を満たすことを保証し，何が追加の訓練として必要かを特定するために行う継続的なプロセスである．

　危険な化学物質を製造，保管，または使用する設備の安全な運転やメンテナンスには，管理者および技術者から運転員や技能者に至るまで，あらゆる職位の人が有資格者であることが必要である．訓練やその他の能力保証活動は，人への信頼性を高いレベルに押し上げるための基本である．その意味で，訓練には，全体のプロセスとそのリスクの管理と並んで，操作・保守・安全な作業・緊急時の計画と対応に関する特定の手順教育が広範に含まれている．訓練は現場と教室の双方で行われ，従業員が特定の職務で一人で働くことを認めるまでに完了しておく必要がある．

　「訓練」は，OSHA PSM および EPA RMP 規制のエレメントでもある．以上の要件はこの規制の一部である．地方自治体や他の国々でも同様の要件を出している可能性が高い．

2.14 変 更 管 理

事例研究　変更管理（MOC）のエレメントは，時々刻々と変更されるプロセスに対するリスクアセスメントおよび管理システムと言われてきた．MOC の重要性，あるいはその欠如に関しては，1974 年のフリックスボロー事故ほど顕著なものはない．安全の常識を大きく変えたこの事故の場合，複数あるシクロヘキサン酸化反応器の間の配管が一時的に変更されていた．1974 年 3 月，英国のフリックスボロー工場において，生産を継続する目的で，直列 6 基の反応器の第 5 反応器を迂回して，臨時のバイパス配管が取り付けられた．このバイパス配管は，1974 年 6 月 1 日に，他の設備を修理した後で再スタートする作業中に破損し，シクロヘキサンを主成分とする高温のプロセス物質が 60 000 ポンド（270 トン）放出された．これが蒸気雲となって爆発し，TNT 火薬で約 15 トンに相当するエネルギーが放出された．この爆発により，プラントは完全に破壊され，近くの住宅や商業施設も損壊し，28 人が死亡し，従業員と近隣住民の 89 人が負傷した．

この臨時の配管は，伸縮管（ベローズ）を用いる大型配管の設計について専門知識を持たない者が設置した——その変更設計は大口径の高圧配管システムを設計するというよりは，単に配管で接続するだけのものであった．公式の報告書に記述されているように，"…彼らは自分たちが無知であることを知らなかった"．変更を実施する前に，効果的な MOC システムを運用していれば，設計の欠陥に気付き，この大惨事は防ぐことができたであろう．

概要　MOC のエレメントは，プロセスに対する変更が不用意に新しいハザードを招くことや，既存のハザードのリスクを無意識に増大させないために役立つものである．多くの企業は変更を「同種の置換え（replacement-in-kind）」以外のことと定義しているだろう．CCPS では変更とは「プロセスの安全情報に変更を加えるもの」と定義している．変更管理の目的は，変更に伴うリスクを評価し，リスクを容認できるレベルにまで低減させることである．このプロセスは通常，チームを組んで定められた方法で行い，承認を受ける形で実施される．

MOC のエレメントには，設備設計，操作，組織，または活動に対して提案された変更を事前に評価するレビューおよび承認プロセスが含まれ，これにより，予期せぬ新たなハザードが導入されることがなく，従業員，社会，または環境に対する既存のリスクが知らないうちに増加されることもなくなる．これには，変更の影響を受ける

人たちが変更の通知を受けて，手順書，プロセス安全知識，その他いろいろな関係する文書を常にアップデートされた状態にするためのステップも含まれている．

もし，提案された変更を適切にレビューせずに危険なプロセスに対して実施すると，プロセス安全上のリスクは著しく増大するだろう．従来，MOC のレビューはもっぱら操業中のプラントについて行われてきたが，新設プラントの設計や計画を含めて事務所で行う，プロセスのライフサイクル全体に対しても実施するようになってきている．新任のエンジニアは，初めの数年間に MOC のレビューに参加する可能性が高い．

変更の依頼は設備にいる誰からでも，プロジェクトチームや研究開発チームに対して提出される可能性がある．設備にいる者として知っておくべき重要なことは，何が変更に該当するかである．通常は MOC 申請者と利害関係のない適切な人が，変更により悪影響をもたらす可能性がないかをレビューして，リスク管理のための追加措置を提案することもある．レビューの方法は，通常は変更の程度による．簡単な変更であれば，詳しい人が数人いれば良い．重大な変更については，2.8 節で議論された HIRA（ハザードの特定とリスク分析）に似たレビューが必要になる．レビューに基づいて，変更は正式に実施，訂正，あるいは拒否されることになる．変更の実施に対する最終承認は，レビューチームとは別に定められた人が行うことが多い．通常は，幅広い職種の人々が協力して，変更を実施したり，変更による影響を受ける従業員に通知や訓練をしたり，あるいは変更に関わる書類をアップデートすることになる．

MOC は，OSHA PSM と EPA RPM の規制および米国以外の国々の規則にも明確にうたわれている．その規則は，MOC のレビューを遂行することだけではなく，変更により影響を受けるプロセス安全情報（PSI: process safety information）や運転手順を更新することおよび従業員に変更を通知することも定めている．

今日では変更管理の重要性は多くの組織で理解されているが，組織変更管理（MOOC: management of organizational change または OCM: organizational change management）については，それほど理解か進んでいない．OCM は労働条件・人員・業務配分・組織構造の変更および方針変更にも適用されるものである．CCPS の「組織変更におけるプロセス安全管理のガイドライン」"Guidelines for Managing Process Safety during Organizational Change"（Ref. 2.44）ではこのテーマについてより詳細に述べている．

2.15 運 転 準 備

事例研究　ある製油所のプラント設備の一つが，複数の機器について広範囲のロックアウト・タグアウト（LOTO）をしなればならない大規模な定期修理を行っていた．LOTO を初め，最初に行うラインの遮断，安全に関連するその他すべての安全措置は正しく行われていた．この設備の定期修理における特殊な事情は，プロセス境界内のいくつかの機器が，供給原料が変わった場合や追加の加熱や冷却が必要となったときに限り，時折運転されていたことである．

すべてのスタートアップ前チェックは，正規のチェックリストに従って行われ，設備は順調に再スタートされていた．不運なことに 6 か月後に，時折使用していた熱交換器の 1 基を稼働中に，引火性ガスの大規模な漏れが発生した．その結果発生した火災が大規模な設備停止と機器の損傷を引き起こした．この特定の機器（漏洩した熱交換器）は，すぐに使用する予定がなかったため，大規模定期修理の一部としてのスタート前チェックからは漏れていたことが判明した．個々のプロセスではスタート前チェックを行っていたが，設備全体が稼働準備できていることを確認する総合的運転準備の手順は確立されていなかった．

概要　「運転準備」のエレメントは二つの観点から議論される．プロセス安全のエレメントが正式に決められた当初は，「運転準備」には新規のプロセス・改変されたプロセス・プロセスへの変更がスタートアップしても安全かを確認することだった．この活動は現在，運転前の安全レビュー（PSSR: pre-startup safety reviews）とみなされている．リスクに基づくプロセス安全が進化したことにより多くの組織では，シャットダウンしていた機器やプロセスを再スタートしても安全であるかを検証することまで「運転準備」の範囲を広げている．

「運転準備」は，あらゆるシャットダウンの状態からスタートアップすることを対象とすべきである．また，「運転準備」は新規のプロセスや変更されたプロセスだけではなく，開放・検査・修理等の後の機器やプロセスのスタートアップや再スタートも対象としている．この「運転準備」は比較的小規模なメンテナンス作業についても適用でき，また，何週間も要する大規模なメンテナンス作業や定期修理に対しても適用される．あるプロセスはほんの短期間停止しただけかもしれないし，あるプロセスはメンテナンス・検査・修繕のため長期にわたり停止していたかもしれないし，また，相当長期にわたり使用していなかった可能性もある．他のプロセスは，製品の需要が不

2.15 運転準備　37

足しているというような経営上の理由により，製造とはほとんど関係ない理由により，また，例えば接近中の暴風に備えるための予防的手段としてシャットダウンしているかもしれない．シャットダウン期間に加えて，このエレメントはスタートアップ前の運転準備レビューに焦点を当てた停止期間中のプロセス上の作業（例えば，ラインブレイクなど）も考慮している．

表 2.1 は「運転準備」のエレメントが OSHA PSM と EPA RPM の規制における「運転前の安全レビュー」に対応することを示している．しかし，「運転準備」は新規または変更されたプロセスに対してだけではなく，すべてのシャットダウン状態からのスタートアップを明確に取り扱っている点で，OSHA プロセス安全管理の「運転前の安全レビュー」（PSSR）のエレメントよりも広く定義されている．

事故の頻度はスタートアップなどプロセスの過渡期に高くなることが知られている．これらの事故は，安全運転のために設定されたプロセス条件から外れた際に起きていることが多い．したがって，安全にスタートできるプロセス状態になっているかを検証することは重要である．

「運転準備」のレビューには，以下の注意事項や実行項目が含まれる．
・プロセスの構成と機器が設計仕様通りであること
・安全，運転，保守および緊急時の適切な処理手続きが用意されていること
・運転停止中に切られた可能性のある安全対策が機能を復帰して可動状態であること
・すべてのセンサー・計器・バルブがリセットされて適切な状態になっていること
・プロセスに関わる可能性のあるすべての作業員の訓練が完了していること

また，新規プロセスについては，適切なリスク分析が実施されており，すべての勧告が解決され実施されていること．変更されたプロセスは変更管理（MOC）のレビューを受けていなければならない．すべてのスタートアップ（変更のない短時間のシャットダウン後のスタートアップを含む）に対して，「運転準備」のレビューでは，機器の配置，漏洩に対する気密性，スタートアップの準備が整っていない他のシステムとの適切な切り離し，清掃済みであることを検査して，プロセスを運転しても安全であることを確認する．

簡単な運転開始の準備レビューの場合は，一人でプロセス内を歩いて何も変更されておらず，機器の運転準備ができていることを確かめるだけでも良いかもしれない．一方，複雑なレビューでは，エンジニア，運転員あるいは保全員が，数週間から数か月にわたり，機器の設計意図との整合性，設備工事の出来栄え，すべての手続きが完

了していること，トレーニングが十分であることなどを検証することもある．一般的に，スタートアップが許可されるには，広範囲にわたるチェックリスト，幾度も繰り返す実地検証，複数の部門からの承認が必要になる．

2.16 操 業 の 遂 行

事例研究　1997 年 1 月 21 日，カリフォルニア州マーティネズ（Martinez）の水素化分解精製設備で爆発火災事故が起こり，一人が死亡，従業員 46 人が負傷し，周辺地域に屋内退避（シェルターインプレイス）命令が出された（Ref. 2.45）．プロセスの乱れを収めようとしていた最中に，温度が急激に上昇した．過去の経験から，温度データロガーの値は信頼性がなかったために読まれなかった．現場で温度を確認していた運転員からの無線連絡は聞き取れなかった．このため，制御室の運転員は手順に求められていた装置の減圧操作をせず，過熱された流体により配管が破裂した．この事故は「操業の遂行」が弱いとそれがいかにして悲劇に繋がるかを物語っている．信頼性の低い不完全なプロセス情報のまま運転を継続したことが，遂には安全操業の限界を超えるというとんでもない事態に繋がった．

概要　「操業の遂行」とは，熟慮され，体系化された方法で運転と管理の仕事を遂行することである．「操業の遂行」は，組織におけるプロセス安全文化の現状の表れであるとも考えられる．「操業の遂行」は，単なる運転規律ではなく，より広い範囲に及んでいる．このスコープには，まず実行する作業を計画し，文書化し，次に計画に従って実行することが含まれる（"Plan the Work——Work the Plan"）．

操業の遂行とは次の事項を確実に実行してプロセス安全のピラー（柱）を日常的に適用することである．

・運転のすべての側面について手順がある
・その手順を理解し，常に従っている
・機器が必要に応じて維持管理されている
・変更が管理されている
・監査と管理者によるレビューが効果的であり，しかも明らかになった課題に取り組んでいる

言い換えれば，「操業の遂行」のエレメントがしっかりしている組織には，運転や保守を含むプロセスのすべての側面および変更管理について，完全な手順と実施能力が備わり，すべての階層の人たちが常にそれを実行している．

運転規律は，「操業の遂行」の一部であり，運転操作の結果に一貫性を持たせるためのものである．それは組織の文化と強く結びついている．「操業の遂行」はあらゆる作業が優れたパフォーマンスとなるように制度化し，パフォーマンスのばらつきを最小にするものである．すべての階層の人たちは，緊張感，慎重な思考，十分な知識，健全な判断，そして誇りと責任感を持って，彼らの義務を遂行することが期待されている．7章では，「操業の遂行」における運転員と技術者の役割について詳細に説明する．

人間の遂行能力を常に高いレベルに保つことは，プロセス安全のプログラムの重要な側面であり，実際に人間の遂行能力が十分なレベルにないと，運転のすべての側面に悪い影響を及ぼすだろう．運転活動がより複雑になるにつれて，重要な作業を安全で信頼性が高く一貫性のあるものに保つために，運転の手続きもまた相応に増えざるを得ない．

2.17 緊急時の管理

事例研究　1947 年 4 月 16 日朝，テキサス州テキサスシティー（Texas City）に停泊中の貨物船グランドキャンプ号（Grandcamp）の貨物用船倉内で火災が発生したが，その船倉には硝酸アンモニウムの肥料が積載されていた．火災が発生したときには，ある船倉内には 1400 トンの硝酸アンモニウム（袋詰め）が積載されており，もう一つの船倉には 800 トンが積載されていた．火災発生の 1 時間後，船長はこの積載物にいくらかでも損失が出ることをおそれて，消火には水を使用しないことを決断した．その代わりに船長は船倉を封鎖して，酸素を追い出すために高圧蒸気を使用するように船員たちに命じた．残念ながら，パラフィンでコーティングされた硝酸アンモニウムは，一度燃え出すと，燃焼に酸素は必要ない．純粋な硝酸アンモニウムは燃焼しないが，炭化水素のような可燃物でコーティングされていた場合は，コーティング剤の燃焼により，熱分解温度にまで到達し，手のつけられない発熱分解反応を開始する可能性がある．物質が封じ込められていると爆発（爆燃・爆轟）が起こり得る．このような状況で，密塞された船倉内に蒸気を使用したことは，物質を過熱させ，暴走的な分解反応を止められなくなるまでの時間を短縮してしまった．この船の爆発により，約 600 人が死亡し，死者数ではこれまでに米国で起きた産業界の事故の中で最悪のものとなった．貨物船グランドキャンプ号内の爆発は，他にいくつもの大爆発を誘発し，火災は近隣の化学プラントや石油貯蔵施設を巻き込んで 16 時間にわたり燃え続けた．そして遂には，4 月 17 日早朝に貨物船グランドキャンプ号に隣接して停泊していた貨

図 2.8　1947 年，テキサスシティー，モンサントプラント火災の遠景
(http://texashistory.unt.edu/ark:/67531/metapth11883) University of North Texas Libraries, The Portal to Texas History, crediting Moore Memorial Public Library, Texas City, Texas.

物船ハイフライヤー号に積載された 1000 トンの硝酸アンモニウムの爆発まで引き起こした（図 2.8）.

テキサスシティーのこの大惨事を調査したある著書によると，"安全と緊急事態への準備は…この危険の巨大さを考えると，著しく不十分であった．…準備をしていなかったため，誰も事故が大惨事に拡大するのを防ぐための迅速な対応を取ることができなかった"．水で熱を除去する代わりに，酸素を置換しようとして蒸気を使用したこと，グランドキャンプ号に隣接する桟橋から見物人を避難させなかったことなど，緊急対応活動において多くの失策があった．実際に，午前 8 時から 9 時 12 分の間に，何百人もの人々が明るく色付いた煙や炎を見ようとして桟橋に集まっていた（Ref. 2.46）.

概要　「緊急時の管理」には次のことが含まれる．1) 起こり得る緊急事態に対応するための計画を立てる，2) その計画を実行するためのリソース（人・物・金）を用意する，3) その計画を実行し，計画を継続的に改善する，4) 緊急事態のときに，従業員，協力会社，近隣の人々や地域の行政機関に対して何を行うか，どのように通知するか，どのような方法で通報するかを訓練したり，知らせたりすること，5) 事故が起きた場合には，利害関係者と効果的に情報交換を行うこと．

2.17 緊急時の管理 41

「緊急事態」のエレメントで扱う範囲は“火を消すこと”よりずっと広い．本節では，緊急事態の想定と対応について，三つの側面に焦点を絞る．

・現場にいる人，現場から離れている人，緊急対応者を含めて人を保護すること
・爆発，化学物質の大漏洩，その他のエネルギーの大放出を伴う破局的な事故に対応すること
・近隣の人々やメディアを含めて，利害関係者と情報を交換すること

　一般に緊急事態対応計画は，施設内外の専門家を交えて立案する．計画の立案者たちは運転員たちとも協議し，「HIRA」のエレメント（2.8 節）の結果に基づいて計画案を吟味して，シナリオを確定する．緊急事態対応計画は事態の影響を受ける可能性のある作業者たちと協議して開発し，彼らと共に頻繁に見直すべきである．運転員たちは緊急時にプロセスを停止したり，エリア内の危険物質を隔離したりするなどの対応活動を直ちに実行する責任を負っており，特別な訓練を受けたチームが事故対応の指揮者の下に可能な限り素早く支援をする．これらのチームとしては通常，事業所内の対応チームが，外部機関としては公設消防隊，医療支援部隊，危険物質（HAZMAT）対応チームなどがあり，地域によっては近隣設備からの相互対応チームを含むこともある．

　緊急事態対応計画を作成するステップを以下に示す．

　ハザードに基づいて事故のシナリオを特定する：化学物質に関連する大規模な事故は一般に，火災（熱の影響），爆発（圧力の影響），毒性蒸気雲（生理学的な影響）の3 種類のハザードに分類される．多くの場合，緊急対応計画は，各ハザードに対応した複数のシナリオに対処することで，想定される大規模な事故のシナリオ全体を網羅することができる．

　想定される事故シナリオを評価する：事故の形態と事故の影響が及ぶ可能性がある範囲を確定するために，想定される事故シナリオのリストを評価する．

　計画シナリオを選択する：計画の対象とするシナリオを放出の形態，影響が及ぶ範囲や影響が及ぶ可能性がある地域，その産業での事故履歴を基にして選択すること．避難や屋内退避（シェルターインプレイス）のような行動計画も緊急対応計画の内容としてシナリオを選択するときには考慮すべきである．

　防御的対応行動を計画する：防御的対応行動には次のことを含むが，これだけに限定するものではない．緊急事態の把握と連絡，待機または避難警告を発信する権限と方法，避難用の保護具，安全な避難場所あるいは屋内退避（シェルターインプレイス）場所（この方策を採用すべき場合に），避難経路，集合地点および集合地点で取るべき

行動，緊急指令本部（EOC：emergency operations center）の設置などがあり，EOC設置には指揮，防御行動の管理，事故対応の指揮権移動に関する方針についての計画も含める．

積極的対応を計画する：積極的対応は次のことを含む．消火活動の事前計画，"ホットゾーン"と"ウォームゾーン"の明確化，これらの区域への入出管理，対応チームのコミュニケーション（特に対応メンバー，運転員，支援グループ間のコミュニケーションに重点を置くこと），要員配置とその任務，保護具（PPE）選択の推奨手法，汚染除去の手順．

緊急事態対応計画を文書化する：緊急事態対応計画の文書には，積極的に行う対応行動が記述されており，設備，機器，人員配置，訓練，コミュニケーション，連携体制，その他のリソース（人・物・金）や活動について何が必要であるかを決定する根拠となる．

対応設備や機器を提供する：緊急対応に必要なリソースは，対応計画に記述されていなければならない．設備は機器の配置を十分に考慮したものでなければならない．緊急対応の想定される場所からあまりにも遠い場所に設置しては応答速度が遅くなる．一方，危険物質放出が予想される場所にあまりにも近い場所に配置すると，実際の事故発生時に機器を安全に使用することが困難あるいは不可能になることがある．

設備と機器を維持管理/テストする：緊急対応に使用する機器は維持管理され，定期的に必要なものがすべて揃っているかが確認され，必要なときに機能発揮することを確認するためのテストが実施されていなければならない．

運転員による対応が適切な場合を決める：計画には，どのような場合に運転員たちが事故に対応するのが適切であるか，何をして，何をすべきではないかを含めなければならない．

緊急対応チーム（ERT：emergency response team）のメンバーを訓練する：ERTは初期のトレーニングだけではなく，定期的な再教育と実地訓練が必要である．

コミュニケーションの計画を立てる：通常，これは設備の従業員に対しては簡単なことであるが，協力会社，地域の行政当局，近隣住民，その他の利害関係者の順に難しくなっていく．

すべての人員に通知し訓練する：緊急事態の影響を受ける可能性のある人たちは，緊急事態をどのような方法で知らされるのか，どのような行動が求められるのか，そして自分自身を守るために何をすべきかを，訓練されるかあるいは知らされていなければならない．

2.18 事故調査　　43

　　緊急事態対応計画を定期的に見直す：緊急事態対応計画は，作業手順とは異なり，作業員たちが定常的に読む可能性が低いため，特に更新されないままになりやすい．

　　緊急事態計画は OSHA PSM と EPA RMP 規制（表 2.1 参照）に含まれており，地方自治体の規則や他の国でも規定されている．

ピラー：経験から学ぶ

「経験から学ぶ」のピラーには四つのエレメントがある．
　　・事故調査（2.18 節）
　　・測定とメトリクス（2.19 節）
　　・監査（2.20 節）
　　・マネジメントレビューと継続的な改善（2.21 節）

2.18　事　故　調　査

　　事例研究　　下記の事故事例はプロセス産業以外のものであるが，これらのマネジメントの原理が他の取組にもどのように応用できるかを示すものでもある．

　　乗組員 7 人の死亡という結果を招いた 2003 年 1 月 16 日のスペースシャトル，コロンビア号の空中分解は，管理システムの欠陥を適切に調査し対処することを怠った代表的な例である．シャトルのデリケートな保温システムを守るために，シャトルの設計仕様書は発泡断熱材が剥がれないことを求めていた．この要求にもかかわらず，少なくとも 65 回の飛行で断熱材の脱落が観察され，そのうち 6 例は，二脚式昇降機から断熱材が脱落したケースで，コロンビア号事故の原因となった断熱材の脱落と同じ箇所のものであった．例えば 2002 年 10 月 7 日の STS-112 ミッションの発射ではコロンビア号の断熱材が脱落して耐熱システムに 707 か所の裂け目を生じ，そのうちの 298 か所は長さが 1 インチ以上あった．破片が当たって耐熱タイル 1 枚が剥がれ，大気圏再突入時の高温に表面を曝すこととなった．幸運にも STS-112 ミッションでのタイル脱落は厚いアルミニウムプレート部で起きていたので燃えて貫通することはなかった．シャトルの設計要求に反するニアミスであったことを何度も経験したにもかかわらず，NASA は断熱材剥離の根本的な原因追及を行わなかった．ミッションの成功により，NASA は脱落破片によるダメージはたいしたことではないと思うようになっていた．これらのニアミス事故を適切に調査していれば NASA は断熱材の脱落防止や，

44   2 プロセス安全の基礎

断熱材片の衝突の可能性を低減するようにシャトルの設計を変更することもできただろう（3.3.5 項参照）．1986 年のチャレンジャーの悲劇から学んだ "O" リングシールに関わる「逸脱の常態化」の教訓は，2003 年に再び，設計の意図と断熱材の性能仕様のずれとして再び学ばなければならなかった．コロンビア号の事故については 3.3 節でより詳細に述べている．

概要　「事故調査」は，事故やニアミスを調査報告し，勧告の実施を確認するプロセスであり，そのための人員配置，調査方法，文書作成，プロセス事故に対する改善勧告の実施確認を含めた事故調査実施の正式なプロセスも含まれる．「事故調査」には繰り返される事故を把握するために，事故と事故調査データの傾向分析も含まれる．事故調査の目的は，組織の安全成績を改善するために，事故の原因を特定して取り除くことである．「事故調査」のプロセスは，調査の結果として出された勧告に対する解決策とその文書化も管理の対象とする．

事故調査は設備や企業のライフサイクルで発生した事故から学ぶことと，組織内の人々や関係者にその教訓を伝える手段である．分析の深さによっては，その事故調査情報は，調査中の事故や同様な根本原因を持つその他多くの設備事故にも役立つものであろう．

事故調査の過程でよくある間違いの一つは，事故に関与した個人を非難してしまうことである．事故調査では誰かを非難するべきではない．誰かを非難することは事故の原因となった安全管理システムの欠陥を見逃し，効果のない勧告を実施することになる．事故の管理上の原因に対する勧告を作成することが，効果的なアプローチである．

多くの企業は事故，小事故，ニアミスおよび不安全行動の定義として CCPS の "Process Safety Leading and Lagging Metrics"（先行および遅行指標）（Ref. 2.47）あるいは API RP 754 の "Process Safety Performance Indicators for the Refining & Petrochemical Industries"（石油精製と化学産業のためプロセス安全パフォーマンス指標）（Ref. 2.48）を採用している．図 2.9 に CCPS 文書から引用したプロセス安全指標のピラミッドを示す．頂点は，プロセス安全上の事故である．事故は API 754 文書の "しきい値基準" と一致する．例えば引火性液化ガスもしくは沸点≦35℃（95F）で引火点≦23℃（73F）の液体 50 kg（110 ポンド）以上の放出，または死亡災害となった事故である．

ピラミッドの次のレベルはプロセス安全小事故で，事故報告のしきい値には至らないが，将来の事故の前兆となるものである．

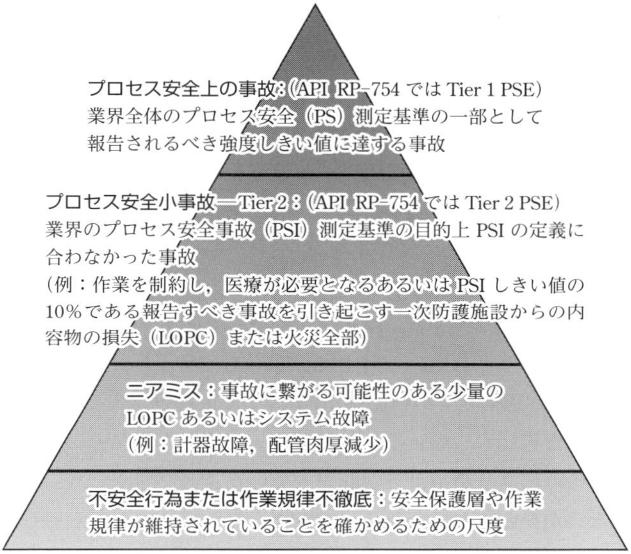

2.18 事故調査　45

プロセス安全上の事故：(API RP-754 では Tier 1 PSE)
業界全体のプロセス安全 (PS) 測定基準の一部として
報告されるべき強度しきい値に達する事故

プロセス安全小事故—Tier 2：(API RP-754 では Tier 2 PSE)
業界のプロセス安全事故 (PSI) 測定基準の目的上 PSI の定義に
合わなかった事故
(例：作業を制約し，医療が必要となるあるいは PSI しきい値の
10％である報告すべき事故を引き起こす一次防護施設からの内
容物の損失 (LOPC) または火災全部)

ニアミス：事故に繋がる可能性のある少量の
LOPC あるいはシステム故障
(例：計器故障，配管肉厚減少)

不安全行為または作業規律不徹底：安全保護層や作業
規律が維持されていることを確かめるための尺度

図 2.9　CCPS と API のプロセス安全メトリクスのピラミッド，Ref. 2.47

　ニアミスはちょっとした封じ込めの失敗やシステムの欠陥を表すものである．例と
しては安全システムの作動（例えシステムが正常でも），無許可で無効にされた警報や
インターロック，交替制での欠員，バイパスされたまたは稼働しない機器，あるいは
許容限度を超えた機器の点検結果（例，配管肉厚が薄過ぎる）などがある．

　企業により選ぶ定義は異なるかもしれないが，いずれの場合においても訓練，監視
およびフォローアップにおけるエンジニアの役割は同じである．

　事故が起きてしまった場合，事故調査の方法にはいくつかの手法があり，それらは
"Guidelines for Investigating Chemical Process Incidents, Second Edition"（Ref. 2.50）
に記述されている方法が使用できる．採用する方法はその事故をどの程度重大だと認
識するかによるであろう．これらの方法としては，単なるブレインストーミングから
チェックリストの使用，さらにはロジックツリー（論理樹形展開図）までさまざまな
手法がある．調査チームには調査手法の専門知識を持ち，該当するプロセスに関して
高度の専門知識を有する人たちを含むべきである．例えば2.11 節で述べた配管破裂に
関する調査では金属工学の専門家と社内の設備保全計画になじみのある人を含むべき
である．事故調査が完了したら，勧告事項を実施する必要があり，事故の教訓は組織
内の同様の施設で共有化すべきである．最終的には，会社は事故とニアミスをデータ

46   2   プロセス安全の基礎

ベースで追跡して，繰り返し事故を引き起こす原因事象の傾向を分析できるようにするべきである．

　新任のエンジニアは，特に製造設備で働く場合には事故調査に加わることを命じられることが多い．事故調査は OSHA PSM と EPA RMP 規則（表 2.1 参照）に含まれており，地方自治体の規則や他の国々でも規定されている．

2.19　測定とメトリクス

　事例研究　　1999 年 9 月 23 日，マーズ・クライメイト・オービター（火星気象探査機）が，軌道に入ろうとしていた最中に行方不明となった（Ref. 2.49）．9 か月の航行の間，誘導チームが想定していたより 10 倍も多くの推進操作が必要だった．探査機が行方不明となった後，事故調査チームにより，ソフトウェアモジュールで間違った単位が使われたことにより軌道計算が間違っていたことが判明した．航行中に想定外の軌道偏差がないかを調査していたら，探査機を失わずに済んだかもしれない．飛行軌道と同様に，マネジメントシステムのメトリクスは，システムの期待された成果に対する実績のデータを提供するものである．もし意図していることから外れていることの根本原因を調査・理解・修正していなければ，設備のスタートアップやベテラン作業員の退職などのように切迫した事態となって事故になるまで，マネジメントシステムの「さまよい」は何か月も何年も正常に見えるであろう．

　概要　　「メトリクス」のエレメントでは，RBPS（リスクに基づくプロセス安全）マネジメントシステムとその構成エレメント，および業務遂行の効果の動向を見守るために，パフォーマンス指標と効率指標を設定する．このエレメントは，どの指標を考慮するか，どの頻度でデータを収集するか，そして応答性が良く効果的な RBPS マネジメントシステムの運用に役立てるためにその情報をどうするかを扱う．

　幸い，重大なプロセス安全事故は滅多に起こらない．しかし，それが起きた場合は根本原因が複合しており，その根本原因にはマネジメントシステムの劣化や，ひどい場合はマネジメントシステムの完全な失敗も含まれる．設備サイドは，事故が発生するまで待っているとか，たまにしか行われない監査で，隠れているマネジメントシステム上の欠陥に対する指摘を受けるまで待つのではなく，マネジメントシステムの実態を随時見守るべきである．このように実態を見守ることで，問題点を把握でき，重大な事故が発生する前に是正処置を取ることが可能となる．

　先行指標と遅行指標を組み合わせることが，プロセス安全の効果を完全な形で把握

するのに最良の方法であることが多い．先行指標は，問題があると事故に繋がる可能性のあるプロセス安全管理システムの実態を事故が発生する前に把握するためのものである．把握すべき実態の例を挙げると，

- ・「設備資産の健全性と信頼性」のシステムでは，検査がスケジュール通りに行われているか，欠陥は修正されているか？
- ・「HIRA（ハザードの特定とリスク分析）」システムでは，ハザード分析がスケジュール通り実施されているか，指摘された勧告は適時適切に実施されているか？
- ・「訓練と能力保証」のシステムでは，全員がスケジュール通りにリフレッシュトレーニングを受けているか？

遅行指標は事故やニアミスそのものである．遅行指標の一例に事故の頻度がある．遅行指標は一般にプロセス安全管理システムの継続的な改善に用いるには感度が良くない．なぜなら事故は滅多に起きないからである．CCPS は各社に先行指標と遅行指標について推奨するもののリストを作成した（Ref. 2.47）．

プロセス安全管理の成績を測るには先行指標を用いなければならない．先行指標のいくつかの例を挙げると，

- ・HIRA がスケジュール通りに見直された割合
- ・HIRA や MOC レビューの勧告のうち，指定期限内に完了した割合
- ・HIRA や MOC レビューの勧告のうち，指定期限を過ぎた割合
- ・適切に実施された MOC の割合
- ・適切に実施された作業許可の割合
- ・適時に実施された，または逆に期限を過ぎた検査の割合

新任エンジニアは先行指標や遅行指標のデータを収集したり，分析までしたりすることになるかもしれない．

2.20 監 査

事例研究　1998 年 9 月 25 日，オーストラリア，ロングフォードのガスプラントで爆発が起こった（2.8 節参照）．爆発の 6 か月前に会社の監査チームが実施した監査の際には，そのガスプラントではプロセス安全管理システムがうまく機能している，との結論を出していた．しかし，その後王立委員会（Royal Commission）が事故を調査した結果，（ハザードと）リスクの特定・分析・管理，トレーニング，運転手順，文書化とコミュニケーションに極めて重大な欠陥があることが分かった．これらの長年

図 2.10　熱交換器の損傷部分の写真，Ref. 2.33.

にわたる問題点は，一連の事前監査では見つけられなかった（図 2.10）．

概要　「監査」とは規定された基準に準拠していることを確認するための体系的かつ独立した調査である．監査の目的はプロセス安全管理システムにおいて管理システムと実態とのギャップを見出し，事故が発生する前にそれらのギャップを修正することにある．「監査」では一貫性を保ち，監査員が筋道の通った結論に達するように，明確な監査手順を採用する．監査は，制御と監視に関わる他の RBPS（リスクに基づくプロセス安全）のエレメント，例えば「メトリクス」（2.19 節），「マネジメントレビュー」（2.21 節）などのエレメント，および「設備資産の健全性」と「操業の遂行」のエレメントの一部でもある"検査業務"を補完するものである（2.11 節と 2.16 節）．

監査は，一つ，もしくは複数の RBPS エレメントについて，一般に書面によって示された要求事項が実施されているかを監査チームなどの組織で評価するものである．監査データは，エレメント実施プログラムの文書や実施記録のレビュー，実施状況と活動の観察およびエレメントの実施や管理に責任がある人や RBPS 管理システムの影響を受ける人たちへのインタビューを通して収集される．データを分析して，要求事項が遵守されているかを評価し，結論と勧告が報告書にまとめられる．

監査は，監査対象，ニーズ，その他特殊事情に応じてさまざまな人材が選出され，資格を与えられたチームによって実施される．チームメンバーは，監査対象の施設のスタッフ，社内の他の部門（例えば，他の運転設備や社内の専門スタッフ）から，ま

たはコンサルティング会社など，社外からも選択することができる．新任のエンジニアが実際に監査を実施することはまずないが，インタビューを受けるとか，監査人に情報や文書の提供を求められることはあるだろう．

監査は，OSHA PSM および EPA RMP 規制のエレメントの一つとなっており，少なくとも3年ごとにプロセス全体を監査していることが求められている．監査の実施やその頻度は，地方自治体や他の国々の規則によっても規定されることがある．

2.21 マネジメントレビューと継続的な改善

事例研究　2.10節で説明したモティバ製油所の事故は，大規模な産業事故によくあるように，複数の要因が重なって起こったものである．

・タンクの用途を未使用の酸から使用済みの酸に変更することにより生ずる腐食と引火の危険性（ハザード）を確認せず，対処もしなかった

・タンクの検査と修理がたびたび要請されていたにもかかわらず対応が遅れた，または無視した

・有毒で引火性のガス濃度のため前回の火気工事が却下されていたにもかかわらず，火気工事許可の際にガス検知などの大気モニタリングを指示しなかった

これらの助長要因は，管理システムの機能不全（「変更管理」，「設備資産の健全性」および「安全な作業」）によるものであったが，適切なタイミングでマネジメントレビューをしていれば確認，修正できていた筈である．

概要　「マネジメントレビュー」は，管理システムが意図した通りに実行され，望ましい結果が効率よく出ているかを日常的に評価するもので，2.20節で説明したような「監査」のエレメントの特徴を数多く持っている．それらはスケジュール調整，参加要員の選択およびすべての RBPS エレメントを効果的に評価するなどが共通しているために同様のシステムが必要であり，さらに改善または是正措置の結果として出て来る計画を実行し，その有効性を検証するためのシステムも整備されていなければならない．しかし，「マネジメントレビュー」の目的は，現在または初期の欠陥を見出すことにあるため，このレビューは監査よりさらに広範囲で頻繁になり，通常はそれほど形式にこだわらない方法で実行されている．

いかなるプロセス安全プログラムも効果的に行うことは極めて重要であるが，安全管理システムの機能不全や非効率はすぐに気付くものではない．例えば，ある設備の訓練のコーディネーターが突然いなくなれば，大切な訓練活動ができなくなるかもし

50　　2　プロセス安全の基礎

れない．しかし，すでに訓練を受けた作業員がそのプロセスの運転を続けるであろう
から，その問題がすぐに表面に出てくることはないであろう．一旦，監査が行われる
か事故が発生すれば，訓練が不完全あるいは延び延びになっていることが明らかにな
るだろうが，それでは遅過ぎる．「マネジメントレビュー」のプロセスは，プロセス安
全管理システムが健全であるかを定期的に診断し，監査や事故で明らかになる前に，
現在または初期の欠陥を確認，修正するためにある．

2.22　ま　と　め

　本章では，管理システム，リスク，リスクに基づくプロセス安全（RBPS）のそれぞ
れの概念を紹介した．RBPS は，基本的に，管理システムのエレメントをどの程度厳
格に実施するかは，プロセスの持つリスクの程度による，としている．CCPS が提示
した RBPS プログラムの各エレメントは，既存の OSHA および EPA プロセス安全管
理基準と比較検討しながら導入したものである．組織に配属された新任エンジニアと
して，これらのエレメントにどう関わるかについて簡単に説明した．

　これらのエレメントはジグソーパズルのピースをはめ合わせるようにうまく機能し
ている．ここで架空の事故を想定してこのことを例示してみよう．

　あなたは，ある化学設備のエンジニアで，そこで事故もしくは重大なニアミスが発
生したとしよう．「事故調査」を行わなければならない．「プロセス安全文化」が優れ
ている会社では，ニアミスは，すぐに気付いて報告される可能性が非常に高い．優れ
た事故調査をするには，必要に応じて施設内外の適切な人材や社内外の専門知識を活
用（従業員の参画）することが大切である．事故調査の結果として勧告が出されれば，
それは社内の類似した設備にも水平展開されて関係者全員がその事故から学ぶことも
できるだろう．

　"異なる結果を期待して同じことを何度も何度も繰り返すことを狂気と呼ぶ"，と定
義したのはアルベルト・アインシュタインだということだが，あなたが同じ事故を再
発させたくないなら，事故調査の勧告には施設で行われていることの変更が含まれて
いなければならない．これらは，手順の変更から新しいプロセス安全制御機器やイン
ターロックの追加，新しいプロセス機器を含むプロセスの再設計まで多岐にわたる．
いずれにせよ，あなたは何かを変えることになる（変更管理）．変更管理（MOC）の
レビューは適切な専門知識を持つ人々を交えて実施する必要がある．大規模な変更の
場合，特に，その更新が比較的短期間で行われる場合，または現在の防護策ではそれ

に対応した設計になっていない全く新しいハザードが導入される可能性がある場合
は,「HIRA（ハザードの特定とリスク分析）」全体をやり直すこともあり得る. 変更管
理のレビューの間あるいはその前に, 最終的なプロセスが法規制や基準に準拠してい
ること（規範の遵守）も確認する必要がある. 新たに作成あるいは改訂した手順は文
書化しておかなければならない（運転手順）. 新しい設備を追加するときは, 新たな安
全上のインターロックのように簡単なものであっても保全計画と検査スケジュールに
追加する必要がある（設備資産の健全性）. 運転員とおそらく保全員は新しい手順, プ
ロセス等についての訓練を受ける必要があるだろう（訓練と能力保証）. 配管や機器の
変更は安全に行わなければならない（安全な作業の実行）. 事故自体の情報に加え, 配
管計装図（P&ID：piping and instrumentation diagram）, 機器や技術の説明などのよう
な新しい情報を既存のプロセス安全情報の文書に追加しておく必要がある（プロセス
知識管理）. 変更されたプロセスを再稼働させる前には「運転前の安全レビュー（PSSR：
pre-startup safety review）」を行わなければならない（運転準備）. プロジェクト全体
が完了したら, 会社はプロジェクトの再検討を行い, すべての手順とプロセスが条件
を満たしていることを確認し, 満たしていない場合はその理由を確認することも必要
である（測定とメトリクス）.

　この架空の事例はすべてのエレメントを網羅してはいないが, RBPS のエレメント
の半分以上と関連し, すべてのエレメント（ジグソーパズルのピース）がどのように
関わってくるかを示している.

2.23　参　考　文　献

2.1　Process Safety Management（Control of Acute Hazards）, Chemical Manufacturers Association, Washington, DC., 1985

2.2　Guidelines for Technical Management of Chemical Process Safety, Center for Chemical Process Safety, New York, 1989.

2.3　Management of Process Hazards, API Recommended Practice 750（Not Active）, American Petroleum Institute, Washington D.C. 1990

2.4　Guidelines for Risk Based Process Safety, Center for Chemical Process Safety, New York, 2007.

2.5　Combustible Dust Fire and Explosions at CTA Acoustics, Inc. Corbin, Kentucky February 20, 2003；U.S. Chemical Safety and Hazard Investigation Board, February 15, 2005. https：//www.csb.gov/cta-acoustics-dust-explosion-and-fire/

2.6　American Petroleum Institute, 1220 L Street, NW, Washington, DC 20005. www.api.org

2.7　American Chemistry Council 1300 Wilson Blvd., Arlington, VA 22209.

52   2　プロセス安全の基礎

www.americanchemistry.com

2.8 ISO 12001-Environmental Management System, International Organization for Standardization (ISO), Geneva, Switzerland.
www.iso.org/iso/en/iso9000-12000/index.html

2.9 OHSAS 18001-International Occupational Health and Safety Management System.
www.ohsas-18001-occupational-health-and-safety.com/

2.10 Organization for Economic Cooperation and Development-Guiding Principles on Chemical Accident Prevention, Preparedness, and Response, 2nd edition, 2003, Organization for Economic Co-Operation and Development, Paris, 2003.
https://www.oecd.org/chemicalsafety/chemical-accidents/Guiding-principles-chemical-accident.pdf

2.11 American National Standards Institute, 25 West 23rd Street, New York, NY 10036.
www.ansi.org

2.12 American Society of Mechanical Engineers, Three Park Avenue, New York, NY 10016.
www.asme.org

2.13 The Chlorine Institute, 1300 Wilson Blvd., Arlington, Va 22209, www.chlorineinstitute.org

2.14 The Instrumentation, Systems, and Automation Society, 67 Alexander Drive, Research Triangle Park, NC 27709. www.isa.org

2.15 National Fire Protection Association, 1 Batterymarch Park, Quincy, MA, 02169. www.nfpa.org

2.16 Process Safety Management of Highly Hazardous Chemicals (29 CFR 1910.119), U.S. Occupational Safety and Health Administration, May 1992. www.osha.gov

2.17 Section 5(a)(1)-General Duty Clause, Occupational Safety and Health Act of 1970, Public Law 91-596, 29 USC 652, December 29, 1970. www.osha.gov

2.18 Accidental Release Prevention Requirements: Risk Management Programs Under Clean Air Act Section 112 (r) (7), 20 CFR 68, U.S. Environmental Protection Agency, June 20, 1996 Fed. Reg. Vol. 61 [31667-31730]. www.epa.gov

2.19 Clean Air Act Section 112 (r) (1)-Prevention of Accidental Releases-Purpose and general duty, Public Law No. 101-529, November 1990. www.epa.gov

2.20 California Accidental Release Program (CalARP) Regulation, CCR Title 19, Division 2-Office of Emergency Services, Chapter 2.5, June 28, 2002. http://www.caloes.ca.gov/

2.21 Toxic Catastrophe Prevention Act (TCPA), New Jersey Department of Environmental Protection Bureau of Chemical Release Information and Prevention, N.J.A.C. 7:31 Consolidated Rule Document, April 17, 2006. www.nj.gov/dep

2.22 Contra Costa County Industrial Safety Ordinance. www.co.contra-costa.ca.us/

2.23 Extremely Hazardous Substances Risk Management Act, Regulation 1201, Accidental Release Prevention Regulation, Delaware Department of Natural Resources and Environmental Control, March 11, 2006. www.dnrec.delaware.gov/

2.24 Chemical Accident Prevention Program (CAPP), Nevada Division of Environmental Protection, NRS 259.380, February 15, 2005.
https://ndep.nv.gov/air/chemical-accident-prevention

2.25 Australian National Standard for the Control of Major Hazard Facilities, NOHSC: 1012, 2002. www.docep.wa.gov.au/

2.23 参 考 文 献   53

2.26 Environmental Emergency Regulations (SOR/2003-307), Environment Canada.
     http://laws-lois.justice.gc.ca/eng/regulations/sor-2003-307/index.html
2.27 Control of Major-Accident Hazards Involving Dangerous Substances, European Directive
     Seveso II (96/82/EC). http://ec.europa.eu/environment/seveso/
2.28 Korean OSHA PSM standard, Industrial Safety and Health Act – Article 20, Preparation of
     Safety and Health Management Regulations. Korean Ministry of Environment-Framework
     Plan on Hazardous Chemicals Management, 2001-2005.
     http://moleg.go.kr/english/korLawEng?pstSeq=57986
2.29 Malaysia-Department of Occupational Safety and Health (DOSH) Ministry of Human
     Resources Malaysia, Section 16 of Act 512.
     http://www.dosh.gov.my/index.php/en/about-us/dosh-profile
2.30 Mexican Integral Security and Environmental Management System (SIASPA), 1998.
     www.pepsonline.org/Publications/pemex.pdf
2.31 Control of Major Accident Hazards Regulations (COMAH), United Kingdom
2.32 EPA/OSHA Joint Chemical Accident Investigation Report, Napp Technologies, Inc., Lodi,
     New Jersey, EPA 550-R-97-002, United States Environmental Protection Agency, October
     1997. http://www.epa.gov/emergencies/docs/chem/web/pdf/napp.pdf
2.33 Report of the Longford Royal Commission, Government Printer for the State of Victoria,
     1999. http://www.parliament.vic.gov.au/papers/govpub/VPARL1998-99No61.pdf
2.34 Guidelines for Hazard Evaluation Procedures (Third Edition with Worked Examples),
     Center for Chemical Process Safety, New York, 2008.
2.35 Layer of Protection Analysis-Simplified Process Risk Analysis, Center for Chemical Process
     Safety, New York, 2001.
2.36 Guidelines for Chemical Process Quantitative Risk Analysis (Second Edition), Center for
     Chemical Process Safety, New York, 1999.
2.37 Guidelines for Initiating Events and Independent Protection Layers, Center for Chemical
     Process Safety, New York, 2015.
2.38 Chemical Accident Investigation Report-Terra Industries, Inc. Nitrogen Fertilizer Facility,
     Port Neal, Iowa, U.S. Environmental Protection Agency, Region 7, Emergency Response
     and Removal Branch, Kansas City, Kansas, issued January, 1996.
2.39 U.S. Chemical Safety and Hazard Investigation Board, Case Study, Report No. 2001-05-I-
     DE, Refinery Incident, Motive Enterprises LLC Delaware City Refinery, Delaware City,
     DE, July 17, 2001. http://www.csb.gov/motiva-enterprises-sulfuric-acid-tank-explosion/
2.40 U.S. Chemical Safety and Hazard Investigation Board, Interim Investigation Report,
     Chevron Richmond Refinery Fire, Chevron Richmond Refinery, Richmond, CA, August 6,
     2012. chevron_interim_report_final_2013-04-17.pdf で検索のこと
2.41 Incidents That Define Process Safety, Center for Chemical Process Safety, New York, 2008.
2.42 M. Elisabeth Pate-Cornell, Learning from the Piper Alpha Accident: A Postmortem
     Analysis of Technical and Organizational Factors, Risk Analysis, Vol. 13, No. 2, 1993, p.
     215-232.
2.43 Lees, Frank P., Loss Prevention in the Process Industries, Hazard Identification,
     Assessment, and Control, 2nd edition, Butterworth-Heinemann, Oxford, England, 1996.
2.44 Guidelines for Managing Process Safety during Organizational Change, Center for

54   2 プロセス安全の基礎

Chemical Process Safety, New York, 1999.

2.45 EPA Chemical Accident Investigation Report-Tosco Avon Refinery, Martinez, California, EPA550-R-98-009, U.S. Environmental Protection Agency Chemical Emergency Preparedness and Prevention Office, Washington, DC, 1998.

2.46 Stephens, Hugh W., The Texas City Disaster, 1947, University of Texas Press, Austin, TX, 1997.

2.47 Center for Chemical Process Safety (CCPS), Process Safety Leading and Lagging Metrics-You Don't Improve What You Don't Measure, January 2011.
http：//www.aiche.org/sites/default/files/docs/pages/metrics%20english%20updated.pdf
https：//www.aiche.org/sites/default/files/docs/pages/metrics_2011-01_translation-20140325rev_2.pdf（和訳版）

2.48 American Petroleum Institute, ANSI/API Recommended Practice 754, Process Safety Performance Indicators for the Refining and Petrochemical Industries, First Edition, Washington D.C., 2010.

2.49 Mars Climate Orbiter Mishap Investigation Board-Phase I Report, National Aeronautics and Space Administration, Washington D.C. November 10, 1999.

2.50 Guidelines for Investigating Chemical Process Incidents, 2nd editon, March 2003, Center for Chemical Process Safety.

3

プロセス安全の必要性

　プロセス安全管理システムが破綻すると死亡災害に繋がり，経済的損失も大きい．たび重なる大規模なプロセス事故により，社会はプロセス産業とそのプロセス安全の必要性に重大な関心を抱くようになっている．例えば，本書（さらにはプロセス安全に関する他の 120 冊程の書籍）の発行元である CCPS は，1984 年のインド，ボパールのイソシアン酸メチル漏洩事故（3.15 節）に対する産業界の対応として設立された．この事故では 3000 人以上の死者と 1 万人以上の負傷者が出た．同じ 1984 年に起きたペメックスのメキシコシティにおける LPG ターミナルの火災と爆発（3.14 節）は 600人の死者と 7000 人の負傷者を出した．プロセス事故によって大規模な環境破壊も引き起こされている．1986 年にスイス，バーゼルで起きたサンド社倉庫の火災（3.12 節）では消火活動の際に，多くの殺虫剤を含む多数の異なる化学物質の流出を引き起こし，ライン川の流域 400 km（250 マイル）にわたり水生生物が大量に死滅した．漁業は 6か月にわたり禁止された．

　これらの出来事は化学および石油化学工場の潜在的な危険性に対する社会の関心を高めることになり，そのような出来事に対して社会は寛大ではなくなってきた．エクソン・バルディーズ号の座礁と原油流出（3.13 節）あるいはメキシコ湾での BP 社マコンド油井の火災と原油流出（3.16 節）の後に出たニュース番組の報道や新聞報道を少し顧みてみよう．批判的な報道がされたことや各企業のイメージダウンに加えて，これらの事故により生じた汚染除去費用と制裁金は数十億ドルに達した．これらの出来事から得られた教訓は，プロセス安全の概念を今日の段階にまで発展・拡大させると共にプロセス安全管理の概念の発達と理解の原動力となっている．

　学生および新任エンジニアの諸君はさまざまな情報源から事故報告書を探し出すことができる．特に役に立つ情報源として米国化学安全委員会（CSB）（www.csb.gov）がある．CSB とは米国の政府機関で，産業設備における化学事故の調査に当たっている．その調査報告書は CSB のウェブサイトからダウンロードして入手することができる．さらに，CSB は多くのプロセス事故を説明したビデオシリーズを制作している．

56 3 プロセス安全の必要性

2015年の時点で70以上の報告書ならびに30のビデオが入手可能である（ビデオは CSBウェブサイトとYouTubeの両方で入手可能）. CSBビデオ一覧表は付録Bを参照のこと.

CCPSの書籍，"Incidents That Define Process Safety (IDPS)"（プロセス安全に関する事故）(Ref. 3.1) には，さらに多くの事故が掲載されている. この書籍IDPSには化学や石油化学以外の産業の事故も記述されており，プロセス安全の多くのエレメントがそれら産業の安全操業にも共通であることが説明されている.

事故の解説として役立つ他の情報源として，"Lees' Loss Prevention in the Process Industries"（Leeによるプロセス産業界における事故予防）(Ref. 3.2) がある. この3巻本の付録には多くの事故が掲載されている. この解説書はCSB刊行の図書よりも技術的で，学生ならびに新任エンジニアの諸君にとり，より役に立つかもしれない. Leeの本は大学の化学工学科の蔵書の中にもあるかもしれない.

事故の解説と教訓に関するもう一つの情報源は，CCPSのプロセス安全 Beacon (PSB) である. プロセス安全Beaconは，プラントの運転員とその他の製造に関わる従業員に向けてプロセス安全のメッセージを届けることを狙いとしている. このBeaconは毎月発行されている. 各号には，実際に起こった事故を解説し，得られた教訓および読者のプラントで類似の事故が発生することを防止するための現実的な対策を述べている. 化学工学会安全教育（SAChE）アーカイブオンライン（http：//sache. org/beacon/products.asp）で過去のバックナンバーにアクセス可能である（訳者註：このURLには誰でもアクセスすることが出来，すべてのBeaconについて日本語訳が用意されている）.

次の節で，書籍IDPS，CSB調査報告書および他の情報源から抜粋した事例の中から，いくつかを選んで述べる. 事例の解説の後，その欠陥が事故に関与したいくつかのRBPSエレメント（2章）を「重要な教訓」の項で明らかにする. 表3.1に各事故で特に注目を引いたRBPSマネジメントシステムを示す.

スイスチーズモデル　説明を見れば，すべての事故において最後の結果に至るまでにいくつかの不具合があったことに気付くだろう. この現象は"スイスチーズ"モデルとして知られるものにより頻繁に解説されている. 長年にわたって，安全の専門家は，ジェームズ・リーズンにより提唱されたこのスイスチーズモデルを，破滅的事故を説明する一理論として（Ref. 3.3）用いてきた. このモデルは，プロセス産業の管理者や従業員が，事故またはニアミスを引き起こす原因になり得る事象，不具合および判断を理解する助けとなる. 図3.1の例は，防護

3 プロセス安全の必要性　　57

表 3.1　重大事故とプロセス安全管理システム

事　故	リスクに基づくプロセス安全のピラー			
	プロセス安全を誓う	ハザードとリスクの理解	リスクの管理	経験から学ぶ
BP社爆発, テキサスシティー, 2005	プロセス安全文化	プロセス知識管理	・訓練と能力保証 ・変更管理 ・設備資産の健全性と信頼性	
Arco社チャネルヴューでの爆発, 1990			・変更管理 ・設備資産の健全性と信頼性 ・操業の遂行	
スペースシャトル, コロンビア号, 2003	プロセス安全文化	ハザードの特定とリスク分析		
コンセプト・サイエンス社爆発, 1999		・プロセス知識管理 ・ハザードの特定とリスク分析		
エッソ社ロングフォードガスプラント爆発, 1998	プロセス安全能力	ハザードの特定とリスク分析	変更管理	
ポートニール, 硝酸アンモニウム爆発, 1994		ハザードの特定とリスク分析	運転手順	
パイパーアルファ, 1988			・安全な作業の実行 ・緊急事の管理	
パートリッジ・ローリー油田爆発, 2006	規範の遵守		・安全な作業の実行 ・協力会社の管理	
テキサコ社ミルフォード・ヘブン爆発, 1994			設備資産の健全性と信頼性	
台湾プラスチック社VCM爆発, 2004			・操業の遂行 ・変更管理 ・緊急時の管理 ・測定とメトリクス	
フリックスボロー爆発, 1974	規範の遵守		変更管理	
サンド社倉庫火災, 1986			緊急時の管理	
エクソン・バルディーズ号, 1989			・操業の遂行 ・変更管理	
ペメックスLPG爆発, 1984	規範の遵守			
マコンド油井, 2010	プロセス安全文化			事故調査
ボパール, イソシアン酸メチル漏洩, 1984	プロセス安全文化	ハザードの特定とリスク分析	変更管理	

層のすべてに穴が開いていることを示している．ある特定の状況になると，穴が直線上に並び，事故が起こる．この図は防護層をチーズの薄切りとして示している．チーズの穴は各防護層における以下のような潜在的不具合を意味している．

- 設計・建設・試運転・運転またはメンテナンス時のヒューマンエラー
- 管理者の判断
- 単一の機器の故障または誤作動
- 知識の欠如
- 不適切な管理システム，例えば，ハザード分析の失敗，変更の管理と認識の失敗，過去に経験した事故の警告に対し適切なフォローアップをしないこと

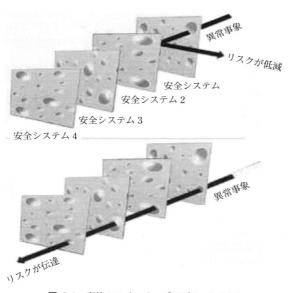

図 3.1 事故のスイスチーズモデル，Ref. 3.3

　図 3.1 が示すように，事故は典型的に，ハザードに効果的に対処することに複数回失敗した結果である．管理システムは，不具合を予防し，防護するような物理的安全装置や計画的活動を含んでいるであろう．プロセス安全管理システムを効果的に機能させれば，個々のシステムの階層の穴の数を減らし，かつ穴の大きさを縮めることができる．

　通常，参考文献は各章の後に記載している．しかし，本章では各事故の解説後に適

宜参考文献を配置している．さらに知りたい場合に，各事故を調査しやすくできるようにしたものである．

3.1 プロセス安全文化：テキサス州テキサスシティー，BP 社製油所爆発，2005 年

3.1.1 要　約

2005 年 3 月，BP 社テキサスシティー（Texas City）製油所の異性化設備（ISOM：Isomerization Unit）において，定期修理後のスタートアップ中に爆発が起こった．協力会社従業員 15 人が死亡し，170 人以上が負傷した．当該の ISOM 並びに隣接するプラントと機器に甚大な損害が生じた．

隣接するプラントの定期修理をサポートするため，協力会社の従業員たちが利用する移動式ハウス（トレーラーハウス）が使われていた．それらの建物は，火気・電気使用許可の管理が不要な安全な場所，すなわち，管理対象外エリアに建てられていた．

3.1.2 事 故 の 詳 細

この ISOM システム図として図 3.2 を参照のこと．以下は CSB 報告書の事故の説明

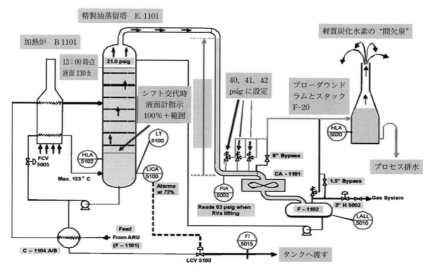

図 3.2　精製油蒸留塔およびブローダウンドラムのプロセスフロー図，出典 (CCPS, 2008)

の箇所の抜粋である．

　スタートアップの作業中，運転員は3時間以上にわたり，液を全く抜かずに引火性の液体炭化水素を蒸留塔にポンプで送液した．これはスタートアップ手順の指示に反するものだった．緊急警報が故障し，制御機器が誤った表示を出していたため，運転員には蒸留塔内の液面が高過ぎることが警告されなかった．その結果，運転班が知らないうちに，170フィート（52 m）の高さの蒸留塔は過充填になり，液体が塔頂部のオーバーヘッド配管から溢れ出た．

　そのオーバーヘッド配管は蒸留塔の脇を下って，148フィート（45 m）下のリリーフ弁に繋がっていた．この配管は，液が充満したため底部の圧力が約21 psiから約64 psiに急上昇した．配管底部の3本のリリーフ弁が6分間開いて，大気開放のベントスタックが付いているブローダウンドラムに大量の引火性液体が流入した．そのブローダウンドラムとスタックは引火性液体で満杯となり，高さ113フィート（34 m）のスタックから引火性液体が間欠泉のように吹き出した．このブローダウンシステムは旧式の不安全な設計であった．このシステムは1950年代に建設されたもので，液体を安全に貯蔵して，プロセスから発生する可燃性蒸気を燃焼させるためのフレアシステムと接続されていなかった．

　噴出した揮発性の液体は地表に降下しながら蒸発して，可燃性蒸気雲を形成

図 3.3　テキサスシティー異性化設備の事故後の状況，CSB 提供

図 3.4 協力会社従業員たちが利用していた移動式ハウス破壊状況,CSB 提供

した.この蒸気雲の着火源としては,ブローダウンドラムから 25 フィート(7.6 m)の所にあったアイドリング中のディーゼルピックアップトラックからのバックファイアが最も疑わしい.その爆発により死亡した 15 人は,仮設ハウスの中や周りで働いていた協力会社の従業員であり,そのハウスは BP 社がブローダウンドラムから 121 フィート(37 m)の所に予め設置したものだった(CSB, 2007).

図 3.3 と 3.4 に異性化ユニットおよび仮設ハウスの損傷状況を示す.

3.1.3 原　因

BP 社に対する調査では次の結論が出された.スタートアップ手順に際して多くの逸脱が起きていた中でも,事故の引き金となった重要なステップは,蒸留塔に送液と加熱を続けていながら,重質のラフィネート(抽出残油)を貯蔵タンクに移送していなかったことである.ようやく重質のラフィネートを流し始めたときには,すでにスプリッター(蒸留塔)の底部温度は非常に高くなっており,蒸留塔内の液面も非常に高くなっていた.そのため,このラフィネートを流す操作はブローダウンドラムに膨大な熱量を供給することになり,かえって事態を悪化させた(CCPS, 2008).

調査チームは"当該シフトの制御室の運転員が,プロセスを理解していなかったか,もしくは 3 月 23 日に彼がしたことやしなかったことの結果がどうなる可能性があるかを理解していなかった"ために,このスプリッターは過充填かつ過熱状態になった

62   3 プロセス安全の必要性

と結論付けた.

3.1.4 重 要 な 教 訓

　BP 社 テキサスシティーの爆発には多くの RBPS（リスクに基づくプロセス安全）エレメントが含まれている．ここでは 5 項目を挙げておく．下記に箇条書きした調査結果は，特に但し書きがない限り，CSB 報告書から直接引用したものである．

　プロセス安全文化（2.2 節）　　プロセス安全文化はリスクに基づく 20 の RBPS エレメント（2 章参照）の 1 番目である．CSB の調査結果でおそらく最も衝撃的なことは，BP 社とテキサスシティープラントにおけるプロセス安全文化に関するものであろう．以下の記載は，BP 社のプロセス安全文化に関する CSB の調査結果の一部である．これら調査結果の中のいくつかは容易に他社にも当てはまる筈である．CSB は，BP 社に対して"北米製油所の監督の下に，BP 社の全社安全管理システム，安全文化を検証するための専門家による独立委員会"を設立するよう勧告した．これは後に Baker Panel として知られるものとなった．Baker Panel による報告書では，BP 社の安全管理システムに焦点が当てられ，BP 社取締役会に対して 10 件の勧告が出された（BP Review Panel，2007）．

　CSB 調査結果からの抜粋

- ・BP グループ経営幹部からのコスト削減，投資面の失敗および生産圧力がテキサスシティーにおけるプロセス安全成績を損なった．
- ・BP 社取締役会は社の安全文化および大規模な事故防止プログラムに対して適切に監督しなかった．取締役会には，BP 社の大規模な事故に対するハザード防止プログラムの遂行を評価確認することに責任を持つメンバーがいなかった．
- ・テキサスシティーにおける低い怪我発生率だけを安全指標として信じたことが，プロセス安全成績および安全文化の健全性の真の姿を見失わせた．
- ・テキサスシティーに"記入欄にチェックを入れさえすれば良い"という気分が広がり，実際には適合していない場合でも，従業員たちは安全方針と手順書要求事項にチェックマークを入れて書類業務を済ませていた．

　Baker Panel の調査結果からの抜粋

- ・"BP 社は共通の統一されたプロセス安全文化を，米国の製油所に浸透させていなかった．個々の製油所は各々の独立した別個のプロセス安全文化を持っている．いくつかの製油所はプロセス安全を推進する上で他の製油所よりはるかに効果的ではあるが，テキサスシティーに限らず，米国の 5 か所すべての製油所において

プロセス安全文化上の重大な問題を抱えている．5 か所の製油所は統一されたプロセス安全文化を共有しているわけではないのに，それぞれの製油所にはいくつかの類似した弱点が見られる．委員会は，それぞれの製油所において，職務規律の欠如，安全運転の慣行から大きく外れる行為に対する寛容，深刻なプロセス安全上のリスクに対して明らかに油断があったこと，などの証拠を見出した．"

プロセス知識管理（2.7 節）　　BP 社は 1999 年に Amoco 社との合併の一環としてテキサスシティー製油所を入手した．一連の事故により不安全との警告があったにもかかわらず，Amoco 社（以前の運用会社）も BP 社もブローダウンドラムとベントスタックを更新しなかった．1992 年，OSHA は類似のブローダウンドラムとスタックを不安全とする注意喚起の指摘を行ったが，和解合意（settlement agreement）の一環としてその指摘が取り下げられたため，そのドラムは勧告通りにはフレアスタックに接続されなかった．Amoco 社，および後日の BP 社は，大規模な改造の際にはブローダウンスタックをフレアスタックのような設備に更新することとする安全基準を持っていた．1997 年の大改造により ISOM ブローダウンドラムとスタックを似たような設備に更新したが，Amoco 社はフレアスタックに接続しなかった．2002 年に BP 社のエンジニアたちが ISOM ブローダウンシステムとフレアスタックを接続するように提案したが，よりコストのかからない方法が選ばれた．

訓練と能力保証（2.13 節）

- 特に危険な時間帯であるスタートアップ時に，管理者が監督を怠り，技術的訓練を受けた人員が不在であることは，BP 社の安全ガイドラインに対する違反であった．要員配置に関するアセスメントでは，ISOM をスタートアップする場合はすべて，制御室運転員を増員することを勧告していたにもかかわらず，制御室運転員に応援人員を出していなかった．
- シフト引継ぎの際，監督者たちと運転員たちはスタートアップについての重要情報をほとんど伝達していなかった．BP 社では運転課スタッフに対してシフト引継ぎの情報交換を行う取り決めをしていなかった．ISOM の運転員たちは 29 日間以上も連続して 12 時間シフト勤務をしていたため疲労していたと思われる．
- 運転員のトレーニングプログラムは不適切であった．本社教育部門のスタッフは 28 人から 8 人に削減され，スタートアップや設備異常のように頻度が低く，危険性の高い運転などの異常状態への対応訓練にシミュレータは使えなかった．

変更管理（2.14 節）

- BP 社テキサスシティーは人，方針，あるいは組織の変更など，プロセス安全に影

64　　3　プロセス安全の必要性

響を与える可能性のある変更を効果的に評価していなかった. 例えば, コントロールルームのスタッフを 2 人から 1 人に減らし, その 1 人に三つの設備を監視させていた.

・現地の変更管理規則では移動式ハウス (トレーラーハウス) をプロセス設備の 100 m (350 ft) 以内に置く場合には設備配置分析を実施すべきとしていた. しかし, この場所には何度も移動式ハウスを設置していた. 効果的な変更管理を実施しなかったことが, 移動式ハウスにいたすべての人々を不必要な危険 (リスク) に曝した (CCPS, 2008).

設備資産の健全性と信頼性 (2.11 節)

・蒸留塔の液面計, 液面用サイトグラスおよび圧力調整弁が壊れていると, 事前に報告があったにもかかわらず, このプロセス設備の運転を開始した.

・BP 社の設備保全プログラムの欠陥により, テキサスシティーのプロセス設備は "事故に突き進む" ことになった.

3.1.5　参考文献および調査報告書へのリンク

・CSB, 2007, U.S. Chemical Safety and Hazard Investigation Board, Investigation Report, Report No. 2005-04-I-TX, Refinery Explosion and Fire. BP Texas City, Texas. March 23, 2007. (http://www.csb.gov/investigations)

・U.S. Chemical Safety and Hazard Investigation Board, Video-Anatomy of a Disaster. (http://www.csb.gov/videos).

・BP Review Panel, 2007, The Report of the BP U.S. Refineries Independent Safety Review Panel, January 2007, (Baker Panel). (http://www.bp.com/liveassets/bp_internet/globalbp/globalbp_uk_english/SP/STAGING/local_assets/assets/pdfs/Baker_panel_report.pdf)

　(訳者註：https://www.csb.gov/assets/1/20/baker_panel_report1.pdf?13842)

・CCPS, 2008, "Incidents That Define Process Safety", Center for Chemical Process Safety, New York 2008.

・CCPS, Process Safety Beacon, Facility Siting, March 2010. (http://sache.org/beacon/products.asp)

・CCPS, Process Safety Beacon, Instrumentation-Can You Be Fooled By It?. (http://sache.org/beacon/products.asp)

3.2 設備資産の健全性と信頼性：テキサス州 ARCO 社チャネルヴュー（Channelview）での爆発，1990 年

3.2.1 要　約

　炭化水素および過酸化物を含むプロセス廃液を貯蔵する廃液タンクが排ガスコンプレッサーの再起動作業中に爆発した．修理期間中は普段の窒素ガスパージが少なく絞られており，臨時の酸素濃度計は可燃性雰囲気が形成されていることを検知できなかった．コンプレッサーを再起動したとき，炭化水素と酸素の可燃性混合気が引き込まれて着火した．その火炎がタンクの上部空間に逆流して，その閉鎖空間内の蒸気に着火して爆発が発生した．この爆発により 17 人が死亡し，損害額は 1 億ドルと見積もられた．

3.2.2 事故の詳細

　90 万ガロン（約 3400 m^3）の廃液タンクには，酸化プロピレンとスチレンのプロセスからの廃液が貯蔵されていた．過酸化物およびこれらプロセスの苛性副産物は数百から数千メートルの配管を通って当該タンクに移送され，そこで過酸化物と苛性物が混合されていた．その廃液の表面は通常は炭化水素の層となっていた．その蒸気空間を不活性化するため窒素ガスパージが行われ，廃液層を深井戸（deep well）に廃棄する前に排ガスコンプレッサーで炭化水素の蒸気を除去していた．図 3.5 にプロセス説明図を示す．

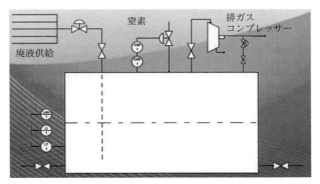

図 3.5　廃液タンクのプロセスフロー図

66　　3　プロセス安全の必要性

　窒素パージ用のコンプレッサーを修理するため，廃液タンクは運用を停止していた．臨時の酸素濃度計一台を屋根の梁と梁の間に設置して，高い酸素濃度を検知した場合に窒素パージを行う対策を立てていた．しかし，この作業中に酸素濃度計が故障して実際よりも低い値を示していた．廃液タンクへの窒素パージは本来の量より減らされていた．爆発の約 34 時間前から窒素置換は停止していた．このため，窒素パージが不十分となり，タンク上部空間と排ガスコンプレッサーに通じる配管の内部が可燃性雰囲気になることを止められなくなった．排ガスコンプレッサーが再起動されたとき，可燃性蒸気が吸い込まれて着火した．火炎は廃液タンクまで逆流し，タンク上部空間で爆発を引き起こした．

　この設備が再建されたとき，新設の廃液タンクは加圧して，排ガスをフレアシステムに送るようになった．酸素濃度計は冗長化され，窒素供給設備にはバックアップ設備が設置された．酸素濃度計および他の安全上重大な機器についての予防保全プログラムも改善された．連続監視を行うため，プロセス安全上重大な運転パラメータが特定された．

3.2.3　原　　因

　酸素濃度計が故障し，窒素置換ができなくなっていたことに運転員たちが気付けなかったこと．

3.2.4　重 要 な 教 訓

　設備資産の健全性と信頼性（2.11 節）　　安全上重要な機器は特定する必要があり，それらの機器を検査するために予防保全プログラムを準備すべきである．

　操業の遂行（2.16 節）　　安全運転のパラメータを特定し，運転員たちはそれを監視する必要がある．この廃液タンクのような補助的な設備の運転のリスクも，他のプロセスと同様に理解し管理することが重要である．酸素濃度計を 1 台のみとしたことで，単一の故障によりプロセスに重大な事故を生じる可能性を持つシステムを作り出した．安全システムを設計する場合，技術者は安全上重要なシステムの信頼性レベルを考慮すべきで，必要に応じた冗長性を持たせるべきである．

3.2.5　参考文献および調査報告書へのリンク

・A Briefing on the ARCO Chemical Channelview Plant July 5, 1990 Incident, ARCO Chemical Company, January 1991.

3.3 プロセス安全文化：NASA スペースシャトル，コロンビア号の大惨事，2003 年

3.3.1 要 約

　NASA のスペースシャトル，コロンビア（Columbia）号は，予定着陸時刻のちょうど 16 分前，16 日間の飛行を終えて地球の大気圏に再突入する際に大破した．打ち上げ時に発泡断熱材の大きな破片が，シャトルと外部燃料タンクが接続されている箇所から脱落し，シャトル左翼の前縁（翼の前部）に当たっていた．事故後の調査で，宇宙空間にいる間に耐熱パネルの一部が左翼から剥がれていたことが判明した．地球の大気圏への再突入による摩擦が最大となる重大な局面で，過熱した空気が左翼内部に入ったことで構造体が破壊され，宇宙船はエアロダイナミックス上のコントロールを失って大破した（図 3.6）．搭乗員 7 人全員が死亡した．コロンビア号からの通信が途絶えてから 2 時間以内に，17 年前のチャレンジャー号の大惨事後に策定された手順に沿って，コロンビア号事故調査委員会（CAIB：Columbia Accident Investigation Board）が設置された（CCPS, 2008）．

図 3.6　コロンビア号の破壊状況，NASA 提供

3.3.2 事故の詳細

2003年1月16日にコロンビア号にとって28回目の打ち上げが行われた．飛行に入って81.7秒後に，発泡断熱材の大きな破片が剥がれた．0.2秒後に剥がれた発泡断熱材の破片が左翼の前縁に当たった（図3.7）．

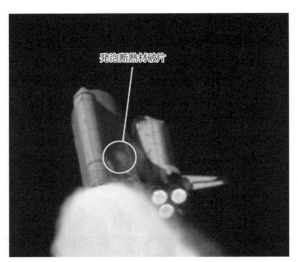

図 3.7 コロンビア号の左翼に衝突後の発泡断熱材破片のシャワー．この事象はリアルタイムには観察されなかった．NASA 提供

このことは後日，打ち上げ時の写真およびビデオの詳細な検証を行うまで，乗組員も地上支援の各部門も知らなかった．これは事故原因の可能性が高かったため，断熱材の衝突がシャトルに致命的な損傷を与えたかを調査するために "破片調査チーム"（Debris Assessment Team）が設置された．飛行計画が継続される中では，乗組員も支援スタッフも悪影響を全く認識していなかった．彼らは，飛行の2日目に，ある物体がシャトルから離脱していたということすら知らなかった．事故後に発見されたこの物体のレーダーの痕跡は，シャトルの左翼から剥がれた140平方インチ（900 cm^2）の耐熱パネルの破片であったと判明した．地球の大気圏への再突入による摩擦が最大となる重大な局面で，過熱した空気が左翼内部に入ったことで構造体が破壊され，宇宙船はエアロダイナミックス上のコントロールを失って大破した（訳者註：大気圏への再突入時の熱は，摩擦ではなく断熱圧縮によるとする説が有力である）．

3.3 プロセス安全文化：NASA スペースシャトル，コロンビア号の大惨事，2003 年　　69

　ここで生じる明白な疑問は，最も過酷な運航環境に対して設計された宇宙船ほどの，明らかに強度があるものに対して，軽量の発泡断熱材の破片一つがいかにして致命的な損傷を与えたかである．計算上は，剥がれたとき，発泡断熱材はコロンビア号と同じ速度，約 1568 mph（700 m/s）で移動していたが，発泡断熱材が急に減速し，シャトルは加速が継続したこととが合わさって，激しい衝撃になったと説明されている．発泡断熱材の剥落はそれまでのすべてのスペースシャトルの飛行で小さなポップコーンサイズの小片からカバンサイズの塊まで見つかっており，さらに飛行回数の 10 % では発泡断熱材の剥落は（外部燃料の）二点固定金具（bipod attachment）部分で発生したことも判明した．当初の設計チームは，発泡断熱材の剥落がシャトルの致命的損傷を引き起こすという大きな懸念を持っていた．巨大な外部燃料タンクの仕様に，「発射台上または上昇中に外部タンクの重要部分から破片が生じてはならない」という要求項目があったため，シャトルの翼の前縁には保護部材は取り付けられていなかった．それにもかかわらず，最初の飛行でコロンビア号の耐熱タイルには多数の損傷が発生し，300 個以上のタイルが交換されなければならなかった．ある技術者は，もし破片がばらばらと落下するひどさを知っていたら，このスペースシャトルの飛行許可は下りなかったかもしれないと言明した．

　過去 10 年間に NASA は予算と労力の約 40 % を削られるという過酷なコスト削減の圧力を受けていた．NASA は対策の一部として，操業責任の多くを協力会社の 1 社に引き渡し，安全問題への直接の関与を止めて間接的な監視だけ行っていた．NASA の管理者たちは繰り返し安全の重要性を口にしていたが，彼らの行動は逆のシグナルを出していた．

　この削減にかかわらず，特に国際宇宙ステーション（ISS）を完成させるために，スペースシャトルの計画を予定通り維持しなければならないという圧力（それは自ら招いたものでもあるが）があった．計画は将来長期にわたり不確実であるとの理由で投資が削減され，安全性の向上は遅れ，先延ばしされていた．CAIB（事故調査委員会）は，安全管理の基盤が悪化するに任され，余りにも多くの問題を抱えた状態で計画が遂行されていたことを見出した．

3.3.3　原　因

　技術　　技術上の原因は二点固定金具の接続部分での発泡断熱材の剥がれである．他の場所では発泡断熱材に非破壊検査（NDT）技術をうまく用いていたにもかかわらず，組立工場でも宇宙センターでも手作業で取り付けた発泡断熱材に目視検査だけを

して，NDT は用いられていなかった．CAIB は，発泡断熱材の組立とそれが破損する可能性を理解するための努力はほとんど払われていなかったと結論した．

プロセス文化　　コスト削減と期限の圧力にもかかわらず，組織は，昔の成功事例に疑いなく役立った「やればできる」という態度に誇りを持ち続けていた．これが「逸脱の常態化」として知られる現象に繋がった．発泡断熱材の脱落が重大な結末を招かないことを何度も経験するうちに，毎回の飛行で成功裏に着陸する際の当たり前のこととなり，元々の懸念は消え去って行ったようである．

CAIB 報告書の言葉によれば，

"安全にとって有害な文化や組織の行動が蔓延していた．その例として，

・適切なエンジニアリング上の慣行（システムが要求に適合した性能を発揮しなかった場合にそれを理解するために試験を実施すること等）を行わずに過去の成功に依存すること

・安全上重要な情報の効果的コミュニケーションを妨げる，専門家の異なる意見をもみ消すなどのような組織の障壁

・計画の諸要素を束ねる統合管理の欠如

・専門家の異なる意見をもみ消すような非公式な命令や意思決定プロセスの連鎖

・組織ルールを無視して行われる意思決定プロセス"（CAIB, 2003）

3.3.4　重 要 な 教 訓

プロセス安全文化（2.2 節）　　このエレメントは BP 社テキサスシティーの事故（3.1 節）の場合にも鍵となるエレメントだった．優れた安全文化の重要な特徴は，安全上の弱点へのセンスを維持していることである．NASA における安全文化が貧弱であったことの一例に，軌道上にある間にシャトルの翼を映像化しようという，破片調査チームからの提案を却下したことがある．このチームは，モデリングを基に「再突入の際におそらく局部的な加熱損傷が発生するであろうが，それらが絶対に構造的損傷を引き起こすとは限らない」と結論した．結局，運行管理チームは，破片の衝突は「定期修理」問題（帰還後の定期的整備に影響を及ぼすが，当面の飛行には影響を及ぼさない事象）であると結論した．CAIB 報告に述べられたとおり，"ハイリスクな運転を担当する組織は失敗に対する健全なおそれを常に持たねばならない．つまり，他の何よりも，運転が安全であることを証明しなければならない．しかし NASA はこの責務を無視してしまった．"

以下は CAIB 報告からの調査結果である．

・"NASA の安全文化は，事故対応型で，自己満足的になり，かつ不当な楽観主義に
支配されていた．安全を向上させるための各自の自制とバランス感覚は，大量の
データを生み出す細々とした手続きや効率的なコミュニケーションの取れない阿
吽の了解といったやり方に慣れ親しむ中で，時間をかけてゆっくりと知らないう
ちに失われていった．リスクの高い技術をうまく扱う組織は，技術のライフサイ
クルを通じて，危険源（ハザード）を特定し，分析し，制御するための規律ある
安全システムを作って維持しているものである．"

3.3.5 参考文献および調査報告書へのリンク

CAIB 報告はオンラインで見ることができる．オンライン報告には，実際の発泡断
熱材の衝突と衝撃テスト等，いくつかの動画も含まれる．

・Columbia Accident Investigation Board, (2003) Volume 1.
http://www.nasa.gov/columbia/caib/html/start.html
・Columbia Incident Investigation Board, (2003) Volume 1, movie clips.
http://www.nasa.gov/columbia/caib/html/movies.html
・CCPS, "Incidents That Define Process Safety", Center for Chemical Process Safety, New York, 2008.
・CCPS, Process Safety Beacon, Process Safety Culture, June 2007.
（http://sache.org/beacon/files/2007/06/en/read/2007-06-Beacon-s.pdf）

3.4 プロセス知識管理：ペンシルバニア州ハノーバー・タウンシップ (Hanover Township)，コンセプト・サイエンス社爆発，1999 年

3.4.1 要　約

"1999 年 2 月 19 日午後 8 時 14 分，ペンシルバニア州アレンタウン（Allentown）に
近いコンセプト・サイエンス社（Concept Sciences, Inc：CSI）の製造工場で，数百ポ
ンドのヒドロキシルアミン（HA）が入ったプロセス容器が爆発した．CSI 社の従業員
は，新設設備で初めての営業用バッチ運転に取り組んでいて，HA と硫酸カリウムの
水溶液を蒸留中であった．蒸留を停止した後に，プロセスタンクや付属配管内にあっ
た HA は，おそらく高濃度で高温だったためであろう，急速に分解して爆発を起こし
た．

CSI 社の従業員 4 人および隣接事業所のマネージャーが死亡した．CSI 社の従業員
2 人は爆風で飛ばされたが，中程度から重度の怪我を負ったものの生き残った．近く
の建物にいた 4 人が負傷し，消防隊員 6 人および警備員 2 人も緊急対応中に軽傷を

負った.

製造設備は甚大な損害を受けた（図3.8）．また，爆発によって，リーハイ・バレー（Lehigh Valley）工業団地内の他の建物にも深刻な損害をもたらし，数軒の近隣民家の窓が粉々に割れた."（CSB, 2002）

図 3.8　コンセプト・サイエンス社ハノーバー工場の損害，モーニングコール誌 Tom Volk 氏提供

3.4.2　事故の詳細

純粋な HA は分子式 NH_2OH の化合物である．固体の HA は不安定で爆発的な分解を起こしやすい無色ないしは白色の結晶で，70°C（158°F）以上に空気中で加熱されると爆発する．HA は通常 50 wt％以下の水溶液で販売されている．CSI 社の（化学）物質安全データシート（SDS）には，"水分が除去されあるいは蒸発して，HA 濃度が約 70％を超えると，火災や爆発の危険がある"（CSI, 1997）と記載されていた．HA は金属や酸化剤との接触によっても着火し得る．

CSI 社は 50 wt％HA を製造するため次の 4 工程のプロセスを開発した．

1. 硫酸ヒドロキシルアミンと水酸化カリウムとを反応させ，30 wt％HA と硫酸カリウムの水溶液スラリーを製造

   反応式
   $$(NH_2OH)_2 \cdot H_2SO_4 + 2\,KOH \Rightarrow 2\,NH_2OH + K_2SO_4 + 2\,H_2O$$
   硫酸ヒドロキシルアミン　　　　　　　　ヒドロキシルアミン

2. 沈殿した固形硫酸カリウムを除去するために，スラリーを沪過
3. 溶解した硫酸カリウムを分離し，50 wt%HA 留出液を製造するために，HA の 30 wt%水溶液を減圧蒸留
4. イオン交換器により，留出液を精製

図 3.9 に蒸留プロセスを示す．チャージタンクは 2500 ガロン（9.5 m³）であった．蒸留の第一段階で，縦型シェル＆チューブ熱交換器である加熱塔へ 30 wt% の HA をポンプ循環していた．HA は減圧下，49℃（120°F）の水で加熱される．ベーパーは凝縮塔に送られ，初留タンクに回収され，濃縮された HA はチャージタンクに戻されていた．初留タンクでの濃度が 10 wt%に到達した時点で，それは最終製品タンクに回収された．蒸留の第一段階の終盤には，チャージタンク内の HA 濃度は 80〜90 wt%になった．その時点で，チャージタンクは 30 wt%HA で洗浄することになっていた．

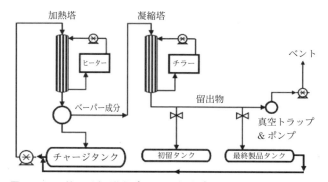

図 3.9 CSI 社 HA 減圧蒸留プロセスの概略プロセスフロー図，CSB 提供

CSI 社による最初の蒸留は，1999 年 2 月 15 日月曜日の午後に始まった．火曜日の夕方までに，チャージタンクの HA はおよそ 48 wt%になっていた．加熱塔のチューブが破損し，水がチャージタンクに侵入していたことが判明したため，その時点で設備は修理のために停止された．木曜日の午後に蒸留を再開したが，午後 11 時 30 分に停止した．加熱塔への供給配管を交換した後，金曜日午前の遅くに蒸留を再開した．午後 7 時頃までに，チャージタンクの HA 濃度は 86 wt%に達しており，午後 7 時 15 分に蒸留は停止された．製造監督者が金曜日の夕方呼び出され工場に到着したのは，午後 8 時 14 分に起こった爆発の約 15 分前だった．

何が爆発の引き金になったかは不明である．可能性としては以下のようなことが挙げられる．"蒸留システムへの過剰な熱の付与，ガラス機器の一部あるいは全体が破損

74   3 プロセス安全の必要性

したことによる物理的な衝撃，もしくは不注意による不純物の混入．混合物が加熱塔
へ供給するポンプ内を通過する際，摩擦熱で加熱されたのかもしれない．"(CSB, 2002)

3.4.3　原　因

　CSI 社が開発した 50 wt％HA の製造プロセスは，通常本質的に不安定で発熱分解を
起こしやすいレベルまで HA を濃縮することになっていた．

3.4.4　重 要 な 教 訓

　プロセス知識管理（2.7 節）　　CSI 社の管理者はパイロットプラントの運転中に
HA の危険性に関する知識を得ていたが，プロセスの設計やハザードレビューの実施
においてその知識は活用されなかった．CSI 社はまた HA に関する文献調査をしてお
らず，もし行っていたら HA は発熱分解しやすく TNT に匹敵する爆発力を保有するこ
とが分かっただろう．CSI 社はまた，HA のリスクがどの程度あるかを確かめるための
実験を何も行おうとしなかった．さらに，CSI 社はエンジニアリング図面や詳細な運
転手順書も作成しなかった．

　ハザードの特定とリスク分析(2.8節)　　ハザードレビューの方法は管理しようと
するハザードに対して適切でなければならない．CSI 社は紙 1 枚の "What-If" 分析を
使用していた．そのハザードレビューでは，"高濃度 HA が爆発を引き起こす可能性が
あることや，その防止やその影響" については言及していなかった（CSB, 2002）．CSI
社は自分たちが実施したハザードレビューからの勧告を何も実施していなかった．

　追記　　2000 年 6 月 50 wt％の HA を製造していた日進化工社のプラントで爆発が
起こった．その爆発で蒸留塔が壊滅し，4 人が死亡し，58 人が負傷した．そのときの
HA 濃度は 85 wt％であった．
（訳者註：当時はまだヒドロキシルアミン 50 wt％水溶液は危険物と指定されていな
かったが，この事故をきっかけに第 5 類自己反応性物質に指定された．）

3.4.5　参考文献および調査報告書へのリンク

・U.S. Chemical Safety and Hazard Investigation Board, Case Study, Report No. 1999-13-C-PA,
The Explosion at Concept Sciences: Hazards of Hydroxylamine, Concept Sciences,
Hanover Township, PA. February 19, 1999. http://www.csb.gov/investigations

3.5 ハザードの特定とリスク分析：エッソ社ロングフォードガスプラント爆発，1998年

3.5.1 要　約

　オーストラリア，ヴィクトリア州にあるエッソ社ロングフォード（Longford）のガス処理工場で大きな爆発・火災が発生した．2人の従業員が死亡し，従業員以外の8人が負傷した．この事故によって，その工場の第1プラントは破壊され，第2および第3プラントは停止を余儀なくされた．

　一組の吸収装置のプロセス変動によって，最終的に"リーンオイル"の流れの温度低下および流量減少を引き起こした．これによって金属製熱交換器が極端に冷却され，脆くなってしまった．運転員が再スタートし，リーンオイルが熱交換器に流れた際，それが破裂し，ガスとオイルの混合蒸気雲を放出した．蒸気雲が着火源に達した際，放出口に逆火して爆発した．

3.5.2 事故の詳細

　事故のあった第1プラントはリーンオイル吸収プラントで，装入ガスを"リーンオイル"と称する炭化水素流体でストリッピングすることによりLPGからメタンを分離

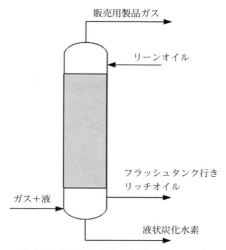

図 3.10　吸収塔の概略系統図（CCPS, 2008）

していた．メタンは塔頂へ上昇し，重質の炭化水素は液体の炭化水素コンデンセート中に溶解する．図3.10 参照．

第1プラントには並列運転している1対の吸収塔があった．各々の吸収塔には底部にガスと液体炭化水素の混合物が入ってくる気液分離機構があった．前日の夜勤シフトの間に，炭化水素コンデンセートの液面は吸収塔Bの底部で上昇し始めていた．通常の第2ガスプラントへのコンデンセート排出ができなかったため，代わりにコンデンセート用フラッシュタンクへ切り替えてコンデンセートの排出を行った．図3.11 参照．一連のこのような状況では，通常は吸収塔下部の温度を上昇させていたが，今回はそれを実施しなかった．コンデンセート用フラッシュタンクは，流入液の温度が低すぎる場合は，吸収塔の液面調節計を無効にして，流入しないように保護されていた．そのため，吸収塔からのコンデンセート排出量が流入量より少なくなり，吸収塔底部の凝縮液が蓄積していくことになった．

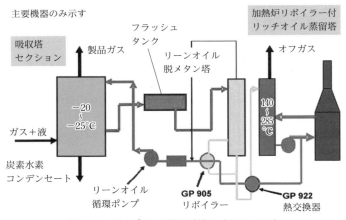

図 3.11　ガスプラント概略系統図（CCPS, 2008）

吸収塔内のコンデンセート液面が上昇して，重質分を吸収したリッチオイルの排出部のレベルに達し，リッチオイルと混合してしまった．リッチオイルと混合したコンデンセートはリッチオイルのレベルコントロールバルブを通ってフラッシュし，その結果下流にあるリッチオイルフラッシュドラムの温度が大幅に低下した．リッチオイルは回収プロセスで炭化水素を分離し，リーンオイルとして吸収塔に戻るため，このことが原因で，プラント全体の温度低下を引き起こした．遂にはリーンオイルポンプ

3.5 ハザードの特定とリスク分析：エッソ社ロングフォードガスプラント爆発，1998年　　77

が停止し，プロセスと高度に統合して熱利用を図っているプラントで，熱的に大幅な逸脱を引き起こすこととなった．リーンオイルの流れが止まることは重大な事態であったにもかかわらず，監督者には，ポンプ停止の1時間後，朝の製造ミーティングから戻ってきた際に初めて伝えられた．

　プラントの各所では温度が−48℃に低下した．午前8時30分，熱交換器GP922でコンデンセートの漏れが発生した．リーンオイルの流れがないということは，リッチオイルシステムを経由して流れるコンデンセートは加温されないまま回収システムに入るということを意味していた．その漏洩が起こった理由はおそらく，プロセスを正常運転に復帰させようと試みていた間に極端な温度勾配ができたためであろう．プロセスの他の部分は，熱交換器や配管の断熱されていない部分には氷が付くほど，非常に冷たくなっていた．

　午前10時50分，GP922からの漏れはさらに激しくなってきて，監督者は第1ガスプラントを停止することを決断した．午後12時15分までには，2人の保全担当の技能工がGP922のボルトの増し締めを行ったが，漏れ低減には目立った効果がなかった．漏れを止める唯一の方法は暖かいリーンオイルを中に流してGP922をゆっくり温めることであると判断された．しかし，リーンオイルポンプを再起動しようとしたが最初の試みは失敗だった．10分後，別の熱交換器GP905への流量を最小にして手動スイッチを入れたところ，その熱交換器（GP905）が破裂し，ガスおよび油の蒸気雲を放出した（訳者註：冷え切って脆くなっていた熱交換器に温かいリーンオイルが入って温度勾配による熱応力を受けたと考えられている）．

　蒸気雲は170 m離れた加熱炉に到達しそこで着火したものと想定される．火炎は放出口まで逆火した後，配管を舐め，配管は数分のうちに壊れ始めた．火災発生の1時間後には主圧力容器が破壊され，巨大なファイアボールを生じた．すべての炭化水素の流れを遮断し，最終的に鎮火するまでに2日以上要した（CCPS, 2008）．

3.5.3　原　因

　調査では，事故の直接原因はリーンオイルの流れが停止したことで，GP905が大幅に温度低下し，その結果，鋼製の胴体（シェル）の脆化をもたらしたと結論付けた．これは，漏洩を止めようとして高温のリーンオイルをGP922に導入したことに続いて起こった．この事故の経過全体を通して，運転員や監督者は，プラントを正常運転に復帰させようとした自分たちの行動がどんな重大な影響をもたらすかを事前に理解していなかった．このプラントはガスをヴィクトリア州全体へ供給していたため，エッ

78   3　プロセス安全の必要性

ソ社と政府は必死になって，このプラントを停止させないように努めた．彼らは何を
遮断分離すべきかを見つけようと配管を追って歩き回った際，図面が更新されていな
いことに気付いた．結局，彼らはプラント全体を停止しなければならなくなり，10日
間以上も州への電力とガスの供給が止まり，主要産業が混乱し，仕事ができなくなる
という結果を招いた．

3.5.4　重要な教訓

　ハザードの特定とリスク分析（2.8節）　　同じ敷地内にある他の二つのプラントで
は実施されていたハザード特定の検討を，第1プラントはその対象としていなかった．
ハザードと操作性レビュー（HAZOP），は1995年に計画されたものの，全く実施され
なかった．ロングフォード第1プラントで起こったような，流量と温度の逸脱は
HAZOP検討の一部分として系統的に調査されるものである．したがって，このよう
な逸脱が悲惨な結末をもたらすことは想像も付かなかった．このことは他の安全管理
上の問題にも繋がっている．そのようなことでは，手順書や訓練は不完全もしくは不
十分で，そのため運転員には逸脱の重大性に関する知識もないであろう．彼らは何を
すべきか分からないだろうし，このケースのように誤った行動を取りかねない．

　変更管理（2.14節）　　1992年に，すべてのプラントエンジニアはオーストラリ
ア，メルボルンにある本社に配置替えとなっていた．このエンジニアたちが行ってい
たプロセス安全業務を廃止することによる影響について変更管理による審査は行われ
なかった．その結果，プロセス安全に関する彼らの重要な役割は，引き継がれなかっ
た．組織上の変更管理（CCPS, 2013）の課題は，従来もしばしば見過ごされてきてい
る．

　プロセス安全能力（2.4節）　　監督者や運転員が，適切な準備もなしに，トラブル
対応を含めたプラントの運転に対し，非常に大きな責任を負わされていた．エンジニ
アたちが果たしてきた機能を遂行するには，彼らは適任ではなかった．

3.5.5　参考文献および調査報告書へのリンク

- CCPS, "Incidents That Define Process Safety", American Institute of Chemical Engineers, Center for Chemical Process Safety, New York, NY, 2008.
- CCPS, 2013, Guidelines for Managing Process Safety Risks During Organizational Change, American Institute of Chemical Engineers, Center for Chemical Process safety, New York, NY, 2013.
  （訳者註：この事故の報告書は次のURLからダウンロードができる．
  https://www.parliament.vic.gov.au/papers/govpub/VPARL1998-99No61.pdf）

3.6 運転手順：アイオワ州ポートニール，硝酸アンモニウム爆発，1994年

3.6.1 要　約

1994年12月13日，肥料プラントの硝酸アンモニウム（AN）部門で，中和器（ニュートラライザー）として知られるプロセス容器で爆発が起こった．AN溶液が数基の容器に残ったままANプラントをシャットダウンしていたときに爆発が起こった．中和器の中は強酸性の状態であったこと，200 psig（約1.4 MPa（g））スチームで容器が加熱されたままになっていたこと，さらにプロセス容器に物質が残ったままプロセスがシャットダウンされていたのにANプラントの状況を監視していなかったことなどを含め，複数の要因が爆発に寄与していた．4人が死亡し18人が負傷した．プラントの他の部門にも深刻な被害をもたらし，その結果，硝酸を地面にあふれさせ，無水アンモニアを大気中に放出した．

3.6.2 事故の詳細

アイオワ州ポートニール（Port Neal）工場では，硝酸，アンモニア，硝酸アンモニウム，尿素および尿素硝安液肥（urea-ammonium nitrate）を製造していた．中和器には，尿素プラントオフガスあるいはアンモニア貯槽からのアンモニアが底部のスパージャーから添加され，また，55%硝酸が中央部のスパージャーリングから加えられていた．製品の83%ANは，貯槽への移送用オーバーフロー管を経由して抜出タンクに送られていた．中和器および抜出タンクのプロセスフロー図については図3.12を参照のこと．pH計が抜出タンクへのオーバーフロー管に取り付けられ，中和器のpHを5.5〜6.5に維持するように硝酸流量のコントロールに使用されていた．中和器の温度は水およびアンモニアの蒸発により，ほぼ267°F（131℃）に維持されていた．中和器と抜出タンクのベントはスクラバーに繋がっており，そこでベーパーは55〜65%硝酸と補給水に吸収され50%ANとなり，中和器に戻されていた．

事故の約2週間前，pH計に欠陥があることが分かり，そこで，pH用のサンプルを取ってプラントは手動制御されていた．事故の2日前，pHが1.5となっていることが分かったが，12月12日の午前1時頃まで正常範囲には戻らなかった．硝酸プラントが使用できなくなったため，ANプラントは12月12日午後3時頃にシャットダウンした．およそ午後3時30分頃，運転員は中和器への硝酸供給配管を空気でパージし

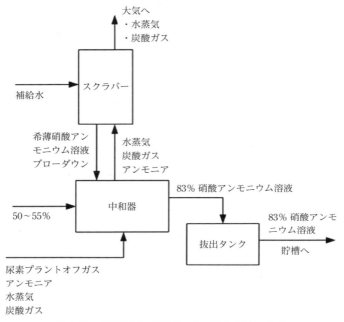

図 3.12　中和器および抜出タンク，出典（EPA, 1996）

た．ほぼ午後 7 時に，運転員はスクラバーの溶液をポンプで中和器に送り始めた．午後 8 時 30 分頃に，AN が硝酸配管に逆流しないように，温度約 387°F（197°C）の 200 psig（1.37 MPa（g））スチームを硝酸配管から硝酸スパージャーに通した．爆発は 13 日の朝 6 時頃に起こった．図 3.13 は爆発後のプラントの写真である．

AN は以下の条件で，分解・爆燃・爆轟を起こしやすくなることが知られている．
・低い pH の値（強酸性）
・高温
・低密度領域（例：気泡によりできた状態）
・物理的な密閉状態
・塩化物や金属などの不純物
・大量の AN によってそれ自身が作る密閉状態（大量の AN の中心部分）

計算上，硝酸配管をパージしたことでシャットダウン時の pH は 0.8 まで下がっていたということが分かった．スチームパージは 9 時間も継続され，内部の溶液はその加熱により約 2 時間で沸騰状態になっていたことが算出された．スパージャーからの

3.6 運転手順：アイオワ州ポートニール，硝酸アンモニウム爆発，1994年　　　81

図 3.13　爆発後の AN プラント地域，出典（EPA 1996）

空気とスチーム吹込みで溶液内には気泡を生じていた．硝酸プラントから運ばれてきた塩化物が AN 溶液中に存在していたことも分かった（EPA, 1996）．

3.6.3　原　因

EPA の調査結果は，運転手順書がなかったことが爆発を誘引する条件になったということであった．設備をシャットダウンするときに容器類の安全状態を維持する方法や設備をシャットダウン中にプロセス容器を監視するなどの手順書がなかった．さらに，反応物中に塩化物塩または油が入ると AN の感受性が上がり危険な分解を起こす状態になるので，その混入を監視する必要があるが，そのための手順書もなかった．

EPA は，他の製造業者は設備シャットダウン中はプロセス容器類を空にしておくか，pH を 6.0 以上に維持していることを見出した．また，他の製造業者はスチームパージを禁止するか，もしくはスチームパージをする場合は直接の監視下で実施することとしていた．

EPA は，この AN プラントではハザード分析を実施したことがないこと，インタビューを受けた従業員が，"硝酸アンモニウムにある多くのハザードには気付かなかったと述べた" ことにも注目した．

3.6.4　重 要 な 教 訓

運転手順（2.9 節）　　運転手順書は運転のあらゆる場面を網羅する必要がある．この事故では，シャットダウンの手順とシャットダウン中の機器監視の手順書がなかったことが，AN 溶液を鋭敏化し分解反応を引き起こすエネルギーを与えるような運転

82   3 プロセス安全の必要性

員の行為に繋がった.

　ハザードの特定とリスク分析（2.8節）　　エッソ社ロングフォード工場の爆発（3.5節）のケースと同様に，AN プロセスのハザード評価は実施されたことがなかった．ハザード特定の検討をしなかったことが，AN が鋭敏化し分解する条件を運転員は知らなかったということに繋がった．シャットダウン時の効果的なプロセスハザード分析（PHA）を実施していれば，抜出タンクへのオーバーフローがないと中和器の pH は測定できず，タンクでの循環がなければ中和器の温度も正確には分からないということが運転スタッフに明らかになっただろう．ハザード特定の検討が十分になされていれば，硝酸配管への硝酸アンモニウムの逆流を解決でき，より良い設計上の解決法を見つけることができたかもしれない.

3.6.5　参考文献および調査報告書へのリンク

・EPA 1996, Chemical Incident Investigation Report, Terra Industries Inc., Nitrogen Fertilizer Facility, Port Neal, IA, EPA, September 1996.
（訳者註：https://archive.epa.gov/emergencies/docs/chem/web/pdf/cterra.pdf）

3.7　安全な作業の実行：英国，北海，パイパーアルファ，1988年

3.7.1　要　約

　北海のスコットランド海岸沖合にある，オクシデンタル・ペトロリウム（Occidental Petroleum）社が所有する海上プラットフォームのパイパーアルファ（Piper Alpha）で爆発が起こった．最初の爆発が連鎖的に火災・爆発を起こし，この結果，167人の命が失われ，プラットフォームはほぼ全壊した．爆発の初めは，配管に粗雑に取り付けられた臨時のフランジから可燃性ガスが放出されたことであった．これが連鎖的に多くの爆発や火災を引き起こし，プラットフォームを破壊したのである.

　プラットフォームで働いていたクルー（乗員）のうち61人は，海に飛び込み救命ボートで助けられ，この事故で命を落とさずに済んだ（図3.14）.

　プラットフォームの配置は，一方の端に採掘用の油井やぐら（ドリルデリック），中央部にプロセスエリア，反対側に乗員用の居住区画という構成になっていた．（図3.15）．パイパーアルファは，海中のパイプライン（上昇管）を経由して他の二つのプラットフォーム（タータン（Tartan）とクレモア（Claymore）"A"）から高圧ガスを受けて処理するガス集合処理設備の役割を担っていた．パイパーアルファは，自身の

3.7 安全な作業の実行：英国，北海，パイパーアルファ，1988 年　　　　83

図 3.14　パイパーアルファプラットフォーム，出典（CCPS, 2008）

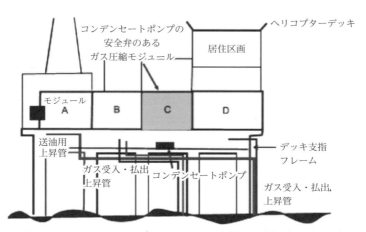

図 3.15　パイパーアルファプラットフォームの系統図，出典（CCPS, 2008）

84   3 プロセス安全の必要性

掘削リグからのガス・油と共に，他のプラットフォームからのガスを処理し，最終製品を 2 本の個別のパイプラインで陸地に送っていた（CCPS, 2008）.

3.7.2 事 故 の 詳 細

　一連の事故は，保全のために予備ポンプ（のリリーフ弁）が配管から外され，バルブは置き換えられず，配管が閉止フランジで仮止め状態にされたことから始まった．その後，ガス/液分離プロセスからの炭化水素液（コンデンセート）を送油配管に戻すコンデンセートポンプが夜遅くに停止した．それを何度も再起動しようと試みたがうまくいかず，プロセス容器内の液面が急速に上昇してきたので，補助ポンプを起動することにした．切り替えなければ，プラットフォーム全体をシャットダウンしなければならない状況だった．夜勤シフトのメンバーは，予備ポンプがその日早い時点で保全のため使用停止にされていたことは知っていたが，保全作業はまだ始めていないと思い込んでいた．彼らは，ロックアウトされていなかったそのポンプモータに通電し，ポンプを起動した．数秒のうちに，ポンプ吐出側リリーフ弁の取り付け位置から，大量のコンデンセートおよびガスが流れ出した．そこは，階上のモジュール内であり，ポンプ側からは見えない場所であった．リリーフ弁は保全のため取り外されており，配管の開口部には一応，閉止板が取り付けてはあったが，運転圧を受けるにはボルトの本数が全く足りていなかった.

　コンデンセートポンプは，モジュール群の下の，68 フィート（20 m）レベルのデッキ支持フレーム上にあった．コンデンセートポンプのリリーフ弁は，ガス圧縮モジュール "C" の内側，モジュール "C" の床を貫通して出入りする配管に設置されていた．モジュール "C" は，制御室および緊急設備のあるモジュール "D" とは，鋼板の間にロックウールをはさんだ 3 枚の複合板からなる耐火耐爆用に設計された非構造材の防火壁で，分離されていた．モジュール "C" と "B" および "B" と "A" の間の防火壁は耐火断熱剤を塗膜した 1 枚の板で作られていた．これらのモジュール間の防火壁は，どのモジュールも内部からの爆風に耐えるようには設計されていなかった．処理設備を囲んで制御室を隔離していた防火壁は爆発で吹き飛ばされた．この結果，大量の貯蔵油が瞬時に燃え上がり，制御不能になった.

　このような火災の消火用に設計された自動海水大量散水システムは，消火ポンプの水中取水口近辺でプラットフォームの支持架構の点検や保全作業中の潜水夫を守るために遮断されており，起動できなかった.

　最初の爆発からおよそ 20 分後，火災はガス上昇管にまで拡がり，生じた大量の熱に

よって上昇管は壊滅的に崩壊した．上昇管は，直径 24 インチ（610 mm）と 36 インチ（915 mm）の鋼管でできており，中を 13.8 MPa（g）（2000 psig）の可燃性ガスが流れていた．これらの上昇管が崩壊したことで，燃料が放出されて火災の規模は劇的に拡大し，まるで映画"タワーリング・インフェルノ"を見ているようであった．火災が最も激しいとき，炎は 300〜400 フィート（90〜120 m）の高さに達した．その熱は 1 マイル（1.6 km）以上離れた所でも感じられ，雲に反射した光は 85 マイル（136 km）先からでも見ることができた．

　乗員たちは，火炎から最も遠くにあって一番危険が少ないと思われた居住区画のプラットフォームに次第に集まり始め，救出のヘリコプターを待っていた．しかし，火災に阻まれヘリコプターは着地ができなかった．居住区画は防煙構造となっておらず，さらに訓練不足のためもあり，人々が繰り返しドアを開閉することで煙が内部に入ってしまった．何人かは生き残る唯一の道は居住区画から直ちに出ていくことだと決断した．しかし，救命ボートへたどり着くルートはすべて煙や火炎で遮られていることが分かり，他に何も指示がなかったので，彼らは救助艇に救助されることを期待して海に飛び込んだ．61 人は海に飛び込み助かった．死亡した 167 人のうち大半は居住区画の中で一酸化炭素や煙によって倒れたものだった．救命艇に拾われたうちの 2 人も死亡した．

　火災に燃料を供給していたガス上昇管は，破裂してからおよそ 1 時間後にようやく遮断されたが，プラットフォーム上の油や配管内にあったガスが燃えていたため，火災は続いていた．3 時間後，大半のプラットフォームは，居住区画も含め，油井やぐらやモジュールと共に海面に焼け落ち，海底に滑り込むように沈んでいった．プラットフォームで掘削部分だけが海面上に立ったまま残っていた．油はパイパーアルファの油用の上昇管から漏れていたため，海上で燃え続けていた（CCPS, 2008）．

3.7.3　原　因

　この事故の直接原因は，プラットフォーム上での保全や検査作業を管理する作業許可システムの欠陥にあったことが調査によって分かった．7 月 6 日の朝に予備のコンデンセートポンプの保全に対して作業許可が出された．ポンプとプロセス側との接続はバルブで遮断され，さらに電動モータが遮断され，ロックアウトが行われた．作業実施の最初のほうで，ポンプ吐出側のリリーフ弁が検査のため取り外された．しかし，配管の開放端に閉止フランジを取り付けるにはすべてのボルトを締め付けなければならないが，おそらく系内にごみが入らないようにするためであっただろう，代わりに

86   3 プロセス安全の必要性

たった4本のボルトしかなかった．このリリーフ弁の位置は上部のモジュール内にあり，ポンプからは見えなかった．リリーフ弁は取り外した後，検査のため作業用プラットフォームに持って行っており，その作業日内には再取り付けされていなかった．

　保全監督者が自分やチームメンバーの交代勤務が終了した後，制御室に作業許可証を返還した際，プロセス監督者と運転員は話に夢中になっていた．そのため，彼は口頭で伝えることも記載したメモを手渡すこともせず，作業許可証を机の上に置いたままにしていた．調査の結果，パイパーアルファでは重要な連絡システムが疎かにされて，その結果，シフト交代時に作業許可証を直接管理者に手渡して適切に連絡をする代わりに，管理者の机に置いたままにしていたことが分かった．もし連絡システムを適切に実施していたら，最初のガス放出は起こらなかったであろう．しかし，一旦ガス放出が起こってしまうと，以下に記載するような他の多くの要因が悪いほうに絡み合って，人命とプラットフォームの喪失を招くことになった（CCPS, 2008）．

3.7.4　重 要 な 教 訓

　安全な作業の実行（2.10 節）　　作業が安全に正しく行われるには，保全作業に起因する危険（ハザード）を管理する必要がある．これらの作業遂行には，作業を実施する人々と運転側の人との間の連絡も含めておく必要がある．パイパーアルファにおいては，夜勤シフトのメンバーにはリリーフ弁が取り外されていて，ポンプを運転状態に戻す準備ができていないということが伝わっていなかった．さらに，配管に付けた閉止フランジは適切に設置されておらず，配管にかかる圧力に耐えられなかった．

　緊急時の管理（2.17 節）　　海上設備管理者（OIM: offshore installation manager）は直ちに避難命令を出さずに，その直後に死亡してしまった．事故に対応した消防艇はOIMからの指令を待っていて対応が遅れ，多くの避難ルートは塞がれてしまった．この地域の他の油井はパイパーアルファに原料を供給しており，それを停止しなかったため，火災に燃料を供給し続けることとなった．プラットフォーム上の作業者は，緊急手順を十分に訓練されておらず，管理者もまた，危機的状況で適切に指導力を発揮するように訓練されていなかった．避難訓練は実施されていたものの，法規制で要求されているように毎週ではなかった．全体訓練は3年以上も行われていなかった．乗員たちが集合した場所は安全ではなかった．煙が入りやすい場所で，それが死者の数を増やした．パイパーアルファの事故後，英国連邦政府は，安全な避難が組織化できるまでの間，爆発・火災や有毒な煙から人員を保護するための"一時的避難所"（TSR: temporary safe refuge）を設けることを義務付けた．

3.7.5 参考文献および調査報告書へのリンク

- CCPS, "Incidents That Define Process Safety", American Institute of Chemical Engineers, Center for Chemical Process Safety, New York, NY, 2008.
- M. Elisabeth Pate-Cornell, Learning from the Piper Alpha Incident: A Postmortem Analysis of Technical and Organizational Factors, Risk Analysis, Vol. 13, No. 2, 1993, p. 215-232.
- CCPS, Process Safety Beacon, Remembering Piper Alpha, July 2013.
  (http://sache.org/beacon/products.asp)
- CCPS, Process Safety Beacon, Piper Alpha Oil Platform, July 2005.
  (http://sache.org/beacon/products.asp)

3.8 協力会社の管理：ミシシッピー州ローリー（Raleigh），パートリッジ・ローリー（Partridge Raleigh）油槽所の爆発，2006年

3.8.1 要約

"2006年6月5日午前8時30分頃，Stringer's Oilfield Services 社の協力会社作業員が2基の製造タンクから3基目に配管付設工事をしている際，爆発が起こった（図3.16）．タンク＃4で協力会社作業員が溶接作業をしていた所から約4フィート（1.2 m）離れた配管の開口部から出ていた引火性ベーパーに溶接火花で着火した．この爆発でタンク＃3と＃4の屋根上に立っていた作業員3人が死亡した．4人目の作業員は重傷を負った．"（CSB, 2007）．

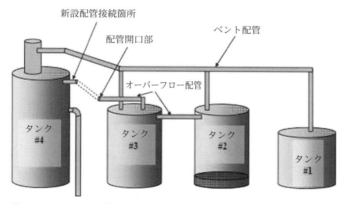

図 3.16　パートリッジ・ローリー油槽所爆発に関係したタンク，出典（CSB, 2006）

3.8.2 事故の詳細

協力会社の作業員たちは最近移設した 2 基のタンク（図 3.16 のタンク＃3 および＃4）の間に配管を接続していた．数日前にタンク＃4 から原油残渣を除去し，水で洗浄していた．タンク＃2 および＃3 は原油残渣の除去を行わなかった．

溶接開始前に，溶接工は火を着けた溶接用トーチをタンク内に入れ，タンク内の可燃性蒸気をチェックした．これは"フラッシング"として知られている方法である（この方法による引火性雰囲気の検査は極めて不安全な方法で，決してやるべきではない）．その後，CSB の報告書にも記載されているように，"作業長はタンク＃4 の上に登った．他の保全作業員 2 人はタンク＃3 の上に登った．それから彼らはタンクの屋根上にはしごを置いて，4 フィート離れたタンク＃3 とタンク＃4 に渡し，溶接するためにはしごを固定した．溶接工は自分の安全ベルトをタンク＃4 の屋根に取り付け，はしごの上に構えた．

溶接工が溶接を開始した途端，タンク＃3 に接続されていた配管の開口部から出ていた引火性の炭化水素ベーパーに着火した．火は瞬時にタンク＃3 に逆火し，オーバーフロー接続配管を経由してタンク＃3 からタンク＃2 に拡がり，タンク＃2 の爆発を引き起こした．これらのタンクの天板は共に吹き飛んでしまった．"（CSB, 2006）．

タンク＃3 の天板は 50 フィート（15 m）先の地上に落ち（図 3.17），タンク＃2 の

図 3.17　タンク＃3 の天板，出典（CSB, 2007）

天板は約250フィート（75 m）先に着地した．作業長と保全作業員が死亡し，溶接工は負傷した．

3.8.3　原　因

この事故の原因は，いかなる安全作業許可手順にも従わず，引火性雰囲気の中で火気工事を行ったことである．

3.8.4　重 要 な 教 訓

安全な作業の実行（2.10 節）　　今回の事故の引火性ベーパーのような危険な化学物質が存在する際に，安全な作業環境を確保するためには，火気作業許可のような安全作業の管理慣行を活用することが必要である．この場合の協力会社である Stringer's Oilfield Services 社は，特に今回のケースでは火気作業許可のような安全作業手順を踏むことを求めていなかった．

協力会社の管理（2.12 節）　　協力会社の管理では，安全作業の管理慣行を確実に理解させ活用させなければならない．パートリッジ・ローリー社の油井やタンクの所有者は，タンク・ポンプ・配管の設置など，大部分の油井に関わる工事を協力会社に任せきりであった．これは一般的なやり方であるが，パートリッジ・ローリー社では協力会社に確実に安全作業を遂行するように管理をしていなかった．

規範の遵守（2.3 節）　　会社は最良の業界慣行を知っておき，それに従う必要がある．今回のような状況を網羅するいくつかの適用可能な業界ガイドラインを以下に記す．パートリッジ・ローリー社か Stringer's Oilfield Services 社のどちらかが，これら第三者標準のいずれかを採用していたなら，この事故は防止できていたであろう．

- ・NFPA 326, "Standard for the Safeguarding of Tanks and Containers for Entry, Cleaning, or Repair"（NFPA, 2005）.
- ・NFPA 51B, "Standard for Fire Prevention During Welding, Cutting, and Other Hot Work"（NFPA, 2003）.
- ・API RP 2009, "Safe Welding, Cutting and Hot Work Practices in the Petroleum and Petrochemical Industries", （API 2002）
- ・API RP 74, "Occupational Safety for Onshore Oil and Gas Production Operations"（API 2001）.

3.8.5 参考文献および調査報告書へのリンク

- U.S. Chemical Safety and Hazard Investigation Board, Case Study, Report No. 2006-07-I-MS, Hot Work Control and Safe Work Practices at Oil and Gas Production Wells. Raleigh, MS, June 5, 2006.（http：//www.csb.gov/investigations）
- U.S. Chemical Safety and Hazard Investigation Board, Video-Dangers of Hotwork, June 7, 2010.（http：//www.csb.gov/videos）

3.9 設備資産の健全性と信頼性：英国，ミルフォード・ヘブン（Milford Haven），テキサコ製油所の爆発，1994年

3.9.1 要　約

　1994年7月24日，テキサコ（Texaco）社とガルフ・オイル（Gulf Oil）社が共同所有する製油所で，半開放状態での蒸気雲爆発が起こった．流動接触分解装置（FCCU：fluidized catalytic cracking unit）のフレア用ノックアウトドラムの出口配管から，約20トンの引火性の炭化水素が大気中に放出された．蒸気と液滴が霧状に漂って，フレアドラムの出口から約110 m離れた所で着火した．その爆発力は強力な火薬4トンに相当すると推定された．これに続いて大火災が発生した．2マイル（3 km）離れた市街地で窓ガラスが割れるなど，地域は甚大な損害を被った．敷地内では26人が負傷したが，皆軽傷にとどまった．損傷した製油所の再建費用は7600万ドル（約80億円）と見積もられ，会社には裁判費用23万ドル（約2500万円）に加えて32万ドル（約3500

図 3.18　文献（CCPS, 2008），写真提供 Western Mail and Echo Ltd.

万円)の罰金が科せられた.図3.18参照(CCPS, 2008).

3.9.2 事故の詳細

その日の朝7時30分から9時30分の間,激しい雷雨が次々とこの地域を通過した.原油蒸留装置(CDU: crude oil distillation unit)に直接落雷して火災が起こったため,FCCUおよび他の数基のプロセス設備がシャットダウンした.その日の午前遅く,FCCUを再スタートしようとしている間に,脱ブタン塔への供給が途絶えため,塔底のレベルコントロールバルブが自動閉止した.後で原料供給が復帰した際,脱ブタン塔は炭化水素液でフラッディングを起こしたが,おそらく塔底のレベルコントロールバルブが閉止位置で固着したためであろう.塔が満液となり,内圧が上昇して複数の脱ブタン塔のリリーフ弁(PRV's)が開き,軽質炭化水素液とその蒸気の混合物がフレアシステムに流入した.

FCCUのガス回収システムで大混乱となっていたにもかかわらず,ウェットガスコンプレッサーを再起動して差圧状態を維持し,安定運転を回復させることが決められた.これを行うためには,圧縮機のノックアウトドラムから大量の炭化水素液を抜き

図 3.19 破裂し20tのベーパーを放出した30インチ(75 cm)フレア配管エルボ部,出典(HSE, 1994)

92　　3　プロセス安全の必要性

出す必要があった．そこでプロセス容器とフレアヘッダーの間をスチームホースで仮に接続して抜出を行った．ウェットガスコンプレッサーの再スタートには成功したが，再び脱ブタン塔の内圧上昇が起こり，塔に設置されたフレアに繋がっている複数のリリーフ弁が再び開いてしまった．ウェットガスコンプレッサーのノックアウトドラムの液面は上昇し続け，遂に中段のノックアウトドラムが高液面になったことによって圧縮機がトリップした．このときまで複数のリリーフ弁から液状の炭化水素がフレア配管のノックアウトポットへ流れ込んでおり，すでにポットの設計容量を超えていた．午後 12 時 32 分，30 インチ（760 mm）径のフレア系のノックアウトポット出口配管で最も弱い箇所が破裂した．フレアシステムに入ってきた大量の液状炭化水素の流れにより生じた急激な圧力上昇によって，エルボ部が破断したものとの結論になった（CCPS, 2008）．図 3.19 参照．

3.9.3　原　因

脱ブタン塔の塔底製品のレベルコントロールバルブは，塔へのフィードが途絶えた際に閉止したきり，二度と開かなかった．運転員は，その弁が再度開いたという誤った信号を受けていたが，下流のナフサスプリッターが空のままだった一方で，脱ブタン塔は液を充填され続けていた．

3.9.4　重 要 な 教 訓

設備資産の健全性と信頼性（2.11 節）　　計装設備は，プロセス容器や回転機器類と同じように，評価し維持しておかなければならない．レベルコントロールバルブに加え，ガス回収システムのうち，39 台の計器にはすでに欠陥があったことが分かったが，このうち 24 台は要注意の状態で，6 台は深刻な欠陥であった．

また，破損したノックアウトポット出口配管は激しく腐食していた．HSE（英国安全衛生庁）によると，"腐食の存在は知られていたが，破損した場所は検査のために近寄ることが難しく，その箇所の検査をずっと実施していなかったので，完全には状況が分かっていなかった."

3.9.5　参考文献および調査報告書へのリンク

- ・CCPS, 2008, "Incidents That Define Process Safety", American Institute of Chemical Engineers, Center for Chemical Process Safety, New York, NY, 2008.
- ・HSE, 1994, "The Explosion and Fires at Texaco Refinery, Milford-Haven, 24 July 1994."
（https：//www.icheme.org/~/media/Documents/Subject%20Groups/Safety_Loss_

Prevention/HSE%20Accident%20Reports/The%20Explosion%20and%20Fires%20at%20the%20Texaco%20Refinery%20Milford%20Haven.pdf）
- U.S. Chemical Safety and Hazard Investigation Board, Video-Chevron Richmond Refinery Fire.（http://www.csb.gov/chevron-refinery-fire/）
- CCPS Process Safety Beacon, Mechanical Integrity, April 2006.
 （http://sache.org/beacon/files/2006/04/en/read/2006-04-Beacon-s.pdf）

3.10　操業の遂行：イリノイ州イリオポリス，台湾プラスチック社塩ビモノマー爆発，2004 年

3.10.1　要　約

"2004 年 4 月 23 日イリノイ州イリオポリス（Illiopolis）にある，台湾プラスチック社（Formosa Plastics Corporation），IL（Formosa-IL）の塩ビ製造設備での爆発・火災では作業者 5 人が死亡し，3 人が重傷を負った．引火性の極めて高い塩ビモノマーが不注意により反応器から大量に放出され，引火して爆発が起こった．爆発とそれに続く火災で多くの設備が破壊し，火は 2 日間燃え続けた（図 3.20）．地元の自治体は設備から 1 マイル以内の住民に避難を指示した．"（CSB, 2007）この損害により設備は完全に廃止された．

図 3.20　台湾プラスチック工場から立ち上る煙，出典（CSB, 2007）

3.10.2 事故の詳細

塩ビポリマー（PVC）は加圧バッチ反応器の中で，塩ビモノマー（VCM）・水・懸濁剤・重合開始剤を加熱して製造される．VCMは引火性の極めて高い物質である．建屋内には24基の反応器があり，4基ずつのグループに分かれて2基ごとに一つの制御系が付いていた（図3.21）．反応が終了すると，PVC溶液は次の工程に向けて，反応器底部バルブより容器に移送された．

図 3.21　反応器建屋立面図，出典（CSB, 2007）

移送後，反応器からは危険なガスを一掃し，マンホールを通して高圧水で洗浄していた．洗浄水は底部バルブとドレン弁を通して排水溝に抜かれた．これらの行程はすべて手動でなされていた．

事故の当日，反応器306は反応物の移送と高圧水洗浄を完了した．洗浄運転員は洗浄水を抜くため階下に降りて行った．彼は階段の下で左右逆の方向，つまり反応工程中であった（見た目が同じもう一つの4基セットの）反応器310のほうへ曲がってしまった．図3.22参照．運転員は間違って反応器310を空にしようと底部バルブとドレン弁を開けようとした．しかし，PVC反応中であったため，反応器の内圧は10 psi（69 kPaG）以上あり，底部バルブにはインターロックが働いて閉のまま開かなかった．底部バルブへの供給空気ラインにはワンタッチ着脱器具が着けられており，緊急時に

3.10 操業の遂行：イリノイ州イリオポリス，台湾プラスチック社塩ビモノマー爆発，2004 年   95

は運転員が内容物を他の反応器に移送できるように別の緊急空気ラインが設置されていた．

　底部バルブが開かなかったので，洗浄運転員はインターロックを外してバックアップ空気補給ラインに切り替えた．これは，階上の反応器運転員や交代組長に反応器の状態を確認するための相談なしに行われた．

　底部バルブが開いたため，VCM が反応器から流れ出て，建屋は瞬く間に引火性液体とガスで満たされた．建屋内の散水システムは警報を発したが，作動しなかった（散水システムが作動したとしても爆発を防げなかっただろう）．交代主任が現場を調べに行った．建屋には VCM 検知器があり，それらは上限測定域を超えていた．交代主任と反応運転員は放出を抑えようとして避難しなかった．VCM 蒸気が着火源と出合い，数回の爆発が起こった．

図 3.22　反応器建屋断面図，出典（CSB, 2007）

3.10.3　原　因

　洗浄運転員はシフト監督者と相談せずにインターロックを解除したため，高温で加圧された VCM を放出してしまった．このような間違いを起こさせやすくしたいくつかの要因があった．

・反応器グループが皆同じような配置になっていたことで（図 3.21 参照），間違いやすくなっていた．
・下の階の運転員には上の階の反応制御運転員と容易にコミュニケーションを取れる無線電話が支給されていなかった（同じような台湾プラスチック社の他の工場には無線電話や通信システムが設置されていた）．
・台湾プラスチック社は作業グループリーダー職を廃して交代主任にその責任を移

96　　3　プロセス安全の必要性

したが，交代主任は以前グループリーダーがしていたようには時間を割けなかった．このため運転員たちに対するサポートが手薄になった．

3.10.4　重 要 な 教 訓

操業の遂行（2.16節）　　操業を遂行するとは規律正しく仕事を行うことである．それは，運転手順と規則に従うこと，そしてプロセスが運転限界を超えたら作業を一旦止め，対応を考えること，必要なら経験者の意見を求めること，そして適切にシャットダウンすることを意味している．台湾プラスチック社の事例では，洗浄運転員はインターロックを外す場合は管理者の承認を得ることになっていた．

「操業の遂行」は作業現場の運転員だけに適用されるものではなく，運転員をサポートするために必要な制御とシステムの設計にも適用される．「操業の遂行」はエンジニアリングの規律も含むものである．台湾プラスチック社の VCM 爆発事例では，洗浄運転員は間違いやすい設計に対応しなければならなかった．設計で起こりがちなことだが，反応器のこの配置は混同を起こしやすい設計であった．緊急移送手順では底部バルブのインターロックを外す必要があったため，容易に外せるようにできていた．プラントの設計や運転に関わる技術者は，できるだけ設備的対応策を提供し，インターロックを外すなどの記述については，交代勤務の引継ぎ書や運転日誌に目を通すべきである．この事例では，運転現場に反応器の状態を表示することができたであろうし，もっと厳格な運転手順やインターロックの管理を指導することもできたであろう．運転員には手順遵守に便利な道具（各フロア間の作業者どうしのコミュニケーション無線電話）が用意されていなかった．運転員が操業を安全に遂行するために必要な道具や制御手段を提供するのは管理者の責任である．

変更管理（2.14節）　　台湾プラスチック社がプラントを引き継いだとき，スタッフ数の削減と責任分担の変更がなされた．これらの変更の影響を検討するための，スタッフ変更の MOC レビューは正式には行われていなかった．

緊急時の管理（2.17節）　　台湾プラスチック社での VCM 爆発事故は緊急時対応計画の重要性も示すものとなった．VCM の放出が起こったとき，建屋内のガス検知器が作動し，運転員は放出を少なくしようと対応した．この場合の適切な対応は，避難することであった．

測定とメトリクス（2.19節）　　台湾プラスチック工場では，過去にも 2 回，運転員が間違ったバルブを開くという前例があった．これらの事例と教訓は他のプラントに共有されていなかった．2.19 節に書かれているような先行指標と遅行指標を追求す

るメトリクスシステムがあれば，台湾プラスチック社は組織的な問題に気付き，それを正すことができたであろう．これらがあれば，なぜインターロックをバイパスすることが危険であるかについてプラントの全運転員を訓練し，適切な検討や承認なしにインターロックを外すことができないようにホース接続部にガードを施すことができたであろう．

3.10.5　参考文献および調査報告書へのリンク

・CSB, 2007, U.S. Chemical Safety and Hazard Investigation Board, Investigation Report, Vinyl Chloride Monomer Explosion, Report No. 2004-10-I-IL, March 2007.
・U.S. Chemical Safety and Hazard Investigation Board, Video-Explosion at Formosa Plastics, 2007.（https：//www.csb.gov/formosa-plastics-vinyl-chloride-explosion/）

3.11　変更管理：英国，フリックスボローの爆発，1974 年

3.11.1　要　約

　1974 年 7 月 1 日夕方，英国フリックスボロー（Flixborough）のナイプロ（Nypro）工場は大爆発により深刻な損害を受け，従業員 28 人が死亡し，36 人が負傷した．工場の事務所棟も破壊されたが，幸いにも事故が週末に起こったため，人はいなかった．負傷者と物的被害はプラントの周辺にも広がっており，53 人が負傷したと報告された．工場外での死者はなかった．その他，一般家屋 1821 戸，事務所 167 棟にさまざまな被害が出た（CCPS, 2008）．

3.11.2　事　故　の　詳　細

　プラントの爆発が起こった箇所には，8.8 bar g（0.88 MPa），155°C で空気を注入しシクロヘキサンをシクロヘキサノンに酸化させる反応設備があった．6 基が直列に繋がった反応器の液相中で酸化反応が進行し，一連の反応器の間を重力で流れるように，それぞれの反応器は前の反応器より 360 mm ずつ低く配置されていた．

　1974 年 5 月 27 日，No.5 反応器に亀裂が見つかった．保全エンジニアは 3 週間の全面停止を勧めた．一方，保全管理者は No.5 反応器を取り外し，No.4 と No.6 を直径 500 mm（20 インチ）の臨時配管で繋ぐことを提案した．彼の業務は会社の組織再編の都合で数か月間研究所のトップと兼務になっていた．配管の支持には，通常の建設業で用いられている足場材を利用することを提案した（図 3.23）．

　臨時の繋ぎ配管が内部流体の力と温度に対して適切でなかったために破損して，30

98   3 プロセス安全の必要性

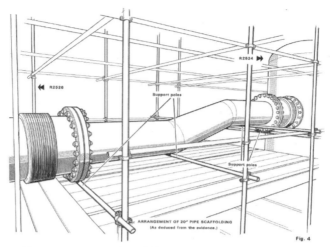

図 3.23　フリックスボロー代替配管のスケッチ図．出典，裁判調書

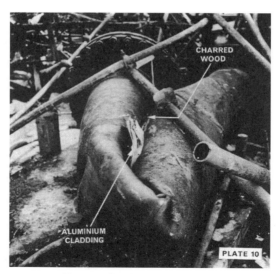

図 3.24　崩れ落ちた 20 インチ配管

3.11 変更管理：英国，フリックスボローの爆発，1974年   99

図 3.25　フリックスボロープラントの被害

図 3.26　フリックスボロー制御室の被害

秒間で30トンものシクロヘキサンが放出された．従業員28人が死亡したが，そのうち18人は制御室にいた．もし，この事故が工場の日勤者が少ない日曜日ではなく，平日に起こっていたら，死亡者はもっと多くなっていたであろう．プラント全体が破壊され，近隣の家屋も破壊された．火災は3日間燃え続け，影響は40 000 m² (10エーカー) に及んだ．図3.24～3.26参照（CCPS, 2008）．

3.11.3　原　因

交換された配管は設計が適切ではなかったために破損した．調査により以下のこと

100   3 プロセス安全の必要性

が判明した．"(配管を) 急激に曲げるような設計により生ずる曲がり部のモーメントや流体の衝突による影響は考慮されていなかった．エクスパンションベローズのカタログや関連する英国基準が参考にされていなかった．設計用の図面が作られていなかった．"(出典，裁判調書，1975)

3.11.4 重 要 な 教 訓

変更管理 (2.14 節)   プロセスや機器の変更にあたっては，その状況に合った知識を持つ人たちによって検討され，実施されなければならない．この事故は MOC プログラムの重要性を示す典型的な事例として，プロセス安全の歴史にとって貴重なものである．工学的検討は全くなされていなかった．「原因」の項で述べたように，変更の際に重要な機械工学的な設計性能が検討されていなかった．

フリックスボローの事故は物理的変更と同様に，組織変更管理 (MOOC) の重要性も照らし出した．フリックスボローでは，"その年の初めに工場の技術者がいなくなり，補充されていなかった．バイパス配管が計画・据え付けされたときには，適切な機械設計をしたり，関連する問題点について厳密な技術検討をしたりする資格のあるエンジニアは工場にいなかった．化学と電気の技術スタッフはいたが，機械エンジニアはいなかった．"フリックスボローの改造に関して，よく使われるのは"彼らは何を知らないかを知らなかった"という表現である．さらに，もし MOC レビューが全く実施されなかったならば，機械エンジニアがいても，結果は変わらなかったかもしれないが，プラントの誰かがその変更の重大性に気付いた可能性は大いにある．MOOC は，労働条件の変更・人事異動・作業分担の変更・組織における階層制度の変更・組織の政策変更などを対象とするものである．"Guidelines for Managing Process Safety Risks During Organizational Change" (CCPS, 2013) はこの事例をより詳しく扱っている．

規定および基準 (2.3 節)   要約で述べたとおり，工場事務所は破壊された．1974年当時は，設備の立地や配置について適切な基準がなかった．この事故は，なぜ "API RP 752, Management of Hazards Associated with Location of Plant Buildings" のような基準が作られたのかを示す一例である．

3.11.5 参考文献および調査報告書へのリンク

- CCPS, 2008, "Incidents That Define Process Safety", American Institute of Chemical Engineers, New York, NY, 2008.
- CCPS, 2013, "Guidelines for Managing Process Safety Risks During Organizational Change, American Institute of Chemical Engineers, New York, NY, 2013.

- CCPS Process Safety Beacon, Flixborough-30 Years Ag・o, June 2004.
  (http：//sache.org/beacon/files/2004/06/en/read/2004-06%20Beacon-s.pdf)
- CCPS Topics, Incident Summary：Flixborough Case History.
  (https：//www.aiche.org/ccps/topics/elements-process-safety/commitment-process-safety/process-safety-culture/flixborough-case-history)
- Her Majesties Stationary Office, The Flixborough Disaster-Report of the Court of Inquiry, 1975.
- API RP 752, Management of Hazards Associated With Location of Process Plant Buildings, 3rd Edition, American Petroleum Institute, December 2009.

3.12 緊急時の管理：スイス，サンド社倉庫火災，1986年

3.12.1 要 約

1986年11月1日，スイスのバーゼル近郊のサンド（Sandoz）社の倉庫で火災が起こった．その火災は，化学製品を高く山積みされた状態で貯蔵していた，長さ90m，幅50m，高さ8m（300ft×165ft×26ft）のスプリンクラーを設置していない倉庫で発生した．そこには殺虫剤・除草剤・水銀を含有する農薬類およびリン酸エステル類を含む，少なくとも90種，約1350トンの化学製品が保管されていた．火災に初めて気付いたときには炎が屋根から噴出していた．化学製品の鉄製ドラム缶が猛烈な熱さの中で爆弾のように爆発した（図3.27）．

貯蔵された化学製品の大部分は火災で焼失したが，多量の化学物質が大気中に放出

図 3.27 サンド社倉庫の消火活動，出典（CCPS, 2008）

102   3 プロセス安全の必要性

図 3.28 サンド社倉庫の消火水流出の影響 (CCPS, 2008)

され，流れ出た消火水と共にライン川へ流れ込み，敷地内の土壌および地下水に浸み込んだ．400人近くの消防士が火災を速やかに鎮火させるために大量の水を使用した．水処理システムの処理能力がわずか $50\,\mathrm{m}^3$ であるのに対し $10\,000 \sim 15\,000\,\mathrm{m}^3$ の水が使用された．

　ライン川に流入した化学物質の量は 13〜30 トンあたりと推定されている．毒性化学物質の赤い油膜が 40 km（25 マイル）にわたり川を覆い，時速 3 km で下流に流れた．水生生物の環境は広範囲にわたり破壊され，事故後 1 年以上も経ってようやく回復し始めた（図 3.28）．

　後日，消火に使われた水のほとんどすべてが激しい雨によって流されて直接ライン川に流れ込んだことが分かった．サンド社には影響を受けた国々から補償金の支払いが求められた．火災の原因は明確には分かっていない．

3.12.2　重 要 な 教 訓

緊急時の管理（2.17節）　　すべての関係部署と協力して重大な事故に対応する計画を立てることが重要である．事前の対応計画がなければ，一旦事故が起こると対応

は後手に回り，間違っているかもしれない勘に頼って行動することになるだろう．倉庫火災の場合には地域の消防署が対応することはごく自然なことである．この事故の場合は，消火活動計画がなかったことが甚大な環境破壊を招いたと言える．

類似の事故 1997年のアーカンソー州ウエストヘレナ (West Helena) での倉庫火災では爆発が起こって3人の消防士が死亡し，16人が負傷した．緊急時対応計画があれば，爆発的に分解する可能性のある物質を保管している建物から離れているように消防士に対して忠告できたであろう．

3.12.3 参考文献および調査報告書へのリンク

・CCPS, 2008, "Incidents That Define Process Safety", American Institute of Chemical Engineers, Center for Chemical Process Safety, New York, NY, 2008.

3.13 操業の遂行：アラスカ，エクソン・バルディーズ号，1989年

3.13.1 要 約

1989年3月24日，エクソン・バルディーズ号 (Exxon Valdez) が午前12時04分にアラスカの海岸沖のプリンス・ウィリアム湾 (Prince William Sound) の岩礁で座礁した．図3.29参照．

約1100万ガロン，257 000バレル (41 000 m^3) の油が流出した．およそ1300マイ

図3.29 エクソン・バルディーズ号タンカーからの油漏洩，Exxon Valdez Oil Spill Trustee Council 提供

ル（2100 km）の海岸線が影響を受け，そのうちの 200 マイル（320 km）が深刻な，あるいは相当な影響を受けた．エクソン社は清掃費用に 21 億ドルを掛けた（Exxon Valdez Oil Spill Trustee Council）．

3.13.2 事故の詳細

午後 11 時 25 分，（出港する船をガイドする）州の水先案内人が船を離れ，船長が船舶運航センターに，速度を上げつつあると伝えた．彼はまた，氷山を避けるため，他の船舶が入港用水路に入っていなければエクソン・バルディーズ号は出港用水路から進路を変えて，入港用水路に移るつもりであると報告した．運航センターは"入港用水路内には報告されている他の船舶はない"とはっきり述べ，了承した．しかし，実際にはバルディーズ号は入港用水路を越えて進んでしまった．

午後 11 時 52 分，43 分間にエンジン速度を 55 RPM から全速力の 78.7 RPM に上げて前進する"コンピュータープログラムをロードする"よう指令が出された．操舵手とどこでどのようにして船を指定された水路に戻すかを相談したのち船長は船橋を離れた．夜の 12 時頃，船は暗礁にぶつかった．座礁については操舵手は"上下に突き上げるように乗り上げた"と表現し，三等航海士は 6 回の"鋭い衝撃"と表現した．11 基の船荷タンクのうちの 8 基に穴が開いた．エクソン・バルディーズ号上の計算によると，初めの 3 時間 15 分で 580 万ガロン（22 000 m^3）がタンカーから流出した（Exxon Valdez Oil Spill Trustee Council）．図 3.30～3.32 は清掃場面の写真である．

図 3.30　油にまみれた海岸の鳥，Exxon Valdez Oil Spill Trustee Council 提供

3.13 操業の遂行：アラスカ，エクソン・バルディーズ号，1989 年　　　　105

図 3.31　水タンクを備えた特大の平底船とプリンス・ウィリアム湾の浜辺をホースの水で洗っている作業の上空からの写真，Exxon Valdez Oil Spill Trustee Council 提供

図 3.32　清掃作業員が油で汚れた岩に高圧水ホースを使って水を吹き付けている，Exxon Valdez Oil Spill Trustee Council 提供

106   3 プロセス安全の必要性

3.13.3 原　因

通常の見方では，ヒューマンエラーがこの事故の主な原因であったとされるだろう．しかし，実際には，単なる“ヒューマンエラー”以上の原因がいくつか存在する．国家運輸安全委員会は事故を調査し，座礁のほぼ確実な原因は以下であるとの結論に達した．

1. エクソン・シッピング社（Exxon Shipping Company）が，船長の監督管理を怠り，エクソン・バルディーズ号のために十分な人数の休養をとった乗組員を提供しなかったこと
   - 注：1977 年時点では平均的な大きさのオイルタンカーの乗組員は 40 人であったが，エクソン・バルディーズ号の乗組員は 19 人であった．
   - 乗組員は日常的に 12～14 時間の交替勤務で働いていた．
   - 乗組員はタンカーへの荷積みをせかされ，急いで出港するよう求められていた．
2. 米国沿岸警備隊が効果的な船舶運航システムを提供しなかったこと
   - 注：バルディーズ（Valdez）市のレーダー局はレーダーを出力の小さいものに取り換えており，この装置ではブライ（Bligh）岩礁近くのタンカーの位置を監視することができなかった．
3. 効果的な水先案内と誘導が不足していたこと
   - 注：ブライ岩礁へ向かう船を追跡することは取り止められていたが，タンカーの乗組員にはこのことは全く知らされていなかった．

注はすべて Leveson，2005 による．

3.13.4 重 要 な 教 訓

操業の遂行（2.16 節）　　操業の遂行については 3.10 節の台湾プラスチック社の爆発においても触れられている．エクソン・バルディーズ号の座礁においては上記の注にあるように大型船舶の操船上のいくつかの必要条件が守られていなかった．

　もう一つの操業遂行上の問題はエクソン・シッピング社による船長の監督・管理の不履行である．石油化学やその他のプロセスのプラントに勤務し始めたら“管理による巡回観察”について耳にするかもしれない．プラントを管理するには，プラントの状態や作業員の動きを観察し，彼らとコミュニケーションを取るために現場である程度の時間を費やす必要がある．管理者が，BP 社テキサスシティーの爆発（3.1 節）と

同じように，最新の作業指示が守られているかどうかを観察できるのはそのような行動を通してである．このケースにおいては乗組員が十分に休養をとっているかどうか，幹部船員が彼らの正式な手順に従っているかが操業遂行上の問題点であった．

変更管理（2.14節）　　原因の2および3は，この船をプリンス・ウィリアム湾の外に誘導する方法において二つの大きな変更がなされたことを示している．すなわち，沿岸のレーダーがグレードダウンされていたことと，入江から出た船の追跡を取り止めていたことである．船の乗組員はその追跡取り止めについてを知らされていなかった．船会社の代表を含めた変更管理レビューを実施していれば，変更を中止させたか，あるいは操船方法を調整することができたであろう．

3.13.5　参考文献および調査報告書へのリンク

・Exxon Valdez Oil Spill Trustee Council website, http：//www.evostc.state.ak.us/
・Leveson 2005, Leveson, Nancy G, "Software System Safety", July 2005
　（http：//citeseerx.ist.psu/viewdoc/download?doi=10.1.1.208.6296&rep=rep1&type=pdf）

3.14　規範の遵守：メキシコシティ（Mexico City），ペメックス（PEMEX）LPG 基地，1984 年

3.14.1　要　約

　1984 年 11 月 19 日，液化石油ガス（LPG）配送基地で漏れた LPG に着火し，その火災により LPG 貯槽が連続して爆発した．約 600 人が死亡し，7000 人近くが負傷し，200 000 人が避難させられ，基地は大破した．死亡した人の多くは，基地が建設された後に簡単なレンガや木材で作られた家に住んでいて，最も近い家屋は LPG タンクからわずか 130 m（426 フィート）しか離れていなかった．

3.14.2　事 故 の 詳 細

　図 3.33 のように，LPG 圧力貯槽基地には，4 基の 1600 m³ の球形タンクと 2 基の 2400 m³ の球形タンクおよび種々の容量の横置き型貯蔵タンクがあった．すべての貯槽は高さ 1 m のコンクリート壁で囲まれていた．貯蔵基地は数百キロメートル離れた製油所から 3 本の埋設配管で LPG を受入れていた．基地では，LPG を地域のガス会社には埋設配管を通してや，タンクローリー車両や鉄道タンク貨車に充填して，または基地内の充填場でボンベに充填して出荷していた．基地には，地上レベルのフレア

108   3 プロセス安全の必要性

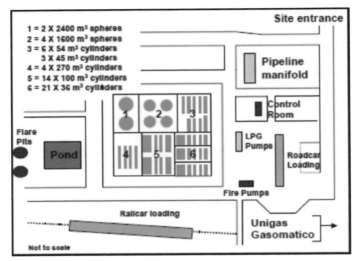

図 3.33 ペメックス LPG 基地の配置図，出典（CCPS, 2008）

ピット 2 基と，溜池・消火ポンプ・散水設備を完備した防火システムもあった．

　LPG 放出の原因は完全には分かっていない．ある説（Lees, 1996）によると，制御室とパイプラインのポンプステーションでは圧力低下が検知されていたとのことである．そうだとすると，それは，球形タンクと一連の横置き型貯蔵タンクを結ぶ 8 インチ配管で破裂が起こった可能性がある．残念ながら作業員は圧力低下の原因を特定することができなかった．別の説（CCPS, 2008）では，内容物の流出はパイプラインの圧力が上がり過ぎたことに起因する可能性があるとされている（Lees 説の原因として）．また，内容物の流出は貯槽の過充填によっても起こり得たと述べている．CCPSの説では，横置き型貯蔵タンクの容量が小さかったため，オーバーフローを防ぐため 30～45 分ごとに送り先を別のタンクに切り替えなければならなかったと述べている．

　LPG は 5～10 分間放出され続け，200 m×150 m×2 m 高さ（660 ft×490 ft×6 ft）と推定されるガス雲がフレアスタックに向かって漂っていた．ガス雲に着火し，激しく大地を揺るがした．数多くの地上火災が発生した．プラントの従業員は，直ちにさまざまな手段で放出に対処しようとした．後半になって，誰かが緊急停止ボタンを押したが，そのときすでに，基地への LPG 供給は爆発発生後 1 時間も続いていた．

　横置き型貯蔵タンクの封じ込めは機能せず，タンクが台座から投げ出され，配管は破裂するありさまであった．9 回に及び爆発と BLEVE が繰り返された．4 基の小さな

球形タンクは完全に破壊され、破片はエリア中に飛び散り、あるものは 350 m (1150 ft) も先の公共エリアまで飛んでいた。火災の熱で支柱が曲がったため、球形タンクは地上に崩れ落ちた。横置き型タンクのうち 4 基だけが残っており、12 基は支柱から 100 m (330 ft) 以上吹き飛ばされていて、一番遠くは 1200 m (3940 ft) も飛んでいた。ガスは基地内の建屋や一般の建物に入り込んで着火し、爆轟を引き起こした。基地の爆発前後の写真を図 3.34、3.35 に示す。

図 3.34 爆発前のペメックス LPG 基地、出典 (CCPS, 2008)

図 3.35 爆発後のペメックス LPG 基地、出典 (CCPS, 2008)

110　　3　プロセス安全の必要性

3.14.3　原　因

破壊のレベルのすさまじさと，火災・爆発によりほとんどのペメックス社員が死亡したため，最初の放出の確固たる原因は確認できていない．助長要因としては，大火災の状況下でも安全上重要なシステムを機能させ続けるための受動的防火システム（訳者註：耐火被覆など）がなかったことと，固定式防火システム（訳者註：スプリンクラーなど）が破壊されたことがある．しかし，いずれにしても設置されていた散水設備は貯蔵タンクを保護するには十分ではなかったという説もある．

3.14.4　重　要　な　教　訓

規範の遵守（2.3節）　　設備の設置や配置基準は，特にこの基地の設計には用いられていなかった．例えば，LPG容器の間隔は近過ぎた．もっと広い空地を用意して，容器間に適切な間隔を取り，排液システムを改善し，LPGの漏を囲い込んでおけば，続いて発生した事故（例えば，BLEVEの可能性やLPGの放出量）は軽減することができたであろう．アクセスがもっと良ければ，火災の制御やLPGの放出の抑制にもっと良い機会もあったであろう．

さらに，図3.34にあるように，いくつかの横置き型貯蔵タンクの底部が球形タンクのほうに向いていたことに注意してほしい．容器の底部（鏡板）がBLEVEで軸方向に飛び出して，被害を大きくした可能性がある．

設備周辺に住居が近接していたことも，死亡者数を増やした原因である．一般にプラントが建設されるときには，プラントの近くに住んでいる人は少なかったが，後で周りに人が移り住むということは，よくあることである．緩衝地帯を設けるために，敷地の周りの土地も購入することを考えるべきである．今や多くの会社は定量的リスク推定手法を用いて，人に対するリスクの推定を石油化学プラントの敷地の内外両方において実施している．敷地周辺の人口密度は通常これらの検討に必要なインプットデータの一つである．周辺の人口が大きく変わった場合は，その検討結果が現在も妥当であるか，再検討する必要がある．

3.14.5　参考文献および調査報告書へのリンク

- Lees 1996, Lees, F.P., 'Loss Prevention in the Process Industries-Hazard Identification, Assessment and Control', Volume 3, Appendix 4, Butterworth Heinemann, ISBN 0 7506 1547 8, 1996.
- HSE Website, Case Studies（http://www.hse.gov.uk/comah/sragtech/casepemex84.htm）

3.15 プロセス安全文化：インド，ボパール，イソシアン酸メチル放出，1984 年　　111

・CCPS, 2008, "Incidents That Define Process Safety", American Institute of Chemical Engineers, Center for Chemical Process Safety, New York, NY, 2008.
・CCPS, 2003, Guidelines for Facility Siting and Layout, American Institute of Chemical Engineers, Center for Chemical Process Safety, New York, NY, 2003.

3.15　プロセス安全文化：インド，ボパール，イソシアン酸メチル放出，1984 年

3.15.1　要　約

　1984 年 12 月 3 日夜半，インド，ボパール（Bohpal）の殺虫剤工場から約 40 トンのイソシアン酸メチル（MIC）が大気中に放出された．事故は大惨事となった．正確な数字は論争中であるが，少なめに推定しても，少なくとも死者 3000 人とされ，負傷者は数万人から数十万人の間と推定されている．事故は，MIC 貯蔵タンクに水が混入して発生した．

3.15.2　事 故 の 詳 細

　MIC は引火性で毒性の非常に強い液体である．それは非常に高い発熱を伴って水と反応する．MIC 貯蔵タンクに水が混入し，発熱反応が起こった．今日まで，いまだに水がなぜタンクに入ったのかは定かでない．実際に何が起こったかについては，諸説がある．一つの説では，発災箇所から 100 m 以上も離れた共通のベント配管を通して水がタンクに入ったとしている．別の説では，不満を持った社員が故意に水を入れたとし，さらに他の説では，タンクが加圧されていなかったため，水洗浄設備から水がじわじわと時間をかけて入ってきたとか，水と窒素のホースの繋ぎ間違いなどもある（Macleod，2014）．

　水混入の最初の原因は何であれ，事故の程度を軽減できた可能性のある他のシステムにいくつもの不具合があった．図 3.36 参照．

・反応を警告すべき圧力計と高温警報器が作動しなかった
・MIC 液を冷やす冷凍システムが経費節減のため止められていた．このシステムは，反応による熱を除去し，MIC の沸騰を防止したり，その量を減らせた可能性がある
・MIC タンクのリリーフ弁は MIC を無害化できる筈の洗浄設備に接続されていたが，そのベントガス洗浄設備は停止されていた
・洗浄設備からの排出ガスは，フレアスタックに排出され MIC を燃やすことができ

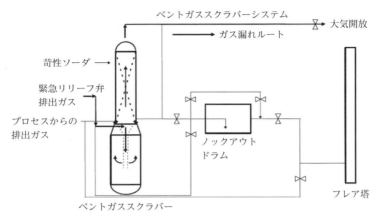

図 3.36 洗浄設備とフレアスタックを直列に接続した緊急リリーフ弁排出ガス処理システムの概略図,出典 AIChE

る筈であった.しかし,フレアスタックは腐食した配管の修理中で,プロセスから外されていた

・MIC 蒸気を吸収するために設計された固定式ウォーターカーテンは蒸気雲が高過ぎて届かなかった

3.15.3 重要な教訓

プロセス安全文化(2.2 節)　ボパールのプラントは製品がプラントの設計生産能力の 1/3 しか売れていないため,厳しいコスト圧力の下で運転されていた.経費を節減するため,安全設備を停止するだけでなく,プラント自体の保全も省かれて,プラントは荒廃していた.スタッフ数や訓練も減らされていた.これらのことはすべてプロセス安全よりもコストを優先していた文化の証拠である.

ハザードの特定とリスク分析(2.8 節)　本質安全とは,その制御が困難なハザードを小さくしたり,取り除いたりすることに重点を置くプロセス安全へのアプローチである.ボパールは,**最小化**(他は,**代替,緩和,単純化**)と呼ばれる本質安全戦略で,事故の被害を少なくすることができた筈の一例である.最小化戦略は「ないものは漏らすことができない」という言葉に要約される.MIC は殺虫剤 SEVIN を作るプロセスの中間体であった.ボパールプラントには 15 000 ガロン(57 m^3)の MIC タンクが 3 基あった(図 3.37).大きな中間タンクがあると化学プロセスでの融通を利かせやすい.しかし,MIC の場合は,大量の在庫は危険性(ハザード)の増大を意味し

3.15 プロセス安全文化:インド,ボパール,イソシアン酸メチル放出,1984 年　　113

図 3.37　事故直後に撮られた写真.左側にパイプラックが見え,部分的に埋もれた MIC 貯蔵タンク(全部で 3 基)が写真右側の中央にある.出典(Willey, 2006)

た.ここで学ぶべき重要なことは,危険な物質があるなら,貯蔵する量を決める前に,HIRA で危険な化学物質の貯蔵により生ずる危険性(ハザード)を評価することである.

変更管理(2.14 節)　　防護システムを働かなくさせる場合は,変更管理レビューで検討しなければならない.ボパールプラントは,MIC の放出に備えて複数の防護層を持つ設計になっていた.MIC 貯蔵タンクの防護戦略において,防護層を取り除く際に監視を増やすとか,在庫量を減らすとかの調整は何もなされなかった.

3.15.4　参考文献および調査報告書へのリンク

- CCPS 2008, "Incidents That Define Process Safety", American Institute of Chemical Engineers, Center for Chemical Process Safety, New York, NY, 2008.
- U.S. Chemical Safety and Hazard Investigation Board, Video-Reactive Hazards-Four major incidents illustrate the dangers from uncontrolled chemical reactions (http://www.csb.gov/videos).
- Macleod 2014, Macleod, Fiona, Impressions of Bhopal, Loss Prevention Bulletin, Vol. 240, p. 3-9, December 2014.
- Willey 2006, Willey et al., "The Accident at Bhopal: Observations 20 Years Later", Presentation to AIChE Spring National Meeting, April 2006.

3.16 教訓を活かせなかった例：メキシコ湾，BP社マコンド油井の暴噴，2010年

3.16.1 要　約

　本節に示す情報の大部分は，Bureau of Ocean Energy Management Regulation and Enforcement（内務省海洋エネルギー管理・規制・執行局）(BOEMRE 2011) によるものである．2010年4月20日の午後9時50分頃，それまでだれも気付いていなかった炭化水素の流入がマコンド（Macondo）油井のリグ（訳者註：掘削装置），ディープウォーター・ホライズン（Deepwater Horizon）での暴噴に繋がった．暴噴の原因は，油井の健全性と将来の生産のために油井に取り付けた高強度鋼管，すなわち，生産用ケーシングストリング（訳者註：海底に向けて油井の内に挿入された一連の鋼管）内でセメント障壁が破損したことであった．この竪管内のセメントによる仕切りが破損して炭化水素が井戸穴を通りリグ上まで到達噴出した．その直後，マッドガス（訳者註：掘削泥水に溶けこんでいる地中のガス）のベント配管を通してリグの床に流出した炭化水素に着火し，二度の爆発が起こった．流れ出た炭化水素はリグ上の火災に燃料を供給した形になり，リグが沈没した4月22日まで燃え続けた（図3.38）．その日

図 3.38　ディープウォーター・ホライズンの火災，出典（CSB, 2010）

の夜，11人が死亡した．その後，87日を超えた時点で，約500万バレル（80万m³）の油がマコンド油井からメキシコ湾に放出された．

3.16.2　事故の詳細

　油井は一時的に操業を停止していた．油井の健全性および後日の生産を確保するために高強度鋼管製の生産用ケーシングが4月18日から19日に設置された．そこは，硬い頁岩層ではなく砂と頁岩が積層状になった地帯であった（訳者註：頁岩はシェールとも呼ばれる堆積岩の一種で，薄く剥がれる性質を持つ）．

　4月19日，油井にセメントの注入が開始された．セメントを使用した目的は，油井をシールして，炭化水素が油井中に流入するのを防止するためであった．油井の掘削中，大量の掘削泥水が地層中に失われていた．BP社エンジニアは損失量を最小にするためセメント注入を行うことにした．彼らはセメント量を減らし，ポンプ注入の速度を通常より落とし，計画していたものとは異なる種類のセメントを使用していた．セメント供給とセメント注入作業を行ったのはハリバートン（Halliburton）社であるが，その会社が提案していたセメント混合物の安定性のためのテストランは，その作業時点では完了していなかった．

　噴出事故後の調査で，そのセメントはAPI RP 65, "Cementing Shallow Water Flow Zones in Deep Water Wells" の規格に適合していなかったことが判明した．

　セメント注入作業は油井に流入した総量と流出した総量の比較によって監視されていた．乗組員たちは投入物が全量戻ったことがセメント工事の成功の証だと信じていた．その後のデータ検討で80バレル（3360ガロン）（12.7m³）のセメントが失われていた可能性があるとされた．

　セメント工事終了後，油井の健全性試験が行われた．その結果，ドリルパイプ内の圧力が増大していた．これは，セメント障壁が壊れており，物質が内部に流入してきている証拠であった．試験は数回繰り返されたが健全性は確認されなかった．乗組員たちはこの結果を信用せず，違いを説明するために間違った理屈を作り上げた．最終試験であった筈のセメントボンド検層（訳者註：ケーシングパイプへのセメント膠着度合いを確認する測定）は，セメント障壁注入が成功したものとして省略された．BOEMREの調査では，噴出の主な原因は "生産用ケーシングストリング（訳者註：連結された一連のケーシングパイプ）中のセメント障壁の破損"（BOEMRE 2011）とされている．

　これをかいつまんで説明すると，最初の物質の出入り状態を見て乗組員たちはセメ

ント注入作業が成功したと思い込み，それに反する証拠をすべて屁理屈で排除したのである．この「確証バイアス」(confirmation bias) の詳細は Hopkins の著書（2012）に記されている．

　セメント注入作業が成功したと結論付けた後，乗組員は防噴装置の撤去作業の準備を開始した．この間，油井は異常事態，特に"キック"（炭化水素が油井に流入することで，掘削泥が油井に逆流する現象）の監視はされている筈だと思われていた．キックは，油井への流入と流出の不均衡で感知される．出てくる泥をピットに放出し，ピット内のレベルの異常な速度変化がキックの証である．この時点で乗組員は泥を一つでなく二つのピットに放出し始めた．そして，そこから別のピットに，リグから別の船へと移し，キックを素早く検出することができなくなっていた．これらのすべてがリグのオーナーの油井監視ポリシーに違反していた．キックが起こっていたのに，乗組員はこれを発見できなかった．

　この間，いくつかのタンクとピット内の量は増加しつつあった．ピットのレベルは15分で100バレル（4190ガロン）（15.9 m^3）上昇した．乗組員は，油井を開くことで圧力を下げようとしたが，この時点では彼等はまだ油井が実際には流れていることを知らなかったと見られる．

　泥-ガス分離器（mud gas separator）（図3.39）の容量をオーバーして炭化水素がリグ上に流れ出た．放出先を切り替えられるダイバーターで噴出先をリグ外に変えるこ

図 3.39　泥-ガス分離器の位置，出典（TO, 2011）

3.16 教訓を活かせなかった例：メキシコ湾，BP社マコンド油井の暴噴，2010年

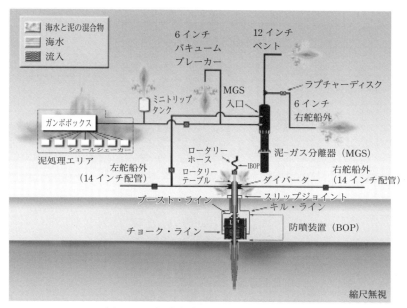

図 3.40　ガス放出ポイント，出典（TO, 2011）

ともできた（図3.40）．しかし，泥-ガス分離器を止めて，いつダイバーターを切り替えるかの手順は明確でなかった（BOEMRE）．

　ガス警報が，リグ上で鳴り始めた．一般警報システムは自動的に鳴るように設定されていなかったので，ガス警報が消えた後，制御室は手動で一般警報を鳴らさなければならなかった．エンジンルームの運転員は指示を求めたがエンジンを止めるようにとは一度も言われなかった．そのエンジンは後に着火源となった可能性が高いとされた．従業員は最初のガス警報が鳴ってから12分後に初めて避難を指示された．

　マコンド油井では緊急時に井戸を封鎖するための 高さ 17 m（57 ft），重量 400 トンの巨大な防噴装置（BOP: blowout preventer）が（リグの海底付近に）設置されていた．それは，緊急時に掘削管の周りを密封する可変口径ラム（VBR: variable bore ram）と掘削管の周りを閉止するアニュラー（環状物）（図3.41）からなっていた．このアニュラーとVBRは乗組員により操作されていた．（このリグにはマコンド油井の緊急時に）ドリルパイプを切断し井戸を封鎖するための仕切りシアラム（BSR: blind shear ram）（訳者註：ラム先端の刃によりパイプを切断して坑口を密閉する構造のもの）もあった．乗組員はこのBSRは作動させなかったが，油井からの信号が遮断を感知した

118   3 プロセス安全の必要性

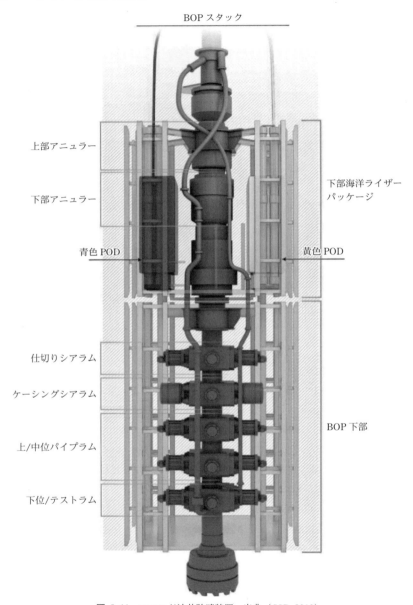

図 3.41　マコンド油井防噴装置，出典（CSB, 2010）

ため（設計の意図）か，後に遠隔操作された輸送機器によるかはともかく，BSR が作動していたことが後になって判明した．いずれにしても，井戸を封鎖することには失敗した．後日の調査で，掘削管は事故の最中に座屈しており，BSR の刃が届かない場所にあったことが明らかとなった（BOP の操作とそれがなぜ失敗したのかについて解説しているビデオが CSB ウェブサイトにある）．

3.16.3 重 要 な 教 訓

　経験から学ぶ　　プロセス安全の四つのピラーについては 2.1 節で説明した．第四のピラーは，「経験から学ぶ」であった．ディープウォーター・ホライズン油井の噴出は，経験から学ぶ必要性を示す有益な実例であった．

　事故調査　　キックに 30 分間も気付かなかったことは，経験から学んでいなかったことの最も端的な例である．事故の前，2010 年 3 月 8 日にもキックが発生しており，そのときも同様に 30 分間気付かなかったのである．キックの発見と対応は油井操業における根本的な安全策である．3 月 8 日のキック検知の失敗は調査されるべきであった．これは，BP 社内部では実施すべき事項とされていた．その調査が行われなかったことについては，事故の間接原因として BOEMRE 報告書（p.110）に特記されている．

　その次に指摘すべき失敗は，他のリグでの同様な事故から学んでいないことである．2008 年にカスピ海上の BP 社のリグ上での噴出が発生していた．事故は，セメント作業が不適切であったためで，211 人がリグから避難し，油田は 4 カ月間閉鎖された．2009 年 12 月，英国沖でトランスオーシャン（Transocean）社が操業するリグでディープウォーター・ホライズンと同様なことが起こっていた．乗組員は泥を移し終え圧力試験を行った．リグ上に向け泥が流れ始めたとき彼らは驚いてモニタリングを止めた．このときは，彼等は油井の運転を止めることができた．ディープウォーター・ホライズンを運転する乗組員やエンジニアはこれらの事故から学んでいなかった．掘削リグのオーナーで経営者でもあるトランスオーシャン社は，この出来事に関する報告書を作成し，北海のリグ関係者に対して「操業上の注意」を配布していた．しかし，ディープウォーター・ホライズンには，プレゼンテーションも注意書の配布もなかったようである（Hopkins, 2012）．

　プロセス安全文化　　2.2 節には優れたプロセス安全文化の特色を列挙した．その中には，**安全上の弱点へのセンスを維持し，質問/学習する環境を確立する**ことも含まれている．ディープウォーター・ホライズンの事故は，安全文化が未熟であったことを示している．

120   3　プロセス安全の必要性

セメント隔壁の圧力試験は失敗していたが，巧みに言い逃れされていた．これは，**疑問を持って学習しようという雰囲気**および**安全上の弱点へのセンスの欠如**の現れである．

この点をさらに説明しているのが BOEMRE 報告の声明で "4 月 20 日の噴出までの数週間，BP 社マコンドチームは，コストを下げリスクを増大させる一連の操業上の決定を下した" とあり，しかも調査チームは "その経費の節減と時間の短縮の決定は，BP 社が運用していた種々の正式なリスクアセスメントのプロセスに従っているという確証はなかった" としている．

3.16.4　参考文献および調査報告書へのリンク

- Bureau of Ocean Energy Management Regulation and Enforcement（BOEMRE）, Report Regarding the Causes of the April 20, 2010 Macondo Well Blowout（September 14, 2011）.（https：//repository.library.noaa.gov/view/noaa/279）
- Hopkins, Andrew, Disastrous Decisions：The Human and Organizational Causes of the Gulf of Mexico Blowout, CCH, Sydney, AU（2012）.
- CSB 2010, U.S. Chemical Safety and Hazard Investigation Board, Investigation Report No. 2010-10-I-OS, Explosion and Fire at the Macondo Well, Vol. 1（June 5, 2014）.
- Chemical Safety Board Video Room（http：//www.csb.gov/videos/ ）.
- TO, 2011, Macondo Well Incident, Transocean Investigation Report, Vol. 1（June 2011）.

3.17　ま　と　め

本章では，プロセス安全管理（PSM）の各エレメントの重要性を紹介しながら 16 件の事故を要約した．それらは，これまで学んできた事故の歴史と教訓について，その意識を高めようとしたものである．世界に名高いプロセス安全の専門家 Trevor Kletz 氏は，しばしば "組織に記憶力はない．人だけがそれを持つ" と語った．一連の事例を紹介することにより，本章はキャリアに必要な情報を集め始めるきっかけとした．

事故のスイスチーズモデルを紹介し，通常，事故には複数の原因があることを説明した．ほとんどのプロセスは複数の防護層を持つように設計されている．しかしながら，防護層や安全装置は必ずしも 100％完璧ではない．つまり，いずれにも "穴" がある．事故は，1 個のスイスチーズの穴のように複数の失敗が直線状に並んだときに起こる．PSM が目指す多くのゴールの一つはできる限り穴を通らない道筋をつけることである．スイスチーズで表現した各防護層は漏えいなどの事故を防止・緩和するために不可欠なもので，PSM システムの各エレメントによって維持しなければならない．

3.17 ま と め 121

　紹介した事故のいくつかは，プロセス産業界やこれらの事故を経験した会社，さらには化学プロセス業界全体にとり，決定的な瞬間となったものである．

　テキサスシティーの製油所の爆発（3.1 節）で亡くなった人々は，プロセスには全く関係なく，しかも危険な装置の運転場所のすぐ近くにいる必要もなかった．この事故は，施設立地の決定に関する API コード（API Recommended Practice 752: Management of Hazard Associated with Location of Process Plant Permanent Buildings）の大幅な改定と API RP753（Management of Hazards Associated with Location of Process Plant Portable Buildings）の制定に繋がった．

　パイパーアルファの火災と爆発（3.7 節）は，英国がより厳しい洋上安全の必要条件を求める洋上設備規則（Safety Case）を制定するきっかけとなった．Safety Case は英国で製造会社が，自社の操業が安全であることを示すために提出しなければならない書類である．もう一つの変化は，製造と安全の潜在的な競合を避けるために，Safety Case の管轄を英国エネルギー省（Department of Energy）から安全衛生庁（HSE: Health and Safety Executive）に移管したことである．

　フリックスボローの事故（3.11 節）は，優れた変更管理プログラムが必要であることを示す絶好の例としてしばしば紹介されている．"彼らは何を知らないかを知らなかった" というフレーズがよく使われる．それは，現代の工場立地に関する規則に従うことが大切であることを示す好例ともなっている．

　エクソン・バルディーズ号の事故（3.13 節）の経験に基づき，エクソン社は安全・健康・環境のトータルマネージメントシステム（OIMS）を作成した．これが，エクソン社の安全および PSM のシステムである．エクソン社の OIMS の内容は，米国の OSHA PSM に先行するものである．それは 11 のエレメントから構成され，CCPS が開発したエレメントともほぼ符合するものであると同時に，OSHA PSM 標準よりも包括的である．OIMS に関するより詳細な説明は以下を参照のこと．
（http：//corporate.exxonmobil.com/en/company/about-us/safety-and-health/operations-integrity-management-system）

　3.15 節で述べたように，ボパールの事故は CCPS の創設に繋がった．その事故とそのわずか 2～3 週間前に起こったペメックス社の爆発事故（3.14 節）は，2 章で述べた OSHA PSM の規則を作成する上で，強い原動力となった．ボパールプラントを作ったユニオンカーバイド（Union Carbide）社は，化学業界ではその技術力で高い評価を得ていた．しかし，ボパールの事故は，プロセス安全は技術力だけでは十分でなく，管理システムにも重要な役割があることを知らしめた．

122   3 プロセス安全の必要性

3.18 参 考 文 献

3.1 Incidents That Define Process Safety, American Institute of Chemical Engineers, Center for Chemical Process Safety, New York, NY, 2008.

3.2 Mannan, Sam, Lees' Loss Prevention in the Process Industries (Third Edition), Elsevier, Amsterdam, 2005.

3.3 Reason, James. "The Contribution of Latent Human Failures to the Breakdown of Complex Systems". Philosophical Transactions of the Royal Society of London. Series B, Biological Sciences 327 (1241)：475-484. April 12, 1990.
（訳者註：日本語で入手可能な石油・天然ガス資源情報としては
http：//oilgas-info.jogmec.go.jp/, http：//www.jpca.or.jp/64dict/dict.htm もある.）

4

エンジニアリング分野でのプロセス安全

4.1 背 景

本章では，新任エンジニアがプロセス産業の組織またはプラントで最初に勤務する12～24か月の役割に焦点を当てる．リスクに基づくプロセス安全管理（RBPS）の20エレメントについては2章で述べた．表4.1には，それらエレメントと新任エンジニアが関与できる業務を示す．本章では，化学・機械・土木・計装電気（I&E）・制御と安全のエンジニアの役割およびそれら役割が重要なプロセス安全のエレメントといかに関わっているかについて述べる．

土木/構造/地盤工学のエンジニアにも役割がある．特に，地震による脅威がある場所や腐食により構造物の支持部材が劣化するか，または二次的な封じ込めである防油堤を損傷する可能性のある場所等の分野においてである．

防火工学や環境工学のような専門家も，当然であるがプロセス安全工学の専門家と協力して，しばしば（プロセス安全管理に）参画する．

4.2 プロセス知識管理

プロセスプラントで勤務を始めてエンジニアリング設計やプロセス開発を行う場合，専攻したエンジニアリング分野とは無関係に，新任エンジニアは，自分たちが配属されたプラントやプロセスのプロセス安全ハザードが何であるかを学ぶべきある．エンジニアは，プロセスのハザードや工学的な制御技術を理解するために，既存のプロセス安全情報（PSI）について精通しておくべきである．化学・機械・計装電気・制御のエンジニアは，誰もがPSIの開発と維持に貢献している．

ケミカルエンジニア（化学工学技術者，多くの場合はプロセスエンジニアの役割を果たす）は，化学物質の危険性，化学反応と反応危険性，熱収支と物質収支，圧力放

124   4 エンジニアリング分野でのプロセス安全

表 4.1　新任エンジニアのためのプロセス安全業務

エレメント	業　務	対象工学分野
プロセス安全を誓う		
プロセス安全文化	プロセス安全の役割に対する責任を学ぶ	全分野
規範の遵守	プロセスと機器に適用される規格を学び適用する	全分野
プロセス安全の能力	訓練の機会を活用する	全分野
従業員の参画	意見や考えなどを述べる 運転員，専門技術者などからの意見に耳を傾ける	全分野
利害関係者との良好な関係	組織的な関係者に対する活動の努力を認識する	全分野
ハザードとリスクを理解する		
プロセス知識管理	PSI の精度を確かなものにする	全分野
	安全データシートに精通する	全分野
	反応マトリックスを作成する	全分野
	設計の根拠となる計算を行い改訂する	化学
	配管計装図（P&IDs）を作成して改訂する	化学・I&E
	電気防爆等級を確認する 論理図・因果関係チャートを作成する	I&E・制御
	機器資料（設計・製作情報）を維持する	機械
ハザードの特定とリスク分析	HIRA（ハザードの特定とリスク分析）に参加する	全分野
	必要な PSI を集めて整理する	化学
	適用できる RAGAGEP をレビューする	全分野
	産業事故をまとめる	全分野
	地震の脅威に対するレビューおよび加圧事象などによる衝撃荷重に対する構造計算とそのレビューにおける土木/構造工学エンジニアの役割	土木
リスクを管理する		
運転手順	新しい運転手順書を書く 運転手順書を改訂する	化学
安全な作業の実行	許可証を書く	安全
	許可証を承認する	安全・化学
設備資産の健全性と信頼性	検査・試験・予防保全（ITPM）プログラムの対象機器を特定する	化学・機械
	ITPM の手順書を書く	機械
	検査結果を分析する	機械

（つづく）

表 **4.1** つづき

エレメント	業　　務	対象工学分野
設備資産の健全性と信頼性（つづき）	補修を承認して監視する	機械
	ITPM 記録を維持する SCAI（安全制御・アラーム・インターロック）と安全計装システムを試験する	機械・I&E・制御
	構造的健全性をレビューする	土木・構造
協力会社の管理	安全に関して協力会社を承認する	安全
	協力会社を訓練する	全分野
訓練と能力保証	新任エンジニアには一般的に適用されない	
変更管理	変更かどうかを識別する	全分野
	変更管理に参加する	全分野
	必要な PSI を集める	全分野
	適用できる RAGAGEP をレビューする	全分野
運転準備	準備レビューに参加する	全分野
	必要な情報を集める	全分野
操業の遂行	運転方針や運転手順の通り確実にすべての業務を遂行する	全分野
緊急時の管理	自分の活動領域の緊急対応計画を学ぶ	全分野
経験から学ぶ		
事故調査	事故調査に参加する	全分野
	ニアミスを識別して特定する	全分野
測定とメトリクス	データを記録し維持管理する	全分野
	データを分析する	全分野
監査	監査のために依頼された情報を集める	全分野
マネジメントレビューと継続的な改善	新任エンジニアには一般的に適用されない	

出装置のサイズ決定の根拠と計算，配管計装図（P&ID）等のプロセス情報を最新なものに維持する責任があるであろう．研究開発やスケールアップ（増産対応）の場合，その PSI を開発し体系化することは，ケミカルエンジニアの責任の一端である．

　機械エンジニア（産業界では信頼性エンジニア（reliability engineer）と呼ばれることもある）は，プロセスの機器とその管理システムに関する PSI（プロセス安全情報）を作成し，この情報を最新状態に維持する責任がある．この PSI には，守るべき設計

126　　4　エンジニアリング分野でのプロセス安全

規格，最高許容圧力（MAWP: maximum allowable working pressure）のような容器の情報，構築物の材質，応力割れに対する配管と機器の脆弱性（強度），熱サイクル，危険事象を引き起こす可能性のある応力の解析などが含まれる．プロジェクトの設計段階では，機械エンジニアは，プロセス機器に関する信頼性や保全性に関する情報を提供することで，ケミカルエンジニアと共同でプロセスに必要な機器の選定作業に貢献することになる．より信頼性のある機器を選定することで，化学プロセスの安全性が増すであろう．

　プロジェクトの設計段階では，I&E と制御エンジニアは，プロセス制御システム，安全制御・アラーム・インターロック（SCAI: safety controls, alarms, and interlocks）および安全計装システム（SIS: safety instrumented systems）の設計に参画する．I&E と制御エンジニアはケミカルエンジニアと共同して，制御システムや SIS の必要条件を明らかにする．これらの情報により，エンジニアたちはプロセス制御と SIS に使用する設計と機器の仕様を決めることができる．SCAI および SIS 機能のリストは，I&E または制御エンジニアが保守業務するのに役立つ PSI の一つである．ここに含まれる業務プロセスの解説は，CCPS の書籍，"Guidelines for Safe and Reliable Instrumented Protective Systems", 2007（Ref. 4.1）に記述されている．本質的に安全な自動制御の実践と計装安全装置の設計に関するさらなる説明は，CCPS の書籍，"Guidelines for Safe Automation of Chemical Processes", 1993（Ref. 4.2）を参照すると良い．

　安全エンジニアは，化学毒性と作業者管理に関するハザードの PSI と，防火システムの設計根拠についての PSI に責任を持つことになる．小さな組織の安全エンジニアは，労働安全とプロセス安全の責任が職業上で分かれている大工場よりも，プロセス安全についてはるかに広い範囲の役割を果たすことになる．このような小さな組織では，安全エンジニアは，PSI を開発し維持するという大きな役割を担うことになる．

4.3　規 範 の 遵 守

　すべてのエンジニアは，自分が従事しているプラントやプロセスに適用されている法規上の義務や基準について学ぶ必要がある．米国での法規の例として，OSHA のプロセス安全管理と EPA のリスクマネジメントプログラム法がある．また，例えばカリフォルニア州のリスクマネジメントおよび防止プログラムのように特定地域の事業所に関する州法や地方法もある．他国の法規の例としては，欧州でのセベソ指令，英国

での COMAH 法，カナダ環境保護法がある．

　新任エンジニアが知っておくべき第三者機関の基準も多い．組織がどの第三者機関の基準に従うかを決定して活用するかは，それぞれの組織の裁量である．したがって，新任エンジニアは，これらの基準がどのような内容かを学ぶ必要がある．組織にプロセス安全部門がある場合，それは組織やプラントに適用される基準や規格を見出すのに好都合な情報源になる．

　例えば，ケミカルエンジニアは，アメリカ石油協会（API）基準の要求事項や推奨手法，NFPA の防火基準や耐火指針を知る必要がある．また，プラントや特定の化学物質に適用する製造協会基準がある．それらの基準類のいくつかの例を下記に記す．

- ・NFPA 30, Flammable and Combustible Liquids Code.
- ・API 752, Management of Hazards Associated With Location of Process Plant Buildings.
- ・FM Data Sheet 7-82N, Storage of Liquid and Solid Oxidizing Materials （https：//www.fmglobal.com/fmglobalregistration）.
- ・The Fertilizer Institute, Recommended Practices for Loading/Unloading Anhydrous Ammonia.（https：//www.tfi.org/sites/default/files/NARBrochure.pdf）
- ・Chlorine Institute, Bulk Chlorine Customers Safety and Security Checklist. （https：//www.chlorineinstitute.org/pub/ ）

機械エンジニアは，建設や腐食に関するアメリカ石油協会（API）基準の要求事項や推奨手法を知る必要がある．また，アメリカ機械工学会（ASME）には，圧力容器，テスト規格，配管システムのような課題を扱う基準がある．例えば，機械エンジニアは，下記のものを学ぶ必要がある．

- ・ASME Boiler and Pressure Vessel Code.
- ・API RP 941, Steels for Hydrogen Service at Elevated Temperatures and Pressures in Petroleum Refineries and Petrochemical Plants.
- ・NACE Standards.

I&E と制御エンジニアは，制御システム，安全制御・アラーム・インターロック（SCAI），安全計装システム（SIS）の設計に参画する．計装電気と制御エンジニアが精通しておくと良い基準類の例は以下のとおりである．

- ・IEC 61508, Functional Safety of Electrical/Electronic/Programmable Electronic Safety-related Systems（E/E/PE, or E/E/PES）, 2010.
- ・IEC 61511, Functional safety-Safety instrumented systems for the process industry

sector, 2003.
- ・NFPA 70®: National Electrical Code®.
- ・ANSI/ISA-84.00.01-2004 Parts 1-3（IEC 61511 Mod）Functional Safety: Safety Instrumented Systems for the Process Industry Sector. ISA-84.91.xx-a series of normative standards and guidelines regarding SCAI.

　加えて，計装電気と制御エンジニアは，安全装置が狙い通りにリスクを軽減できるような設計・設置・構成・プログラムとするため，安全システムに用いる計装機器とロジックソルバーの安全マニュアルに精通しなければならない．

　いくつかの第三者の基準機関は，基準類を無料でオンラインで閲覧を許可しているが，ダウンロードは許可していない．このような機関の例としては，API や NFPA がある．保険会社の FM Global 社は，無料でダウンロードできるデータシートを公開している．Chlorine Institute（米国のソーダ工業会）や The Fertilizer Institute（米国の化学肥料工業協会）のような工業界グループもまた，いくつかの指針を無料のダウンロードを許可している．

　（訳者註：日本でも日本ソーダ工業会のホームページには，苛性ソーダ，塩酸，次亜塩素酸ソーダの安全な取扱いに関する資料が公開されている．http://www.jsia.gr.jp/handling.html）

4.4　ハザードの特定とリスク分析

　新規プロセスおよび実際に変更されるプロセスの検討では，ケミカルエンジニアに加えて，大抵は多くの分野のエンジニアの参加が必要になる．機械エンジニアは，構造材料，応力割れ，熱サイクル，応力解析のような危険事象に繋がる可能性のある脆弱性を特定することに寄与する．土木エンジニアは，洪水，地震，強風による圧力などの自然現象に関する懸念と解決策を特定するために必要な存在であるだろう．計装と制御のエンジニアは，特定された重大な事態を軽減するため，制御の信頼性，制御の応答性，制御の適合性を確認する際に大切な役割を果たす．電気エンジニアは，重要な配電システムの信頼性，冗長化の必要性，電気的な調整が必要な問題についての見識が求められる．

　新任エンジニアは，HAZOP，What-If/チェックリストなどのハザード特定のレビューや変更管理（MOC）のレビューに多分参加するであろう．プロセスハザード分析（PHA）や防護層分析（LOPA）のような他のハザード分析活動に参加するかどう

かは，当該プロセスが PHA サイクルのどの位置にいるのかということによる（典型的には，PHA は会社と法規制の要求により，3〜5 年サイクルで新たに見直される）．HAZOP のような正式な HIRA に参加することは，自分が配属されたプロセスについて学ぶ絶好の機会である．

　どの手法の HIRA においても，多くのエンジニアリング分野から得られる知識や技術には共通する部分があり，シナジー効果をもたらす．機械，計装電気と制御のエンジニアは，PHA に専任のメンバーとしては参加しないかもしれないが，組織が彼らを部分参加の形でも PHA に参加させることは賢明なことである．機器パラメータの設定，設備材料の選定，制御システムの設計のような事項を決めるエンジニアには，プロセスがどのように運転され，プロセスハザードが何であり，プロセスが正常値からの逸脱に対してどのように応答するかという知識は貴重である．電気エンジニアは，重要な配電システムの信頼性，冗長化の必要性，電気的な調整の問題についての見識をしばしば提供する．

　大多数とは言えないまでも，多くの組織では，事故調査，MOC レビュー，ハザードレビュー，運転前の安全レビュー（PSSR），PHA に，安全エンジニアまたは安全部門からの代表者の参加を求めている．ヒューマンファクター，人間工学（エルゴノミクス），運転員の訓練，防消火，労働衛生のような課題は，プロセス安全やプラントとプロセスの設計にとって重要である．しかし，普通のケミカルエンジニアは，このような問題に対してほとんど，もしくは全く訓練を受けていない．したがって，PHA 実施中に，安全エンジニアからこれらの問題について教えて貰うことは有益である．

　専門的知識が必要であることから，大部分のエンジニアは MOC レビューへの参加が求められる．これまで PHA について説明したすべての事項が MOC レビューにも適用される．

組織変更管理

　時が経てば，新任エンジニアも，スーパーバイザーや管理職または技術専門家のようなより責任の重い役割を担うことが期待される．これら新たな役割では，プロセス安全に関する責任が重くなる．7 章の初めに述べるように，いくつかの組織では，新任エンジニア向けと同様に，これらの職位向けの訓練制度を持っている．

　より多くの組織が，変更管理の PSM エレメントを，職位や組織上の変更にも適用するべきであると気付いてきている．表 4.2 に，組織の変更が影響を及ぼした事故の

130　　4　エンジニアリング分野でのプロセス安全

表 4.2　組織変更に関わる事故

事　故	組織変更
BP 社製油所爆発，3.1 節	要員能力のレベル低下：人員削減の後，残った ISOM 運転員は 29 日以上も連続して 12 時間交代勤務をし，おそらく疲労していた．
エッソ社ロングフォード爆発，3.5 節	責任の増加：プラントのプロセスエンジニア全員をオーストラリア，メルボルンの本社に転勤させていた．監督者と運転員が，プラントの運転について，トラブル対応を含み今まで以上の大きな責任を与えられたが，それに対する適切な準備は施されていなかった．
台湾プラスチック社 VCM 爆発，3.10 節	要員能力のレベル低下：運転員のグループのリーダー職を組織からなくし，その職の責任を監督者に移したが，彼らは必ずしもグループリーダーほど役に立たなかった．
フリックスボロー爆発，3.11 節	一時的な代理：組織の再編成が未決定であったため，欠員になっていた保全管理者の役割を研究所のトップで埋め合わせた．

例を示す．

　このため，一部の組織では，生産プロセスに対する変更と同じように，人事や組織上の変更（組織変更管理（MOOC）と呼ばれることもある）のための MOC プログラムを開発している．CCPS の書籍 "Guidelines for Managing Process Safety Risks During Organizational Change", 2013（Ref. 4.3）は，このテーマを取り扱っている．

　MOOC レビューを始めるきっかけとなるのは，ある変更が人の安全や環境に影響するだけではなく，プロセス安全に影響を及ぼす可能性がある場合である．新任エンジニアは MOC レビューに参加する場合があるのと同様に，組織変更の MOOC レビューに参加する可能性がある．これらのレビューは，変更による潜在的なプロセス安全への影響を特定し，新しく責任を負う人に追加すべき訓練は何かを把握するためのものである．

　事例は，要員能力のレベルの低下や一時的に（本人たち，または他の人たちに）割り当てられた仕事の変化である．

4.5　設備資産の健全性と信頼性

　最重要とは言えないとしても，機械エンジニアのプロセス安全に対する重要な貢献分野は，設備資産の健全性と信頼性のエレメント（2.11 節参照）である．機械エンジニアはテスト手順の作成，検査計画の管理，そして検査から得られたデータの分析に責任を負っている．この目的のために，新任の機械エンジニアは前節の「規範の遵守」

で述べたように，適用される規格や標準に通じていなければならない.

しばしば機械エンジニアは，設備の信頼性を決める際に，故障率を確定する指導的役割を担っている．いろいろな出版物から得られる一般的な値の代わりに，独自の値を作成している組織においては，この役割は特に重要である．故障率は，必要に応じて，半定量的リスク分析や定量的リスク分析において重要な値である"故障頻度"や"作動要求時の機能失敗確率（PFD：probability of failure on demand)"に変換される.

下記の CCPS の書籍は，保全と機械的健全性の問題を扱っている.

・Guidelines for Mechanical Integrity Systems, 2006.
・Guidelines for Improving Plant Reliability through Data Collection and Analysis, 1998.
・Guidelines for Safe Operations and Maintenance, 1995.

計装電気と制御エンジニアはしばしば，必要とされる"信頼性"と"作動要求時の機能失敗確率"の達成を確保しながら SCAI や SIS の設計に携わる．しばしば彼らは，安全計装システムのテスト実施手順，計器の校正やテスト，計装ループの応答能力等の手順作成を依頼される．設備資産の健全性における機械エンジニアの役割と同様に，半定量的リスク分析や定量的リスク分析を支援するために"計装品の故障率"等を特定する必要が生じるかもしれない.

4.6 　安全な作業の実行

火気工事や閉所空間への立ち入りなどの安全作業許可は重要である．安全エンジニアは，作業許可手続きを導入したり，時にはそれらを改善したりする際に，指導的役割を担っている.

安全エンジニアが「安全な作業の実行」を主導する一方，他の技術的学問分野の人もまた役割を持っている．ケミカルエンジニアは，プロセスエリア内で安全作業が実行されるには，プロセスをどう調整するか，どう隔離するか，どう準備するかの面倒を見ることをしばしば求められる．彼らはしばしば，ロックアウト計画，閉所立ち入り計画，救出計画，隔離計画，保全・修理・検査点検に伴う機器やプロセスの準備作業などを作成するものと考えられている.

機械エンジニアは，彼らの設計に閉所空間を作らないように，または閉所空間への配慮を怠らないように，注意を払う．これには，機器を隔離するために取り外し可能な配管を付けたり，隔離作業の際に取り外した配管や機器を支持するために支持材を

132   4 エンジニアリング分野でのプロセス安全

追加したりすることも含まれる．機械工学には，物質の引火性や可燃性の物質に対する制限措置として，近づきやすさ・切り離し箇所・立ち入りの容易さ等々を考慮した機器配置にすることも含まれる．

電気エンジニアは，ロックアウト用器具の特定，動力遮断と調整，試運転の準備，照明・制御盤・動力盤などの電源のロックアウト設計の役割も担っている．

計装・制御エンジニアは，制御機器が隔離されていて安全であること，PLC や他の論理解法デバイスへアクセスできる人が限られていること，適切なバイパス管理や安全な保全修理活動を確実にするための適切な表示・図面などがあることなどを，確認する必要がある．さらにまた彼らの活動範囲には，制御システムの新規または改良されたソフトウェアやプログラム変更のための検証手順（validation protocols）を作成しそれをフォローすることもある．彼らはまた，適切な電気的なクラス分けが特定（危険場所が分類）されていること，計装がそのクラス分けに適合しておりプロセスでの使用に適切であることを確認することも求められる．

4.7 事 故 調 査

プラントやプロセスのすべての技術者は，組織がニアミスを見つけ出せるように，プロセス安全上の事故とニアミスの定義が何であるかを学ばなければならない．安全エンジニアはしばしば，事故調査をリードする．

いろいろな専門分野の新任エンジニアたちは，プロセス安全上のニアミスや事故，特により重大な事故に関する事故調査に参加する機会がある．ケミカルエンジニアは，事故に関わった可能性のある化学反応や反応速度といったプロセス技術やプロセス化学についての知識を提供する．機械エンジニアは，どの機器が故障したか，どんな故障の仕方か，どんな原因かについての知識を提供する．計装・制御エンジニアは，制御や SCAI システムがどのように機能するか，どんな新しい制御が必要になる可能性があるかについての知識を提供する．電気エンジニアは，電気設備の信頼性を増すための解決策や実施項目だけではなく，電気設備や部品の故障，変電所/動力制御室（MCC）の電力供給調整問題，電気ノイズと高調波の影響などを特定する．

4.8 さらに学ぶための学習教材

プロセス安全に特化したコンサルティング会社や AIChE Academy による多くのプ

ロセス安全コースがある．コースは下記のような話題に分かれている．

- Process Hazard Analysis （プロセスハザード分析）
- Management of Change （変更管理）
- Auditing （監査）
- Incident Investigation （事故調査）
- Emergency Relief System Design （緊急放出システム設計）
- Chemical Reactivity Hazards （化学反応性ハザード）
- Dust Explosion Hazards （粉塵爆発ハザード）
- Consequence Analysis （ハザードの結末分析）
- Quantitative Risk Analysis （定量的リスク分析）
- Safety Instrumented Systems and IEC61511 （安全計装システムと IEC61511）

プロセス安全については，いくつかのオンラインの AIChE オンラインセミナーや e ラーニングのコースがある．いくつかは AIChE メンバーの大学生と大学院生には無料となっている．AIChE のメンバーは毎年コースに適用できるクレジット（ポイントのようなもの）を入手して，いくつかのコースの費用に当てることができる．下記のリストは，いくつかの AIChE プロセス安全 のオンラインセミナー や e ラーニングのコースの例である．

- Basics of Lab Safety （実験室安全の基礎）
- Chemical Process Safety in the Process Industries （プロセス産業における化学プロセス安全）
- Dust Explosion Control （粉塵爆発の制御）
- Essentials of Chemical Engineering for non-Chemical Engineers （ケミカルエンジニア以外の人のための化学工学の要点）
- Inherently Safer Design （本質安全設計）
- Layer of Protection Analysis （防護層分析）
- Process Safety 101 （プロセス安全 101）
- Process Safety Management for Bioethanol （バイオエタノールのプロセス安全管理）
- Runaway Reactions （暴走反応）
- What Every Young Engineer Should Know about Process Safety （すべての若い技術者がプロセス安全について知っておくべきこと）
- SACHE modules （SACHE モジュール）（6 章参照）

134   4　エンジニアリング分野でのプロセス安全

　ケミカルエンジニア以外のプロセス産業で働く人にとっては，AIChE コースにあるオンラインの Essential of Chemical Engineering for non-Chemical Engineers が役立つ．このコースは，化学工学以外のエンジニアにとって，化学工学の基礎をある程度学び，プロジェクトでケミカルエンジニアとコミュニケーション/共同作業を容易にする助けとなる．

　新任エンジニアは皆，下記に示すサイトから，CCPS の PSB（プロセス安全 Beacon）と CSB（アメリカ化学安全委員会）のニュース配信を受け取るように申し込むとよい．

　・http：//www.aiche.org/ccps/resources/process-safety-beacon

　・http：//www.csb.gov/news/

CCPS の PSB はプラントの運転員や他の製造に関わる人たちにプロセス安全のメッセージを届けることを目的とした情報源である．毎月 1 ページの PSB は幅広くプロセス安全の問題を扱っている．各号は実際に起こった事故を取り上げ，学ぶべき教訓と自分のプラントで同じような事故を防ぐための現実的な方法が記されている．

　CSB は，米国におけるプロセス安全上の重大な事故を調査し，報告書を発行している．事故の報告書やビデオは CSB のウェブサイトで入手できる．ニュース配信を申し込めば，どんな報告書やビデオが出されているか，どんな調査が現在なされているかなどの最新の情報を得ることができる．最初の 1 年間，プロセス産業の新人は時間を作って CSB ビデオのバックナンバーをぜひ見るとよい．ほとんどのビデオは特定の事故についてであるが，そのいくつかは新任のエンジニアにとって心に留めておく価値のあるものである．

　プロセスプラントや製油所に勤務するエンジニアは皆，下記のビデオをぜひ見るとよい．

　・Hot Work：Hidden Hazards, Dangers of Hot Work　（火気使用作業：隠れたハザード，火気使用作業の危険性）

　・No Escape：Dangers of Confined Spaces　（逃げられない：閉所空間の危険性）

　・CSB video on Valero Refinery Asphyxiation Incident　（Valero 製油所の窒息事故に関する CSB ビデオ）

これらはプロセス設備に共通する危険性（ハザード）について述べている．

　ビデオ "Reactive Hazards and Combustible Dust：An Insidious Hazard"（反応危険性と可燃性粉塵：知らない間に進行する危険性）はある種の化学プロセス設備内で遭遇するかもしれない特定の危険性（ハザード）を取り上げている．反応危険性と可燃性粉塵は，農産物粉塵を除いて，OSHA PSM のような規制の対象になっていない．もし

化学反応を扱っているか，可燃性粉塵を取り扱っている設備に勤務しているなら，新任のエンジニアはこれらのビデオをぜひ見るとよい．CSB ビデオは www.csb.gov/videos で見ることができる．

上に述べた“反応危険性”のビデオを見た上で，化学・生化学・石油化学設備に勤務する新任のエンジニアは，“Chemical Reactivity Worksheet”（化学反応ワークシート）のコピーを手に入れるとよい．この無料のソフトウェアは，化学品それぞれの危険性や反応性情報に関する数千に及ぶ化学品のデータベースを持っている．そのプログラムは二つの化学品間の潜在的混合危険の可能性について，混合危険性チャートとして表示している．プログラムは下記にある．

http://response.restoration.noaa.gov/reactivityworksheet

新任のエンジニアが入手するとよい，もう一つのプログラムは，CAMEO Chemicals である．これは，多くの化学品について物理的性質と危険性を載せており，ユーザーに化学品情報の収集や思わぬ混合危険性に関する情報を得るのに役立つ．このプログラムには次の URL からアクセスできる．http://cameochemicals.noaa.gov/

4.9 要 約

化学プロセスおよび関連する産業においては，いろいろな工学的学問がプロセス安全に対してそれぞれ役割を持っている．化学エンジニア・機械エンジニア・計装電気エンジニア・制御エンジニア・安全エンジニアは，いくつかの核になるプロセス安全管理エレメント，すなわち，規範の遵守，プロセス安全知識，ハザードの特定とリスク分析，変更管理，設備資産の健全性と信頼性，安全な作業の実行および事故調査の分野における役割が大きい．

プロセス安全についてさらに学ぶための資料はそれぞれの節に示されている．

4.10 参 考 文 献

4.1 Guidelines for Safe and Reliable Instrumented Protective Systems, American Institute of Chemical Engineers, Center for Chemical Process Safety, New York, NY, 2007.

4.2 Guidelines for Safe Automation of Chemical Processes, American Institute of Chemical Engineers, Center for Chemical Process Safety, New York, NY, 1993

4.3 Guidelines for Managing Process Safety Risks During Organizational Change, American Institute of Chemical Engineers, Center for Chemical Process Safety, New York, NY, 2013.

5

設計におけるプロセス安全

5.1 プロセス安全設計戦略

本質安全設計（ISD）　　本質安全設計は，化学プロセスやプラントの設計におい
て，ハザードを管理したり制御することよりも，除去したり削減することを重視した
考え方と定義されている．しばしば，化学プロセスの安全を管理する伝統的なアプロー
チでは，プロセス内のハザードの存在とその大きさを受け入れて，プロセス安全事故
の頻度や被害の大きさを低減して望ましいリスクレベルになるように，十分な安全防
護を加えてきた．

適用可能な場合，ISD は化学プロセス技術をより単純かつ経済的にする可能性があ
り，リスク管理をより強固で信頼できるものにすることが多い．本質的に安全なプロ
セスを設計するための四つの戦略は以下のとおりである．

- ・最小化——危険物質の使用量を少なくしたり，高温または高圧のような危険な条
  件で運転する機器のサイズを削減したりすること
- ・代替——より低い危険性の物質，化学反応およびプロセスを用いること
- ・緩和——希薄化する，冷却する，あるいは危険性がより低い条件で運転するプロ
  セスに置き換えることにより危険を低減すること
- ・単純化——不必要な複雑さを削除する，「運転容易な」プラントを設計すること

ISD に関する資料として，"Inherently Safer Chemical Processes-A Life Cycle Approach"
（Ref. 5.1）と "Process Plants-A Handbook for Inherently Safer Design"（Ref. 5.2）が挙
げられる．

一般的なプロセス安全設計の戦略についての優先順位は，

本質安全化　　危険性がないかはるかに危険性の低い物質や条件を使用してプロセ
スまたは物質を変更することにより，対象となるハザードを削除するか大きく削減す
ること．

受動的　受動的戦略は，能動的に働く機器は用いずに，事故の発生確率または影響を低減するような設計上の特徴を持つプロセスまたは機器を用いてハザードを最小化するものである．防油堤は受動的安全防護の例である．受動的安全防護は経時劣化する，例えばコンクリート防油堤はひび割れや穴を生ずるので適切に検査しなくてはならない．

能動的　能動的戦略は，プロセス制御システム，安全インターロック，自動停止システムおよび火災を消すためのスプリンクラーシステムのような自動的な事故軽減システムを含む．能動的システムを動かすにはいくつかの構成部品が機能しなくてはならない．したがって，これらのシステムは定期的に検査しなくてはならない．

手順化　安全の手順化の主なものとして，標準運転手順書，安全ルールと手順書，運転員のトレーニング，緊急対応手順書および管理システムがある．

安全設計戦略を実施する際には，まず初めに安全インターロックのような事象を未然に予防する制御を，次に消火システムのような事象の影響を軽減する制御を用いるようにすべきである．

5.2 一般的単位操作とその故障モード

以下の各節では，一般的な単位操作および化学，生化学，石油化学およびその他のタイプの設備に見られる機器におけるプロセスハザードについて述べる．5.2節では石油精製に共通する運転を扱う．

5.2.1 ポンプ，コンプレッサー，送風機

概要　ポンプ，コンプレッサー，送風機は流体をある場所から別の場所に移送するために用いられる．そのため，それら機器は，移送対象の流体に圧力と温度という形でエネルギーを供給する．もし，それら機器の吸入側と吐出側を閉止して運転をすると，機器は閉じ込められた流体を加熱する状況となり，その結果は流体の性質による．このことは移送流体の物性によってはハザードを作り出す可能性がある．回転機器には回転軸のシールがあり，それが破損すると漏れが生じる．ここでも，漏れから生じるハザードは移送する流体による．遂には，それら機器は運転不能となるか，過度に長時間運転されると，プロセスの他の部分にとっての潜在的な危険源となり得る．

ポンプおよびコンプレッサーに関する一般的な故障モードには，停止，吐出側閉止および両端閉塞運転，キャビテーション/サージング，逆流，シール漏れ，ケーシング

の破損およびモータの故障がある.

　流体の物性に関する知識は，流体移送機器の潜在的不具合によるハザードを評価するために必須である．ポンプとコンプレッサーを吐出側閉止または両端閉塞の状態で運転すると，移送する化学物質に反応性，熱安定性の問題，または衝撃敏感性がある場合には，時に暴走反応，発熱分解，あるいは爆発する危険がある．なぜなら，ポンプとコンプレッサーは流体にエネルギーを与えるからである．この例としては，3.6 節で述べた硝酸アンモニウム（AN：ammonium nitrate）溶液の送液があるかもしれないが，これは高温で爆燃・爆轟を起こしやすくなるものだった．シールの不具合による漏洩が生じた場合，漏れた物質が引火性であるなら火災・爆発のハザードに繋がり，また，腐食性または毒性物質なら人間への危害が生じる可能性がある．低沸点の液体は引火する可能性があるので，蒸気圧/温度の知識が必要となる．

　ここに挙げた資料は設計における考察の概要である．詳細は "Guidelines for Engineering Design for Process Safety, 2nd Edition"（Ref. 5.2）の 6.6 節を参照のこと.

事故事例

　事例 1　　図 5.1 のポンプはメカニカルシールが故障したため破壊された．送液中の軽質炭化水素が漏れ，着火して燃えたため，部分的に激しく損傷した．火災発生時にポンプ付近に誰もいなかったので，怪我人はなかった（Ref. 5.4）.

　事例 2　　75 馬力の遠心ポンプが吸込弁と吐出弁の両方を閉止した状態で約 45 分間運転された．そのポンプは液で完全に充満されていたものと考えられる．モータの機械的エネルギーが熱に変換され，ポンプ内の液温度と圧力が徐々に上昇し，遂にポンプを壊滅的に破壊した（図 5.2 参照）．2.2 kg（5 lbs）の重さの破片が 120 m（400 ft）以上離れた所で発見された．幸運にも付近には誰もいなかったので，怪我人はなかった（Ref. 5.5）.

　プロセス安全のための設計上の注意　　例えば遠心型と容積型のように，さまざまなタイプのポンプやコンプレッサーがある．ポンプや他の回転機器の運転中は，プロセス流体が回転軸とポンプ筐体の間から漏れる可能性がある．その流体に引火性または毒性があれば，漏れは火災や毒性物質の放出の原因となり得る．このような漏れを予防するため，異なるタイプのシール構造がある．通常，ポンプとシールのタイプは，プロセスを十分に検討した上で選定される．すべてのポンプとシールのタイプはプロセス安全と密接な関係がある.

　コンプレッサーの場合，液体がコンプレッサーに侵入すると破壊的な損傷を引き起

140   5 設計におけるプロセス安全

図 5.1　メカニカルシール故障で生じた火災による被害

図 5.2　ポンプの両端閉塞運転から生じた爆発的破裂

こすことがある．コンプレッサー上流側に液体を除去するための保護機器を設置すべきであり，それに関連するシャットダウンシステムも設置すべきである．

遠心ポンプ　遠心ポンプ（図 5.3）は漏れ，吐出側閉止運転，両端閉塞運転，キャビテーションおよび逆流の問題を起こしやすい．特にポンプを 2 台並列に設置した場合は，いつも間違ったポンプを起動する可能性があるため，これらの問題を起こしやすい．

5.2 一般的単位操作とその故障モード　　141

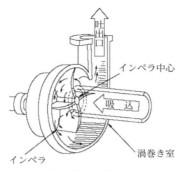

図 5.3　遠心ポンプの概念図，Ref. 5.6

　遠心ポンプも他の回転機器と同様に，プロセス流体と外部環境の間にシャフトシールが必要である．最も単純な形式のシールはパッキン材である．このタイプは経時劣化して漏れに繋がる．別の形式として，メカニカルシールがある．メカニカルシールポンプでは，シール面がシャフトとケーシングの間で接触し続けている．このシール面からの漏れはパッキン形式よりは少ないが，プロセス流体と混じり合っても問題のない潤滑用流体が必要不可欠である．メカニカルシールには，シングルとダブルがある（図5.4）．ダブルメカニカルシールでは，ポンプの外部に通じる小空間内で2組のシールが背中合わせに取り付けられている．この小空間にはプロセス流体とは異なる流体が流れていて，プロセス側への漏れは内封され，外部への漏れはこの流体で検知できる．

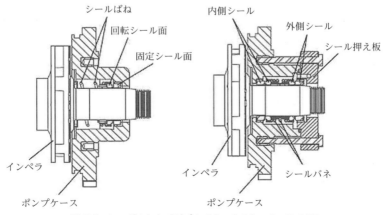

図 5.4　シングルおよびダブルメカニカルシール，Ref. 5.7

142 5 設計におけるプロセス安全

また，シールレスポンプというものがある．モータとポンプシャフトが直接結合していない磁力駆動のポンプがこの例である．非常に危険な流体を送液する場合，シールレスポンプは最善の選択となり得る．

シールレスポンプにも安全上考慮すべき点がある．もし，このポンプをドライ運転（すなわち吸込側が閉止された場合）すると，ベアリングが損傷して，高温を発生する可能性がある．シール付き遠心ポンプとシールレスポンプを比較して選択する場合には，リスクの二律背反性が生ずる．シール付きポンプはより頻繁に故障するが，それに伴う事故の程度は軽い．一方，シールレスポンプは故障頻度が少ないが，壊滅的な破損を起こすことがある．例えば，シールレスポンプは毒性の高い流体に適しているかもしれないが，危険性が低い流体についてはそうではない．リスクを選択する際はいつも言えることであるが，ポンプ選定の際は，会社のリスク許容基準に沿って検討しなければならない．

吐出側閉止または両端閉塞運転のハザードは最初の二つの事例で説明した．吐出側閉止状態のポンプでは，吐出側はブロックされたことで流量がゼロになり，圧力が上昇する．回転中のポンプからエネルギーが供給されることにより，ポンプ内部の流体の温度と圧力も上昇する．設計面では，ごく短期間を除いて，長期間にわたるポンプの吐出側閉止運転を防止する方法を考慮すべきである．

運転中に遠心ポンプが停止した場合，配管や差圧の条件が揃えば，流体が移送先から移送元に逆流することもあり得る．逆流シナリオに対して，ハザードの結末と必要な防護策を評価するために，ハザードの特定とリスク分析（HIRA）（2.8節）が必要である．

容積型ポンプ　図5.5，5.6に示したロータリースクリューポンプ，ギヤポンプおよびダイアフラムポンプのように，容積型（PD：positive displacement）ポンプには多くのタイプがある．さらにこのカテゴリーには，一軸ネジポンプ，ピストンポンプ，蠕動チューブポンプ（ペリスタルティックポンプ）が含まれ，その一部には流量が大きいものもある．容積型ポンプでは逆流は起こりにくいが，吐出側閉止運転のときは高圧となり得る．しかし，空気駆動のダイアフラムポンプの場合は吐出側閉止運転が可能である．多くのタイプの容積型ポンプは，吐出側閉止運転になった場合に吐出圧力が急激に上昇するため，なんらかの圧力放出装置または圧力センサーにより作動する自動遮断機器が，ほぼいつも容積型ポンプ設置の際に必要となる．多くの会社でもこのタイプのポンプには圧力放出装置または高圧遮断器を付けているであろう．

プロセス安全と仕様　表5.1に，ポンプ，コンプレッサー，送風機の一般的な故

5.2 一般的単位操作とその故障モード

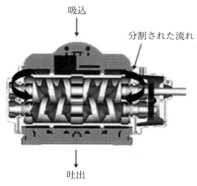

図 5.5　2軸ネジタイプ容積型ポンプ, Coflax Fluid Handling 提供

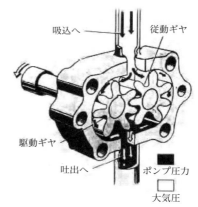

図 5.6　回転ギヤタイプ容積型ポンプ，出典 http://www.tpub.com/gunners/99.htm

障モード，影響および設計上の注意をまとめた．一つの表や資料では想定される故障モードすべての潜在的影響を列挙することはできないので，この表は単に出発点用として提供する．

図5.7にポンプを設計申請する場合のデータシートを示す．情報の最初の区分，"液体性状"では，特に引火性，毒性，法規制を要求している．注意すべき他の性状としては，その流体の熱安定性や反応性がある．次の区分，"構造材質"はプロセスを安全に運転するために重要である．間違った構造材質を使用すると，封じ込めの失敗に繋がる可能性がある．

ポンプの設計上の注意を含むエンジニアリング基準は以下のとおりである．

・API STD 610, Centrifugal Pumps for Petroleum, Petrochemical and Natural Gas Industries, Eleventh Edition (ISO 13709：2009 Identical Adoption), Includes Errata (July 2011)

・API STD 685, Sealless Centrifugal Pumps for Petroleum, Petrochemical, and Gas Industry Process Service, Second Edition, Feb. 2011

・API STD 674, Positive Displacement Pumps-Controlled Volume for Petroleum, Chemical, and Gas Industry Services, 3rd Edition, Includes Errata (June 2014)

・API STD 617, Axial and Centrifugal Compressors and Expandercompressors, September 2014

144   5   設計におけるプロセス安全

表 5.1   流体移送機器の共通の故障モード，原因，影響，設計上の注意

故障モード	原　因	影　響	設計上の注意
停止	・動力喪失 ・機械的故障 ・制御システムの作動（故障または意図的）	・上流または下流の機器への影響（HIRAが必要） ・逆流を参照	・ポンプの動力表示 ・流量低下時の警報/インターロック ・他の機器に液位警報とインターロック
吐出側閉止または両端閉塞運転	・ポンプ/コンプレッサーの吐出側の閉塞： 　—吐出側の弁閉止（手動，制御，障害物） 　—配管詰まり 　—閉止板外し忘れ	・高温と高圧が引き起こすシール，ガスケット，伸縮継手，ポンプまたは配管の損傷による封じ込めの失敗 ・相変化，反応の可能性	・圧力超過の防止 ・最小流量の循環配管 ・流量低下または出力低下時にポンプまたはコンプレッサーを停止するための警報/インターロック ・弁類に閉止時刻の制限
キャビテーション/サージング	・吸込み側の閉塞： 　—吸込み弁閉止 　—フィルター/ストレーナーの詰まり	・シールまたはインペラのダメージによる封じ込めの失敗	・流量低下時にポンプまたはコンプレッサーを停止するための警報/インターロック ・振動警報/インターロック
逆流	・ポンプまたはコンプレッサーの停止	・上流側で封じ込めの失敗 ・上流側で圧力超過 ・上流側で汚染	・吐出側に逆流防止（チェッキ）弁[1] ・自動閉止弁 ・上流側に圧力超過の防止 ・容積型ポンプの使用
シール漏れ	・供給流体に粒子 ・シール流体またはフラッシュ液喪失 ・小口径継手 ・経年劣化（摩耗）	・シールの損傷による封じ込めの失敗	・シール流体システムにポンプまたはコンプレッサーを停止するための警報/インターロック ・片方のシール故障時の警報付きのダブルメカニカルシール ・シールレスポンプ
汚染/流体の変化	・コンプレッサー供給ガスに液体混入	・コンプレッサー損傷 ・シール漏れ参照	・コンプレッサー上流側に液体分離器

1　チェッキ弁は不意に故障するので信頼できない．その危険な故障モードは，実際に故障して必要になるまでは，診断あるいは試験を行うことが困難である．

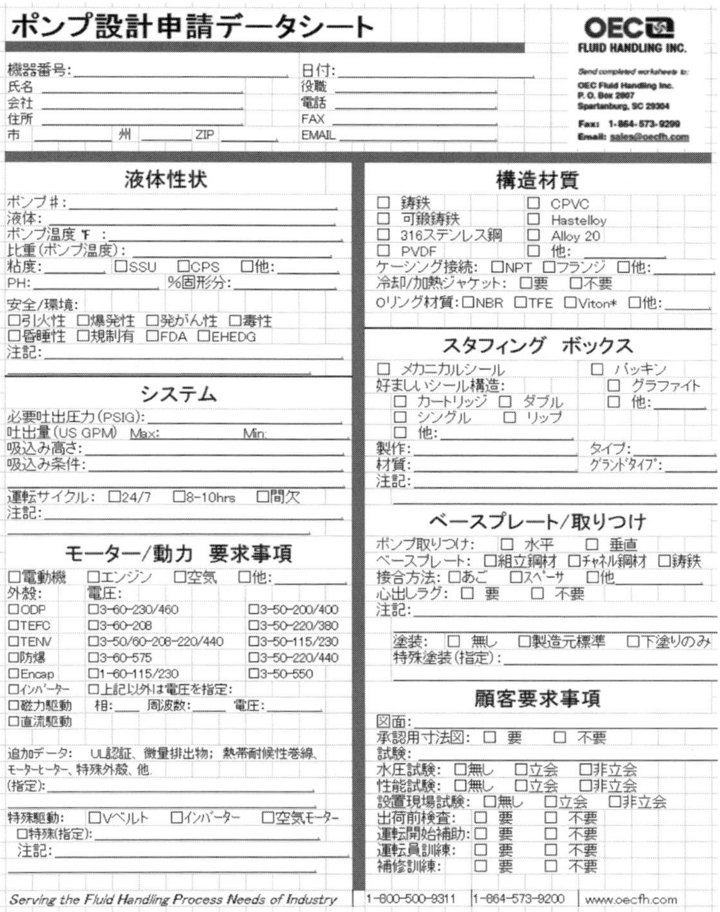

5.2 一般的単位操作とその故障モード　　145

ポンプ設計申請データシート

OEC FLUID HANDLING INC.

Send completed worksheets to:
OEC Fluid Handling Inc.
P. O. Box 2007
Spartanburg, SC 29304
Fax: 1-864-573-9299
Email: sales@oecfh.com

機器番号: _____　　日付: _____
氏名 _____　　役職 _____
会社 _____　　電話 _____
住所 _____　　FAX _____
市 _____ 州 ____ ZIP ____　　EMAIL _____

液体性状

ポンプ#: _____
液体: _____
ポンプ温度 °F : _____
比重(ポンプ温度) : _____
粘度: _____ □SSU □CPS □他: ____
PH: _____ %固形分: _____

安全/環境:
□引火性 □爆発性 □発がん性 □毒性
□昏睡性 □規制有 □FDA □EHEDG
注記: _____

システム

必要吐出圧力(PSIG): _____
吐出量(US GPM) Max: _____ Min: _____
吸い込み高さ: _____
吸い込み条件: _____

運転サイクル: □24/7 □8-10hrs □間欠
注記: _____

モーター/動力　要求事項

□電動機 □エンジン □空気 □他: ____
外殻: 電圧:
□ODP 　　□3-60-230/460 　　□3-50-200/400
□TEFC 　　□3-60-208 　　□3-50-220/380
□TENV 　　□3-50/60-208-220/440 　□3-50-115/230
□防爆 　　□3-60-575 　　□3-50-220/440
□Encap 　□1-60-115/230 　　□3-50-550
□インバーター □上記以外は電圧を指定:
□磁力駆動 　相: ____ 周波数: ____ 電圧: ____
□直流駆動

追加データ: UL認証, 微量排出物; 熱帯耐候性巻線,
モーターヒーター, 特殊外殻, 他.
(指定): _____

特殊駆動: □Vベルト □インバーター □空気モーター
　　　□特殊(指定): _____
　　　注記: _____

構造材質

□ 鋳鉄 　　　　　□ CPVC
□ 可鍛鋳鉄 　　　□ Hastelloy
□ 316ステンレス鋼 □ Alloy 20
□ PVDF 　　　　□ 他:
ケーシング接続: □NPT □フランジ □他:
冷却/加熱ジャケット: □要 □不要
Oリング材質: □NBR □TFE □Viton* □他:

スタフィング　ボックス

□ メカニカルシール 　　　□ パッキン
好ましいシール構造: 　　　□ グラファイト
　　□ カートリッジ □ ダブル □ 他:
　　□ シングル □ リップ
□ 他:
製作: _____ タイプ: _____
材質: _____ グランドタイプ: _____
注記: _____

ベースプレート/取りつけ

ポンプ取りつけ: □ 水平 □ 垂直
ベースプレート: □組立鋼材 □チャネル鋼材 □鋳鉄
接合方法: □あご □スペーサ □他:
心出しラグ: □ 要 □ 不要
注記: _____

塗装: □ 無し □製造元標準 □下塗りのみ
特殊塗装(指定): _____

顧客要求事項

図面:
承認用寸法図: □ 要 □ 不要
試験:
水圧試験: □無し □立会 □非立会
性能試験: □無し □立会 □非立会
設置現場試験: □無し □立会 □非立会
出荷前検査: □ 要 □ 不要
運転開始補助: □ 要 □ 不要
運転員訓練: □ 要 □ 不要
補修訓練: □ 要 □ 不要

Serving the Fluid Handling Process Needs of Industry　　1-800-500-9311　1-864-573-9200　www.oecfh.com

図 5.7　設計申請データシートの例，OEC Fluid Handling 提供

5.2.2　熱交換装置

概要　　熱交換装置は，一方の流体から他方の流体へ熱を移動させて温度を制御するために使用される．熱を移動させる装置としては，熱交換器，蒸発器，リボイラー，熱回収プロセスにおけるボイラー，コンデンサー，クーラーおよびチラーがある．本節で述べることの多くは反応器や貯蔵タンクのような槽内の加熱/冷却コイルにも適用できるだろう．

146   5 設計におけるプロセス安全

熱交換装置が破損すると，温度制御の失敗や一方の流体の混入，封じ込めの失敗を招きかねない．温度はしばしばプロセスを左右する重要な操作変数であるため，熱交換装置の汚れや閉塞，熱移動媒体の供給不良による性能低下は悲惨な結末を迎えることがある．これらを評価するために，ハザードの特定とリスク分析（HIRA）をしなければならない．本来，熱交換装置は温度勾配による熱応力を受けているものであり，これが内容物の封じ込めの失敗を招くことがある．3.5節のロングフォードの火災と爆発はこのタイプの事故事例である．

腐食と浸食による漏洩は，もう一つの一般的な問題事象（故障モード）である．これによる影響は，プロセスの特性，漏洩の方向（プロセス側からユーティリティ側またはその逆），内部流体によって異なり，その組み合わせごとに，個別にプロセス安全上の問題がある．流体の隔離に失敗してチューブ側から漏洩すると，化学反応の事故（事例1参照）を引き起こしたり，冷水塔のような低圧側のどこかに流れて，毒性または引火性の物質の放出を引き起こしたりする．

事故事例

事例1   あるプラントの酸化反応器の出口配管で36インチ（0.9 m）の配管を破壊する爆発が起こった（図5.8）．爆発は反応器から熱を除去する溶融硝酸塩が配管へ漏れ，短いデッドレグ（配管を分岐させる所などで溜りとなる箇所）にたまっていた炭素を含んだ堆積物と反応したことにより起こった．化学反応性試験から，その反応はTNT爆薬の爆発反応とほぼ等しいことが分かった．幸運にも負傷者はいなかった．その事故は，硝酸塩の漏れを防ぐこと，洩れが起こったときにそれを検知すること，洩れが起こったときに安全にシャットダウンする手順を知っていることが極めて重要であることを示した．

事例2   3.5節でオーストラリア，ロングフォードガスプラントの爆発について述べた．プロセスの乱れにより，リーンオイルのポンプがトリップして停止（インターロックが掛かり停止）した．リーンオイルの流れが停止したため，熱交換器の温度が低下し，結局，再び高温のオイルを熱交換器の冷却された部分に流したときに，熱交換器内で亀裂が発生した．これによりガスの放出と爆発が起こった．ハザードの特定とリスク分析（HIRA）では，このようなハザードの結末を見つけ出す必要がある．

設計上の注意   熱交換装置にはいくつかの異なる型式のものがある．シェルアンドチューブ式，プレート式，スパイラル式および空冷式はその例（図5.9～5.11）である．

図 5.8　熱移動媒体との反応で破裂したパイプ

最も大きな心配事は，チューブから流体が漏れたときの混合である．これを防止・軽減するために設計上で注意すべきことを列挙する．
- 毒性の高い流体はチューブ側に流すこと．そうすれば，チューブ側から漏れた流体はシェル側に行き，冷却塔や配管で危険のない低濃度の状態で漏れを検知することができる．また，シェル側から漏れるものはユーティリティ流体であり，毒性が高い流体ではなくなる
- シェル側とチューブ側の双方に腐食に耐える構造材料を慎重に選択すること．
- 腐食を低減するために熱交換器を傾斜させて設置して，排液を考慮した設計にすること（流体をドレンできるように，バッフルの設計を考慮すること）
- 毒性の化学物質を扱う熱交換器，または混合や接触を避けなければならない物質については，ダブルチューブシートを用いること（図 5.12 参照）
- 流体速度，流体特性，物質による汚染（固形物や溶解物）および流体の衝突を考慮すること

一般に，プロセスにおける温度制御は，最重要とは言わないまでも，重要な要素の一つである．これに関係する設計上で注意すべきことを以下に示す．
- ファウリング（付着物）を取り除くために，定期的に洗浄できるような設計にすること
- プロセスからの非凝縮性ガスをベント抜きするため，チューブ側チャンネルにベ

148   5 設計におけるプロセス安全

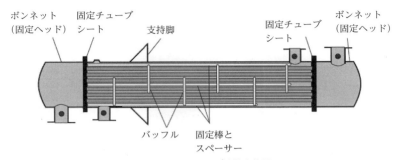

図 5.9 シェルアンドチューブ式熱交換器，Ref. 5.9

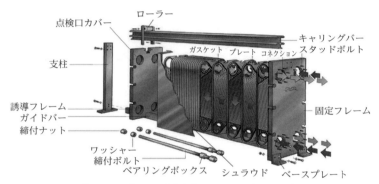

図 5.10 プレート式熱交換器のカット図，Ref. 5.10

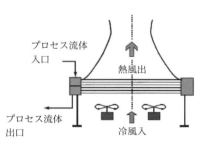

図 5.11 空冷式熱交換器の図，Ref. 5.11

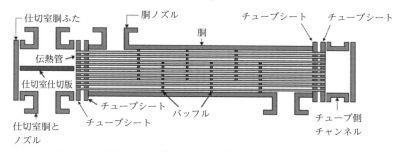

図 5.12　ダブルチューブシート（一部修正），www.wermac.org 提供

ントノズルを備えるか，もしくは他の機構を備えること
・ファウリングを防ぐため，チューブのピッチと配列，流速分布，流体速度，ΔT（温度勾配）を考慮すること

熱交換器について設計上で考慮すべきことを記述した工業規格：
・ASME Boiler and Pressure Vessel Code（Ref. 5.3）
・API Standard 660, Shell and Tube Heat Exchangers（Ref. 5.12）
・Tubular Exchanger Manufacturers Association（TEMA）
・Heat Exchanger Institute standards

表 5.2 にいくつかの一般的な故障モードと熱交換器の設計上で注意すべきことを挙げた．

5.2.3　物質移動：蒸留，浸出と抽出，吸着

概要　物質移動操作は物質の分離と製品の精製，廃液の無害化に用いられる．物質移動装置で起こり得る不具合の危険性を評価するためには，取り扱う物質の性質についての知識が必要である．

「蒸留」（図 5.13 参照），「ストリッピング」，「吸着」では，しばしば可燃性物質を取り扱う．したがって，封じ込めの失敗が火災と爆発を引き起こすことがある．蒸留/ストリッピングの操作をするために，高温度の条件（特にリボイラー内において）が用いられる．そのため，取り扱う物質の熱安定性について理解しておく必要がある．リフラックスコンデンサーの冷却能力の不足は，蒸留において物質の組成に影響することがあり，この場合もまた，取り扱う物質の熱安定性に組成が及ぼす影響を知っておく必要がある．3.4 節で述べたコンセプト・サイエンス社の爆発は，意図していたよりも，濃度が高く危険な濃度になった事故事例である．塔内の液レベルが高くなると，

150   5   設計におけるプロセス安全

表 5.2 熱交換装置に一般的な故障モード，原因，結果，設計上の注意

故障モード	原　因	結　果	設計上の注意
伝熱面からの漏れ	・プロセス流体や冷却流体中の混入物による腐食および防錆剤等の不足 ・沈殿物やスケールの下のバクテリアによる腐食 ・熱応力（例えば，極端な加熱/冷却）	・封じ込めの失敗 ・意図しない混合と低圧側への混入，反応の可能性（ハザードの特定とリスク分析（HIRA）が必要）	・定期的な検査 ・構造材料の選定 ・熱媒体の選定 ・シェルの伸縮継ぎ手 ・シェルアンドチューブ型式を用いない設計 ・スタートアップとシャットダウン時のプロセス流体の流入の制御 ・低圧側の流体の監視 ・チューブ内の毒性流体をシェル側で監視 ・防錆剤による処理
伝熱面の破裂	・腐食 ・熱応力（例えば，極端な加熱/冷却） ・応力割れ，改修，チューブまたはチューブシートを脆弱にする設計温度を超えた運転（冷却や加熱用流体の損失を参照） ・運転中のどちらか一方の流体側の閉塞	・熱交換器の破裂の可能性 ・封じ込めの失敗	・緊急圧力放出装置 ・スタートとシャットダウン時のプロセス流体の流入制御
冷却や加熱用流体の不足/喪失	・供給側の不具合 ・制御システムの不具合 ・閉塞 ・バルブ操作のミス	・プロセス制御の失敗（ハザードの特定とリスク分析（HIRA）が必要） ・圧力上昇	・流量低下や熱移動媒体の圧力に対してアラーム/インターロックを設置 ・プロセス側に高温度や低温度に対して警報設置
熱移動の不足	・汚れ ・非凝縮性ガスの蓄積（主にコンデンサー）	・プロセス制御の失敗（ハザードの特定とリスク分析（HIRA）が必要） ・圧力上昇	洗浄のしやすさ プロセス側に高温や低温に対する警報の設置

充填物の閉塞，高圧力，封じ込めの失敗に至ることがある．3.1 節のテキサスシティーの爆発はこの例である．トレイ上の処理液量の負荷が増加すればするほど，トレイの損傷をもたらし，より深刻な温度の乱れをもたらす．

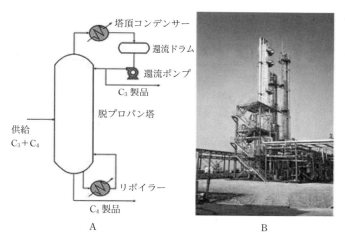

図 5.13　A．蒸留塔の例（Ref. 5.11）と B．一般的な工業用蒸留塔，© Sulzer Chemtech Ltd. 提供

充填物の火災：塔の充填物に残留した炭化水素の残渣が高温で大気に曝されると自然発火することがある．硫化鉄は自然発火性があるが，原油中の硫黄から生成することがある．また，炭素鋼の腐食物が充填物に付着することがあり，空気や酸素に曝されると発火することがある（Ref. 5.14，5.15）．

吸着：吸着プロセスは発熱を伴う．活性炭層を有する吸着装置はこの過熱により発火しやすい．ある種の化学物質，例えば，硫黄の有機化合物（メルカプタン），ケトン，アルデヒド，いくつかの有機酸などは，活性炭の表面での反応や吸着は発熱して，活性炭層内にホットスポットを生じさせる．有機化合物の高濃度蒸気の吸着もまた，ホットスポットを発生させることがある．可燃物と酸素の引火性混合物が存在すると，活性炭表面での吸着や反応によって発生する熱により，火災を引き起こすかもしれない（例えば，もし温度が蒸気の自然発火温度に達し，支燃剤である酸素が存在すると，火災が始まるだろう）（Ref. 5.16，5.17）．図 5.14 は活性炭層を用いた吸着システム図であり，上部の層は吸着運転モード，下部の層は脱着運転モードを示している．

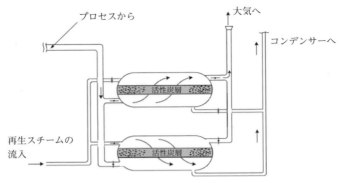

図 5.14　活性炭層の吸着システム図，Ref. 5.16

抽出器：抽出器には互いに交じり合わない二つの液体と，一方の相から他方の相へ移動する物質が入っている．物質の性質にもよるが，封じ込めの失敗は引火性物質や毒性物質の放出に繋がることがある．抽出器内の液面制御の失敗は，下流にある装置に間違った物質を送ることになり，下流の装置内液面を上げたり，圧力を高めたりすることがある．

事故事例

蒸留塔の事故　　1969 年，テキサス州テキサスシティーのブタジエン回収装置で爆発が起こった．爆発の中心部はブタジエン精製（最終精製）塔の下部トレイ部分であると判明した．ブタジエンの装置は粗原料の C4 留分から副産物のブタジエンを回収していた．精製塔の塔頂製品は高純度ブタジエンの製品であった．ビニルアセチレン（VA）を含む供給原料中の重質成分は塔底製品として取り出されていた．塔底の VA 濃度は通常約 35％に維持されていた．爆発性試験によると，操作条件において VA 濃度が 50％ほどでは VA は安定しているが，高濃度の VA は，高温度に曝されると急速に分解することが分かっていた．

ブタジエン設備に修理が必要となりシャットダウンした際に，蒸留塔は全還流運転をしていた．蒸留塔の爆発は全還流状態にして約 9 時間後に起こった．この操作は，過去に事故もなく何度も行われてきたものだった．特に今回の全還流運転への切換で，運転員たちが気付いたことは何もなかった．後に記録を調査したところ，塔内物質が塔頂の配管に設置された閉止中のバルブから漏れて徐々に流失していたことが分かった．

バルブの漏れによりブタジエンが流失していたことで実際には塔底部分のトレイ上の液組成が変化していた。10 段目のトレイ付近の液中 VA 濃度は、明らかに 2 倍の濃度の 60% だったと推定された。塔底における液面レベルが低下してリボイラーのチューブがむき出しになり、チューブの壁面温度が供給スチームの温度に近づいた。VA の濃度増加とチューブ壁面の温度上昇が重なり、塔内の VA が分解し始め、続いて爆発となる段階に至った（Ref. 5.18、5.19、5.20）。

活性炭層の事故　石油精製工場の下水汚泥用シックナータンクが内部の爆発により超高圧になった。そのため、タンクの屋根が 200 フィート（約 60 m）ほど飛んだ。有機物除去と悪臭抑制のために、そのタンクから、55 ガロン（210 L）の活性炭吸着装置へ気体が排出されていた。2 年間運転した後に、排出規制の計画の一端として、タンクには気密カバーが設置された。事故の当日は新しい活性炭が装置のドラムに充填された。そして、吸着熱によりドラム内の温度が約 350°F（約 180°C）まで上昇した。そのため、活性炭に吸着された炭化水素が酸化され、部分的にホットスポットが形成された。数時間にわたって活性炭層の温度が上昇し続け、約 800°F（約 430°C）で燃焼を開始した。これにより、吸着装置に流入するガスに着火し、火炎がタンクへ逆に伝搬してタンク内の蒸気相を発火させた。

タンクがシールされる前は、炭化水素は大気へ逃げることができていた。しかし、タンクの気密性が良くなったことで、活性炭装置で処理する有機物の量が増え、発熱量が増加し、タンクに火炎が逆に伝搬する際の燃料を供給することになった（Ref. 5.21）。

設計上の注意　蒸留の操作条件は温度と圧力、組成による。したがって、取り扱う化学物質の潜在的な熱分解の危険性を把握するために特に注意が必要である。

塔には圧力・温度・液面・組成を監視し、制御するための適切な計器が必要である。センサーのエレメントの位置は、塔の内挿物との位置関係から正確でタイムリーな情報が得られるように考慮され、エレメントはプロセスの流れに直接接触していなければならない。

塔の設計上の特徴としては、塔底のポンプがキャビテーションを起こして故障しないようにするため、十分な有効吸込み揚程（NPSH）を取れるように基礎を高く（例えば、3 m（10 ft））しなければならない。

塔を支持する構造物とスカートは、それらが内部の流体の流れによって冷却されないようにすることと、地上の火災が塔を倒壊させないように耐火性にすべきである。

凝固（凍結）、閉塞、コンデンサーでのフラッディングおよび蒸気の出口閉塞は、も

しシステムへの熱の流入が停止しなければ圧力過剰の原因になることがある.

次のような考えを用いた代替案で本質安全設計をするべきである.
・加熱媒体の最高温度を安全なレベルに制限すること
・次のプロセスステップに行く前の除去を必要としない溶媒を選定すること
・コンデンサー内で凝固しない熱媒体を用いること
・容器の温度計プローブは，液面がたとえ低レベルになっても正確な温度が測れるように，塔底の最下部に設置すること
・塔内への内挿物は必要最小限にすること
・腐食，閉塞，凝固（凍結）の可能性があるデッドレグ（配管の溜まり部）を避けること

充填物の火災を防ぐために，
・開放する前に塔を外気温度まで冷却すること
・残留物と堆積物を除去するために塔を完全に洗浄すること
・自然発火性物質を除去するために化学的に中和すること
・窒素で塔をパージすること
・開放するときに充填物と塔の温度をモニターすること
・空気の循環を制限するために，開放するマンホールの数を最小限にすること

活性炭層の火災を防止するために，
・活性炭吸着システムの使用を開始する前に，活性炭への蒸気吸着による発熱の影響をテストすること，できれば，未知の反応を特定すること
・ホットスポットの警告のため，オフガス中の一酸化炭素と CO_2 の濃度を測定すること
・層内の多くの位置で温度を測定すること
・火災の発生を防ぐために，水噴霧・窒素・スチームパージのようなシステムを備えること
・活性炭の容器から引火性化学物質が入った容器への延焼を防ぐために，フレームアレスタを設置すること

5.2.4　機械的分離/固液分離

概要　機械的な分離装置は，液体または気体から固体を分離するために使用される．代表的な装置としては次のものがある．

- 遠心分離機
- フィルター
- 集塵機

遠心分離機の一般的なトラブルには，ベアリングの機械的摩擦，振動，シール漏れ，静電気，速度超過などがある．振動は問題の原因となる場合と他の発生源からの影響を受ける場合の両方がある．静電気はスラリーや溶液の装置への流入と遠心分離機の高速回転から発生することがある．静電気は合成繊維，非導電性のフィルター材を使用することにより蓄積することもある．機械的な摩擦と静電気はどちらも引火性液体が使用されていれば着火させることがある．

フィルターで気を付けるべきことは，装置を開閉するときの暴露と内容物の封じ込めの失敗である．フィルタープレス（板枠式圧ろ過）は漏洩の可能性が高いので，引火性または毒性の溶剤をろ過する場合には使用を避けるべきである．フィルター材は，ろ過のサイクルの最後に圧力過剰になる場合があり，これによりさらなる漏洩を引き起こすことがある．

調査によると，集塵機は最も頻繁に粉塵爆発を起こしている装置類である（Ref. 5.22）．しばしば，集塵機はプロセスの末端に位置して，最も小さな粒子径の粉を捕集するが，粒子が可燃性の場合，極めて危険である．集塵機の一般的な故障モードには，フィルター材（ろ布やカートリッジ）の不具合による内容物の封じ込めの失敗，フィルター材の目詰まり，ろ布のアース（接地）の不具合などが含まれる．フィルター材は目詰まりを防ぐために，しばしば空気でパージされる．パージシステムが故障した後で再起動すると，さらにひどい状態の粉塵雲を形成させることがある．ろ布を有する集塵機（しばしばバグフィルターと呼ばれる）は100個以上のろ布を設置することがあり，その各々はリテーナがアースされずに電気的に絶縁されている可能性がある（電気的に絶縁されていると，金属製のリテーナには相当量の電荷が蓄積されていることがある）．実際に起こった事例を参照すること．

事故事例

バッチ式遠心分離機　爆発が起こったとき，結晶状の最終製品はバッチ式遠心分

離機内で回転していた．製品をメタノールとイソプロパノールの混合溶剤から遠心分離機で分離する前には，製品は 19°F（−7°C）に冷却されていた．その後に，16°F（−9°C）に予冷却したイソプロパノールで製品を洗浄していた．その混合液を約 5 分間高速回転した頃に遠心分離機で爆発が起こった．爆発の力によって遠心分離機の蓋は吹き飛ばされた．超高圧により近くのガラス製のパイプラインとプロセスエリア内（20 m の距離まで及ぶ）の窓が粉々になったが，近くにあった複数のプラントは損害を受けなかった．窒素による不活性化が行われておらず，引火性雰囲気を生成するのに十分な空気が遠心分離機内に引き込まれていた．予冷却した溶剤を，引火点を超える温度まで高めるのに十分な熱が，摩擦により発生していたのかもしれない．遠心分離機のバスケットをコーティングしているテフロン®が擦り減っていたことから，バスケットと遠心分離機の底部出口シュートとの間で金属どうしの摩擦によるスパークが発生し，引火性混合液が着火したとも考えられる．あるいは，静電気の蓄積も着火の原因だったかもしれない．事故後，その会社は，引火性の液体を遠心分離するときは，すべての温度において，窒素による不活性化をするように命じた（Ref. 5.23）．

　教訓から学んだことは，底部の排出口から空気の流入を最小にするために不活性化やシールを行うことに加えて，酸素濃度を監視することである．着火源（静電気の蓄積，摩擦熱）の特定が不明瞭であったことから，この事故は，引火性物質を扱う設備を設計する際に，なぜ多くの場合，着火源を想定することが賢明であるかを説明するものである．Trevor Kletz の書籍 "Lessons from Disaster: How Organizations have No Memory and Accidents Recur" の中で，彼は "Ignition source is always free.（着火源はどこにでもある）" と言っている（Ref. 5.24）．

　集塵機の爆発　　爆発はポリエステル樹脂の押出機のプロセスベントに接続していた集塵機内で発生した．爆発は安全に放散された．図 5.15 に示すように，ろ布はリテーナから外れて黒こげになった．集塵機の中には 144 個のリテーナがあった．調査の中で，リテーナの一つが接地（アース）されていなかったことが分かった．ほとんど同じ仕様の装置の調査から，図 5.16 に示すようなリテーナとチューブシート間の接地について問題があることが発覚した．また，使用されていたろ布のタイプが変更されていたが，接地用ベルトの必要性が理解されていなかったことと，接地/ボンディングのチェックが機械保全のプログラムに含まれていなかったことが判明した．

　使用するろ布のタイプは，ろ布を支持する金属のリテーナの接地を確実にするために，接地用ベルトが改善されたものに変更され，手順には導電性のチェックが加えられた（Ref. 5.25）．

5.2 一般的単位操作とその故障モード　　157

図 5.15　集塵機のろ布の損傷，Ref. 5.25

図 5.16　集塵機のチューブシート，Ref. 5.25

設計上の注意　　遠心分離機またはフィルターを引火性物質または毒性物質に使用する場合は，暴露や漏洩を防止するために，ろ過・洗浄・排出を自動で繰り返す密封された装置を検討すべきである．引火性液体を使用する場合は，不活性化や不活性ガスを流したり充填したりすることをぜひ検討すべきである．ベアリングの不具合や振動による問題を低減するためには，遠心分離機の代わりに加圧式，または真空式のろ

158   5 設計におけるプロセス安全

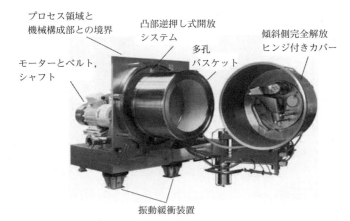

図 5.17 定置洗浄システム付き横型バスケット式遠心ろ過器と排出シュート，Ref. 5.26

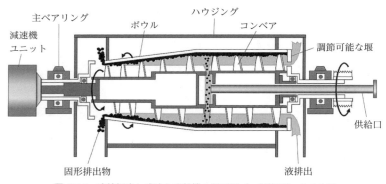

図 5.18 連続押出し式遠心分離機の断面図（一部修正），Ref. 5.26

過器を使用することもできる．いくつかの代表的な遠心式のろ過器と分離機を図 5.17 と 5.18 に示す．

集塵機を設計するときは，含まれる粒子が可燃性であるかどうかを知ることが不可欠である．粒子径が約 500 ミクロン（μm）以下の多くの有機物と金属粉は可燃性であるだけではなく，ある環境下では，もし着火すれば突発的な火災や爆発に至ることがある．粉塵爆発の威力と最小着火エネルギーを測定すべきである．試験は可能な限り，対象物を最も良く代表する物質で実施すべきである．一般に採用されている集塵機の保護対策は，爆発ベント，爆発制御システムの設置および不活性化である．図 5.19 は

5.2 一般的単位操作とその故障モード 159

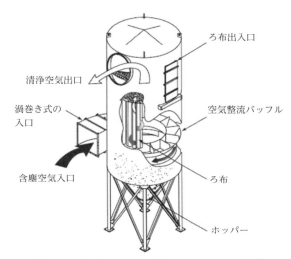

図 5.19 バグフィルターの図，Donaldson-Torit 提供

図 5.20 集塵機の爆発の放散，Fike 提供

代表的なバグフィルターの図である．図 5.20 は集塵機から爆発が放散されている写真である．

5.2.5 反応器と反応のハザード

概要 反応器の設計の際にプロセス安全上考慮すべき，重要なことは暴走反応である．暴走反応は，発熱反応により生ずる熱の発生速度が熱を除去する速度を上回り，

160 　5　設計におけるプロセス安全

温度上昇を制御できなくなることで起こる．反応により発生する熱が冷却能力より大きければ，反応が加速（暴走）して過剰なガスの発生や蒸気圧力の上昇が起こり，過剰圧力を開放する防護策が不十分だと反応器を破裂させることになる．また，過剰圧力を開放する防護が十分な場合でもその防護装置から内容物が流失する．

　暴走反応中は温度が著しく上昇し，それは発熱反応をさらに促進させることになる．この現象が起こると，イタリアのセベソで起こったように化学変化によって，より毒性の強い排ガスが生成されることがある（2.1 節および下記の事故事例参照）．暴走反応の可能性がある場合は，発生する排ガスの性質や組成を調べておく必要がある．有害物質を捕捉するための適切なシステムを下流に設置するべきである．

　反応器の一般的な故障モードには，撹拌機の異常，冷却システムの異常，投入量の間違い（反応物の過多または過少供給），誤った反応物の供給，誤った順序での反応物の供給，反応物の品質（誤った濃度，保存期間を超えた反応物）などがある．

　反応中は，反応が計画通りに進み，加熱と除熱が効率よく行われるために反応物と溶媒をよく混合する必要がある．したがって，撹拌が悪くなると暴走反応の原因となり得る．下記のセベソ事故に関する解説を見てみよう．撹拌異常の一つとして撹拌機の起動の遅れがある．これは，各反応物の混合が十分に行われないため，後に互いに突然接触させることになる．下記の T2 ラボラトリーズの例で詳細に記すように，冷却の停止や不十分な除熱も同様に暴走反応の原因となり得る．

　暴走反応に繋がった誤投入の事例としては，反応熱の一部吸収を目的とする溶媒の投入量が少な過ぎたことや，発熱反応を起こす物質をシステムで設計した以上に投入した例が挙げられる．規定値よりも高い濃度で反応物を投入することもこの例である．多くの反応には触媒が関与している．推奨された保存期限を過ぎた触媒の使用や触媒の過少投入は未反応物質を増加させ，それが後に反応し，設計した以上の熱を発生させることがある．

　もう一つの反応に関わる危険性（ハザード）は，想定外の混合により思わぬ所で反応が起こるケースである．ボパールでのイソシアン酸メチルの放出はこの例である．（3.15 節）

事故事例

　イタリア，セベソ（Seveso）（1976 年 7 月 10 日）　2,4,5-トリクロロフェノール（TCP）を製造するために 2 段階のバッチ式反応器が使われていた．第一段階は，エチレングリコールとキシレンを溶媒とし，170～180℃ の温度での 1,2,4,5-テトラクロロ

ベンゼンと水酸化ナトリウムの反応だった．通常は反応終了時にエチレングリコールの半量が蒸留によって除去されて，バッチは 40〜50°C に冷却されていた．バッチの加熱と蒸留用として 190°C のスチームが使用されていた．暴走反応は 230°C で起こることが知られていた．

バッチ反応を金曜日にスタートしたが，週末はプラントを止める必要があった．反応器を止めようとした時点ではすでに蒸留を開始していたが，まだ安定していなかった．プラントの他の部分が停止しつつあったため，反応器に供給されるスチームの温度は 300°C にまで上昇していた．土曜日の午前 5 時頃反応器は止まり撹拌機も停止したが，反応器は冷却されておらず，反応器の壁面は 300°C になっていた．約 7 時間半後に暴走反応が発生し，破裂板が破裂して強い毒性を持つ反応副産物のダイオキシン約 2 kg が大気中に放出された．ダイオキシンは近くの居住地域まで達した．多くの人が皮膚病のクロルアクネ（塩素挫瘡）を発症した．17 km² (6.6 平方マイル) の区域が居住不能となり，数千頭の家畜が死に，土壌が汚染された．

反応器上部の余熱で，反応器の内容物上部の温度が 200〜220°C に上昇した（図5.21）．事故後の調査によると，185°C でゆるやかな発熱反応が始まり，断熱下で 57°C の温度上昇を起こし，225°C で別の発熱反応が始まり温度を 114°C 上昇させた．したがって，その余熱がバッチの温度を発熱開始温度以上に上げたと言える (Ref. 5.27)．

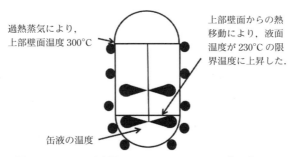

図 5.21 セベソ反応器，Bon Willey の SACHE プレゼンテーションから改変

T2 ラボラトリーズ "2007 年 12 月 19 日，フロリダ州ジャクソンビル (Jacksonville) にある化学製造会社 T2 ラボラトリーズで，激しい爆発とそれに続く化学火災が発生し，従業員 4 人が死亡，周辺企業で仕事をしていた一般人 28 人が負傷し，設備を破壊した．反応器の破片は 1 マイル (1.6 km) 先まで飛び，0.25 マイル (400 m) 以内に

あった施設の建物が損傷を受けた．図 5.22～5.24 参照．

T2 では，メチルシクロペンタジエニルマンガントリカルボニル（MCMT，ガソリン添加剤）をバッチで製造していた．午後 1 時 23 分，プロセス担当の運転員は外回り担当の運転員に頼んで責任者たちに電話をして貰い，冷却に問題があることを報告して事業所に戻るよう頼んだ．責任者たちが戻る途中で，2 人のうち 1 人は応援のために制御室に来た．数分後の午後 1 時 33 分に反応器が破裂し，内容物が爆発した．制御室にいた責任者とプロセス担当の運転員，さらに反応器区域を出ようとしていた 2 人の運転員が死亡した．"（Ref. 5.28）

CSB（アメリカ化学安全委員会）は MCMT 製造工程の第一段階で暴走発熱反応が発生したものと特定した．工程中で十分な冷却ができずに暴走反応になり，反応器の圧力と温度が上昇して制御不能になったと見られる．その圧力で反応器が破裂し，反

図 5.22　爆発の前と後の T2 ラボラトリーズの工場，Ref. 5.28

図 5.23　T2 ラボラトリーズの爆破，Ref. 5.28

図 5.24　厚さ 3 インチの反応器の一部，Ref. 5.28

応器の内容物に着火して TNT 火薬 1400 ポンド（0.635 トン）相当の爆発を引き起こした．

CSB は根本原因として次の事実を確認した．

T2 は MCMT の製造に関わる暴走反応の危険性（ハザード）を認識していなかった．また，CSB は間接原因として次の 2 点を確認した．

1. T2 が採用していた冷却システムでは，設計上の冗長性がなく 1 か所が働かないと，システム全体が障害を受ける（単一障害点）問題を起こしやすかったこと．
2. MCMT 反応器の圧力リリーフシステムでは暴走反応によって生じた圧力を放出することができなかった．

T2 ラボラトリーズの爆発に関するビデオは，CSB のウェブサイト http://www.csb.gov/videos/ （T2 Labo で検索）で見ることができる．

設計上の注意　　体積に対する表面積の比率は反応器が大きくなるに従って小さくなる．反応器の容積，つまり内容量も，直径の 3 乗に比例する．しかし，熱移動に使われる表面積は，直径の 2 乗に比例する．したがって，反応器が大きくなると発熱量はその熱を除去する能力よりも速く増加することになる．この対策としては，冷却用コイルの増強（図 2.2 参照）や外部クーラーによる反応物の再循環などがある．

発熱反応を行う場合の最も好ましくない方法が，すべての反応物を同時に加えて，反応を開始させる「バッチ」式反応である．これは，先に述べた T2 ラボラトリーズ

164   5 設計におけるプロセス安全

が採用した方法である．発熱反応を進める場合は「セミバッチ」方式のほうが良い．この方式では，バッチ運転中に一つあるいは複数の反応物を徐々に反応器に加えていく．これにより，冷却や撹拌の停止などの何か不都合なことがあったときに運転員は容易に供給を止めることができる．発熱反応を扱う場合，一番良い方法は，連続式反応器の使用である．（図2.1，2.2参照）．同じ生産能力では連続式反応器のほうがより小型になるので熱を除去する能力が良くなる．いくつかのプロセスにおいて管状の反応器が使われるが，これは本質的には熱交換器である．

　通常，反応器には暴走反応で上昇した圧力を放出するための緊急放出システム（ERS）が必要である．緊急放出システム設計研究所（DIERS：The Design Institute for Emergency Relief Systems）は反応での放出設計を研究している．これは複雑な問題であり，実際のERSのサイズ決定では通常，その特定分野の専門家（SME：subject matter expert）の助けが必要である．適切な放出設計のシナリオを決めるにはハザード評価が必要であり，これらのシステムを設計するために化学反応性のテストを実施することが必要である．

　ERSを代替あるいは補足するものとしては，インヒビター（重合禁止剤）など反応を停止させる化学品の添加（緊急停止として知られている），あるいは反応停止のために水や化学物質を使って反応器の内容物を放出用タンクに移し，反応器を素早く空にする方法がある．

　想定外の混合については，専用の供給用配管を使用することと運転者の訓練や手順書によって防ぐことができる．

　表5.3には，反応器におけるいくつかの一般的な故障モードと設計上の注意事項がリストアップされている．"付録C　反応性化学物質のチェックリスト"を見ること．

5.2.6　燃焼加熱設備

　概要　フレアスタック・焼却炉・加熱酸化器・熱媒ヒーター等の燃焼を伴う設備は，通常，プロセスに熱を与えるために使われ，また，プロセスからの可燃性廃棄物を処理するために使われる．例えば，天然ガスは，バーナーで（摂氏）数百度に加熱された一連の触媒充填管からなるリフォーマー（改質炉）で水素に変換される．燃焼加熱設備の他の使用例としてはスチーム発生や蒸留塔のリボイラーの加熱がある．

　通常の故障モードには，例えば，失火，燃料の過剰供給あるいは空気（酸素）の不足による未燃焼燃料の蓄積がある．未燃焼燃料があるとそれに着火して火災や爆発を起こしやすい．次によくある故障モードはチューブの破損で，オーバーヒート，火炎

5.2 一般的単位操作とその故障モード 165

表 5.3 通常の故障モード，原因，結果，反応器の設計上の注意

故障モード	原因	結果	設計上の注意
冷却の喪失	・供給元からの熱媒の喪失 ・制御システムの故障	・暴走反応のおそれ	・緊急放出システム ・二重の冷却方式，例えばオーバーヘッド凝縮器と反応器ジャケット ・冷媒流量低下あるいは反応器の圧力上昇または温度上昇検知による二次冷却媒体の自動起動 ・反応原料あるいは触媒の供給の自動停止（半回分あるいは連続反応器の場合）
撹拌の喪失	・電源の喪失 ・モータの故障 ・撹拌翼のゆるみ/落下	・暴走反応のおそれ	・緊急放出システム ・モータへの無停電電源供給バックアップ ・撹拌機の電力消費あるいは回転数によるインターロックで，反応原料あるいは触媒供給を停止，または緊急冷却系の起動
反応物質あるいは触媒の過剰投入	・測定のエラー ・制御システムの故障	・暴走反応のおそれ ・反応器からのオーバーフロー	・緊急放出システム ・必要量だけの反応原料や触媒を保有する大きさの専用チャージタンク ・反応原料触媒添加量の流量積算計による制御 ・流量積算計の冗長化 ・反応物質触媒の量を制限するためのレベル上限インターロック許容インターロック
間違った反応原料触媒	・誤認 ・製品切り替えの間の混合	・暴走反応のおそれ	・緊急放出システム ・一つの製品の生産に対する一連の専用供給タンクと反応器 ・正しい物質のバーコードが読み込まれるまで供給バルブあるいは供給ポンプの操作を防止する制御ソフトウェア
操作の順番から外れて行われたステップ	・教育訓練の不足 ・ヒューマンエラー	・暴走反応のおそれ	・次のステップに進む前にあるステップが終わったことを確認する制御系

衝突，異常燃焼，過熱冷却の繰り返し，熱衝撃（急激な温度変化），あるいは腐食によって引き起こされる．これは火災や爆発をもたらすこともある．フレアスタックや焼却炉中に液体が入ることも爆発の原因となりえる（テキサコ社ミルフォード・ヘブンの爆発，3.9 節参照）．

事故事例

事例 1　ある加熱器が，スタートアップの間に燃焼室の爆発の結果，激しく損傷した（図 5.25）．運転員は計装関連の不具合があったため安全インターロックを外してスタートアップしようとした．これにより燃料ラインはパイロットが消えたまま運転されることになった．メインのガスバルブが開かれガスが加熱器内に充満した．この加熱器は爆発し，ケーシングと何本かのチューブを破壊した．幸いなことに負傷者は出なかった（Ref. 5.29）．

図 5.25　損傷した加熱器，事例 1

事例 2　テキサス州ベイポート（Bayport）工業地帯ノバケミカル（NOVA Chemical）のプラントにおいて爆発が起こり，燃焼炉とそれに隣接していた塔を破壊した（図 5.26）．爆発の前に一人の運転員が低 NO_x バーナーの炎が不安定であることに気付き，手動で空気流量の調節を始めた．バーナーを調整していた数分の間に，プップッという大きな音が聞こえ，すぐに炉内で大きな爆発が起きた．爆発はバーナーのノズルの

5.2 一般的単位操作とその故障モード

図 5.26 ノバ・ベイポートプラントの加熱器と隣接した塔，事例 2

閉塞によって炎が不安定になった結果，起こったものと思われる（Ref. 5.30）．

事例 3 保全のためにシャットダウンした後，アンモニアプラントのある水素リフォーマー（改質炉）が再スタートされようとしていた．そのプラントの正規のスタートアップ手順では，窒素ガスが一次リフォーマーに流され，リフォーマーの出口で 50 °C/h の昇温速度を維持することになっていた．この窒素ガスは閉じたループ内を流れ，リフォーマーに再循環される．この循環はリフォーマーの出口で温度が 350°C に達するまで続けられる．リフォーマー出口温度を高めるためにより多くのバーナーに点火される．

緊急シャットダウンのために，場内にはスタートアップのための十分な量の窒素の在庫がなかった．窒素の在庫の補充のために少なくとも 8〜10 時間以上が必要だった．生産ロスを減らすためにスタートアップ作業が開始された．窒素ガスがない状態で炉の点火が開始され，リフォーマーの出口温度が 50°C/時の昇温速度になるよう監視された．リフォーマー出口温度が上昇しなかったため燃焼ペースが速められた．この間，炉の対流ゾーンの温度制御システム上で多くの警報が鳴った．それらの警報は制御パネル運転員にとって迷惑だとして止められた．なぜなら彼はスチームドラムのレベル制御に忙殺されていたからである．リフォーマーの出口温度には変化がなかったため昇温速度はさらに加速され，72 本のバーナーのうち 56 本に点火された．このことはリフォーマーを通る流体の流れがないままに全熱量の 70％ が投入されたことを意味

168   5 設計におけるプロセス安全

している．制御室の運転員はプラント運転員にリフォーマーの設備チェックをするよう指示した．そのプラント運転員はリフォーマーのチューブが炉内で溶融崩壊しつつあることを発見した．

リフォーマーへ窒素を流さないままに炉が点火されリフォーマーの出口温度が監視されていた．リフォーマーを通る流れがなかったために，その出口温度は上昇せず，プロセスの流れがない状態で熱量を増加したことがチューブ温度の上昇をもたらし，最終的にはチューブの溶融に至った（Ref. 5.31）．

設計上の注意　　プロセス制御とプロセス安全制御は二つの制御システムで扱われる．プロセス安全上の注意点は通常，バーナー管理システム（BMS: burner management system）で扱われる．BMS は温度，圧力およびバーナーの炎を監視する．インターロック自動停止と許容インターロックは BMS 制御の一部であり，点火シーケンス，燃料遮断，燃料パージすなわち再点火を行う前に過剰な燃料がパージされたことを確認する機能がある．BMS は極めて重要な安全システムである．決してバイパスされるべきではなく，どうしても組織がそれを必要だと考えた場合でも，変更管理レビューを実施して現場で安全の管理体制が確立された上でなければバイパスしてはならない．

燃焼制御システムは運転員からの入力に基づき，システムへの要求に合わせて調整しながら，燃料と空気の比率，点火頻度等を制御する．燃焼制御システムはプロセスインターロックも含むことがある．

チューブの破裂はチューブの表面温度を監視する（このほうが好ましい）か，あるいはチューブを通る流れを監視することで防ぐことができる．

ボイラーの場合はボイラー水を適切に補充できないと壊滅的な事故になる可能性がある．信頼できる液面レベルの監視と制御が最も重要であり，このためにはボイラー供給水の連続供給の設計も重要な要素である．

燃焼加熱設備の危険性（ハザード）はよく知られているので，多くの国でも特定の工業燃焼設備の規格を有しており，それにより設計要件および BMS に要求されるマネジメントシステムを規定している．燃焼加熱設備を扱う規格には次のようなものがある．

- NFPA 85: Boiler and Combustion Systems Hazards Code, 2011.
- NFPA 86: Standard for Ovens and Furnaces, 2011
- NFPA RP 87: Recommended Practice for Fluid Heaters, 2015.
- API RP 556: Instrumentation, Control, and Protective Systems for Gas Fired Heaters, Second Edition, American Petroleum Institute. 2011.

5.2　一般的単位操作とその故障モード　　169

・API RP 560. Fired Heaters for General Refinery Service, Fourth Edition, American Petroleum Institute. 2007.

5.2.7　貯　蔵

概要　　プロセスプラントでは，原材料，中間体および最終製品の貯蔵が必要である．貯蔵容器には，加圧式貯蔵タンク，大気圧貯蔵タンクおよびサイロ/ホッパー（固形物用）が含まれる．貯蔵タンクにおける危険性（ハザード）を評価するには，貯蔵物の物性を知る必要がある．

貯蔵タンクの一般的な故障モードには，以下が含まれる．

・過充填，機械的な破損，過圧，負圧破壊による漏洩
・静電気による内部の火災または爆発
・間違った物質をタンクに入れることにより発生する反応を制御できなくなること
・ボイルオーバー：タンクの上部で燃える火災の熱がタンク底部の水層に達し，内容物が爆発的に吹き上がる現象
・ロールオーバー：密度勾配が逆転することによって不安定になり，貯蔵容器の底部から頂部表面に大量の液体が自然に突然移動すること

事故事例

バンスフィールドの爆発・火災　　ある日曜日の朝，パイプラインからバンスフィールド（Buncefield）油槽所のタンクにガソリンの供給が始まった．過充填防止のため，タンクへのガソリン供給を止める安全システムが付いていたが作動しなかった．ガソリンはタンクの側面に沿って滝のように流れ落ちた．最大 300 トンのガソリンがタンクから溢れ出た（Ref. 5.32）．

約 45 分後に，爆発が連続して次々に発生した．爆発は大規模で，爆発の中心は油槽所西側の駐車場だったようである．この爆発は "爆燃から爆轟への転移"（DDT: deflagration to detonation transition）[2] と呼ばれるものであった．これはおそらく，エリア内の密集した植栽の中に DDT を引き起こす濃度に達したガソリン蒸気が閉じ込められたことで引き起こされたものと思われる．この事故以前にはガソリンタンクの蒸気爆発がこのように変化するとは予想していなかった専門家たちにとっても，爆燃よ

---

[2]　火炎により発生する乱流と圧縮加熱効果により，炎上から爆燃への加速度的な転移現象．移行の瞬間，火炎前面の圧縮された乱流気体が異常に高い速度および圧力で爆発する．

170   5 設計におけるプロセス安全

りも超高圧の爆轟が発生したことは驚きであった.

　これらの爆発はバンスフィールド油槽所の大部分, 20基以上の大型貯蔵タンクを巻き込む巨大な火災を引き起こした. 火事は5日間燃え続け, 油槽所のほとんどを破壊した (図5.27, 5.28). 油槽所の大部分が破壊されたことに加えて, 周辺建物への被害も広がり, 地域社会に混乱をもたらした. 油槽所に近かったいくつかの家屋が倒壊し,

図 5.27　爆発と火災の前のバンスフィールド油槽所, Ref. 5.32

図 5.28　爆発と火災の後のバンスフィールド油槽所, Ref. 5.32

他にも深刻な建築物への被害があった．油槽所から5マイル（8 km）の所にあった建物でさえも，窓ガラスの破損や，壁や天井への損傷などの小さな被害を受けた．

タンク崩壊　1919年，230万ガロン（8700 m^3）の糖蜜タンクが突然崩壊し，大量の糖蜜がボストンの市内に流れ込んだ．高さ15フィート（5 m），幅1600フィート（50 m）を超える糖蜜の波が，推定速度35 mph（時速60 km）で2ブロック以上，大通りを突き進んだ（図5.29）．この事故で21人が死亡し，150人以上が負傷した．タンクは建設の際に適切な検査を受けておらず，充填前に水張りテストもされていなかった．溶接箇所での漏れが観察されていたが，是正措置は取られていなかった（Ref. 5.33）．

図 5.29　糖蜜タンクの事故．事故の前と後の写真

間違った化学物質の投入　供給業者が"Chemfos 700"と呼んでいた硝酸ニッケルとリン酸の溶液を納入するため，トラックがプラントに到着した．プラントの従業員はトラック運転手を荷降ろし場所に誘導した後，荷降ろしの補助役として配管工を向かわせた．配管工は，それぞれが別の貯蔵タンクに繋がっている6本のパイプ接続口が収められているパネルを開けた．各タンク投入用接続口には，タンクに保管されている物質が分かるようにプラント名が表示されていた．トラックの運転手はその配管工にChemfos 700を配送しに来たと伝えた．

配管工はトラック荷降ろしホースを間違えてChemfos 700パイプの隣にあった"Chemfos Liq. Add"というラベルが付いた配管に接続してしまった（図5.30）．これは，台湾プラスチック社で発生した爆発事故の人的要因の問題に類似している（3.10節）．"Chemfos Liq. Add."のタンクには亜硝酸ナトリウムの溶液が入っていた．亜硝酸ナトリウムは"Chemfos 700"と反応して，有毒な一酸化窒素と二酸化窒素を生成する．荷降ろし作業が開始して数分後，貯蔵タンクの付近にオレンジ色の煙が発生した（図5.31）．荷降ろし作業は直ちに中止されたが，ガスは放出され続けた．この事故

172   5 設計におけるプロセス安全

図 5.30   1) パネル内の配管接続，2) Chemfos 700 と輸液用の配管

図 5.31   一酸化窒素と二酸化窒素の煙

で，2400 人が避難し，600 人の住民が屋内退避（シェルターインプレイス）を勧告されることとなった（Ref. 5.34）．

負圧破損　　塗装作業中，タンク内に異物が混入することを防ぐため，タンクの真空リリーフ弁は，ビニールで覆われていた．タンク内の液体がポンプで排出された際，このビニールカバーが掛かったままであったため，排出液の体積分を空気/窒素で置換することができなかった．図 5.32 に示すように，負圧が発生し，タンクの一部が陥没した（Ref. 5.35）．

設計上の注意　　貯蔵タンクを設計する際，設計者には採用可能なオプションがいくつかある．タンクを地下か地上のどちらに設置するか．地上タンクは固定屋根とするか浮屋根とするか．そして，貯蔵タンクは大気圧タイプとするか加圧タイプとする

図 5.32 負圧によって陥没したタンク

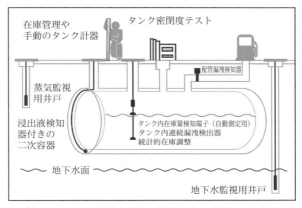

図 5.33 UST 漏洩検出方法の概略図,EPA 提供,Ref. 5.36

かである(訳者註:本書では米国の規則が取り上げられているが,国内で設計するにあたっては当然国内の規則に準拠する必要がある).

　地下貯蔵タンク(UST: underground storage tank)の利点は,例えば,同じ防油堤内のタンクからの可燃性物質が漏洩した場合でも外部からの火災にさらされないことである.UST はまた,外気温度の変化の影響も受けにくい.一方,UST の場合は内容物の漏洩による土壌や地下水の汚染のリスクが増加する.現在,大部分の UST は,二

重壁タイプであるか，地下室設置タイプとなっていて，タンクの二重壁間の空間または地下室内に漏洩検出機能を備えることが求められている（図 5.33）．アメリカ環境保護庁（EPA）および多くの州では，土壌および地下水の汚染のリスクに対して，厳しい規制を設けている．EPA には UST の情報に関するウェブサイトがある．http://www.epa.gov/oust/index.htm（訳者註：国内においては消防法のほか，各地域で条例などが出されているので注意が必要）

UST の変種としては，盛土式タンクがある（図 5.34）．これは地上のタンクを土で覆ったものである．盛土をしたタンクは BLEVE（沸騰液膨張蒸気爆発）のおそれがほとんどない．盛土式タンクは，液化石油ガス（LPG）用の細長いタンクとしてしばしば採用されている．LPG には地下水汚染の心配がなく，また建設の際に浸透防止シートを設置することも可能である．

図 5.34　盛土式タンク，BNH Gas Tanks（インドのタンクメーカー）提供

固定屋根式の貯蔵タンクは，通常，20℃ などの特定の温度条件で蒸気圧が 1.5 psia（≒10.34 kPa）未満となる物質に使用される．浮屋根式タンクは，特定の温度で蒸気圧が 11.5 psia（≒79.29 kPa）までの物質に使用できる．浮屋根式タンクは開放型でも良いし，二重屋根型でも良い（図 5.35 (a), (b)）．浮屋根式タンクの利点は，液面の上に蒸気に満ちた空間がないことである．したがって，貯蔵された物質が可燃性の場合でも，着火の可能性がある蒸気スペースが存在しない．

しかし，浮屋根式は，他の故障の原因にもなっている．浮屋根は傾くと，くさび形

5.2 一般的単位操作とその故障モード　175

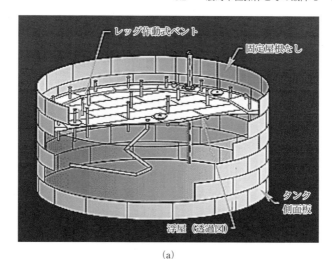

図 5.35　浮屋根式タンクの外観．(a) 開放型，(b) 二重屋根型，petroplaza. com 提供（訳者註：(a) はシングルデッキ形浮屋根タンク，(b) は浮蓋付き固定屋根タンクとも呼ばれる．ここでは external floating roof を開放型，internal floating roof を二重屋根型と訳した）

になり動かなくなる．そのような状態でタンクを充填するか排出すると，屋根の上に内容物が流れ出し，タンクが壊れて内容物が流失する可能性がある．また，タンク壁と浮屋根の間のシールに漏れを生じることがあり，それが可燃性物質であれば壁際に環状の火災を引き起こす可能性もある．ルーフドレン管（図 5.35 (a)）のタンクの中央にある曲がった管）は，雨水をタンクの防油堤に排出するためのパイプである．漏洩検出および対応の措置が取られていない設備でこのルーフドレン管が漏れた場合には，タンクの内容物全量が排出されてしまう可能性がある．

ルーフドレンの故障を考えると，地上タンクにはもう一つ課題がある．それは，地上タンクは漏洩に備え，二次容器となる防油堤の中に設置しなければならないということである．防油堤は，タンク容量にある安全係数を掛けた十分な大きさがなければならない（業界基準はタンクの容積の 110％）．地方自治体および連邦の規制は，通常，防油堤内の最大のタンクの全容量が防油堤内に収まることを要求している．また，防油堤からも漏洩しないように維持しなければならない．

加圧貯蔵タンクは，アンモニア，ブタンまたは LPG のような高い蒸気圧を有する物質に使用される（図 5.36）．加圧式貯蔵タンクは，BLEVE を起こしやすい．BLEVE は，容器内の液体が沸点以上となり，圧力が上昇して容器が大破した場合に発生する．圧力容器では通常，安全係数を"4"と高く設定する（つまり，100 psi に設計された容器は 400 psi まで破損しないことが期待される）．これは，550℃まで温度が上がると金属の極限引張強度が元の強度の 50％にまで低下するため，内側が液に浸かってい

図 5.36　加圧式ガス貯蔵タンク

ない箇所が火炎に曝された場合，容器は設計圧力以下でも破損する可能性があるからである．炭化水素の炎は約 1150°C である．したがって，タンクの気相接触箇所（液に浸かっていない箇所）がこの温度に達すると，タンクは大破するおそれがある．タンクが破損すると，高温の液体がフラッシュし，大量の蒸気と高圧の爆風が発生する．蒸気が引火性の場合は，当然それに着火して大きな火球（ファイヤーボール）を形成する．BLEVE の最も一般的な原因は，外部の火災である．金属は火炎により加熱されると，強度を保てず倒壊してしまう．1984 年のメキシコシティの事故での爆発の多くは BLEVE であった（3.14 節参照）．

　固定式の水スプレー，一斉放水式システム，または防火用水モニタノズルを用いれば，容器が火災にさらされた際に，容器を十分に冷却して機械的強度を保持することができる．最近の LNG（液化天然ガス）タンクは，二重壁にして外壁とタンクとの間に断熱材を備えることで，火災による熱の侵入を低減するように建造されている．本節の前半で説明した盛土式貯蔵タンクは，圧力タンクを火災から保護するための一つの方法である．

一般的な故障モード

　過充填：取扱物質が有毒性または引火性である場合は，安全な場所へのオーバーフロー誘導配管またはタンクへの流れを自動的に遮断する制御機器によりオーバーフロー防止措置が取られることがある．オーバーフロー制御システムは，冗長性（重複）と独立性を両立するために複数の装置で構成される必要がある．

　機械的故障：腐食は構造的破損の主な原因である．製造上の欠陥や用途の変更は，構造的破損に繋がる可能性がある．老朽化や湿度の高い環境への暴露は，時間の経過と共に腐食を進め，破壊に至る原因となり得る．タンクが保温されている場合は，保温材下腐食（CUI: corrosion under insulation）の可能性もある．これを防止するには，建設の際に規定・規格に則った材料を適切に選択することと，継続的な検査・保守・試験が欠かせない．新任エンジニアは，納入業者の工場を訪問し，貯蔵容器が設計仕様を満たしているかどうかを検査し，確認することを求められることもある．

　過圧と負圧：タンクを急激に満たすか空にすると，過圧や負圧が発生する可能性がある．蒸気洗浄や高温物質を充填した後の急速冷却も，負圧破損事故の原因となり得る．過圧と負圧に対しては保護装置を設置することができる．"NFPA 30, Flammable and Combustible Liquids Code"（Ref. 5.37）には，ベントの寸法決めと緊急時ベントが概説されている．運転員は，設計流速を超えないように，充填と排出における設計流

178　5　設計におけるプロセス安全

速の値を知っておく必要がある．高圧および低圧のインターロックで充填や排出を停止することも可能である．また，過剰圧力の開放が必要であれば，固定式屋根の大気圧タンクには，壊れやすい屋根や接合部の弱い屋根を設けることもできる．

　多くの大気圧タンクは過圧防止のために，オーバーフロー誘導配管のサイズを適切に決める必要がある．一般的には，大気圧タンクは，オーバーフローよりも数インチ高い液ヘッドを超える高さの圧力に耐えるようには設計されていない．大気圧タンクのベントラインは，オーバーフローラインとは別にするべきである．なぜなら，ベントラインは通常，ガスの流れ（ブリージング）のためのサイズとなっており，液体の流れには小さ過ぎるからである．ベントラインとオーバーフローラインを1本の大きな配管に合流させると，二相流が生じて，それによる背圧で，タンクが過圧状態になる可能性もある．

　ベントの目詰まりや閉塞は，過圧/負圧保護のシステムの機能を失わせる可能性がある（"負圧破損"事故の例を参照のこと）．屋外の貯蔵タンクでは鳥の巣にも注意が必要である．物質の重合がベントを塞ぐこともある．寒い季節には通気孔やオーバーフローのシールポットが凍結し，その結果，過圧/負圧の防止措置が損なわれる可能性がある．過圧/負圧防止設備は定期的な点検とメンテナンスが欠かせない．

　ロールオーバー：内容物がタンク内で層状化する場合は，ロールオーバーが発生する可能性がある．一つの例として LNG タンクで起こるものが挙げられる．LNG は採取した場所により，密度が異なることがある．異なる密度の LNG は，タンク内で不安定な層を形成する可能性がある．各層はタンク内を自然にロールオーバーして，液体の状態を安定させようとするだろう．圧力開放システムは，ロールオーバーに対しては効果がない．物質が入れ替わろうとする力は，タンクに亀裂や他の構造的な破損を生じさせる可能性がある．ロールオーバー防止のためには，多数の温度センサーを配した制御システムとポンプによる強制撹拌システムが使用可能である．

　内部の火災/爆発：引火性物質が保管されている場合，内部で爆燃することがある．静電気が一般的な着火源である．パイプ内で流体が流れたり，液体が自由落下したり，相の一方が非導電性の場合液体がタンク内で混合することにより，静電気が生ずることがある．引火性液体を扱う場合は，ディップパイプや底部への供給ノズルを使用することで液体の自由落下を避ける設計とするべきである．ディップパイプの先端が浸るまでは，充填速度は一定のレベル以下に保つ必要がある．静電気の発生を最小限に抑えるための充填速度に関するガイダンスが，次の書籍に記載されている "Avoiding Static Ignition Hazards in Chemical Operations"（Ref. 5.38）．着火を防止する方法のも

う一つの選択肢としては蒸気空間を不活性化する方法もある．タンクは，すべての発生源から静電荷を除去するために適切に接地（アース）されていなければならない．そして，付属の機器はタンクに結線（ボンディング）されていなければならない．"NFPA 77, Recommended Practice on Static Electricity（静電気防止の推奨手法）"（Ref. 5.39）には，静電荷の生成と制御に関する情報が記載されている．CSB ビデオ "Static Sparks Explosion in Kansas（カンザスでの静電気火花による爆発）" は，静電気による貯蔵タンクの爆発の事例を解説している．引火性物質の貯蔵タンクに必要なもう一つの重要な防護措置は，外部火災の火炎が通常の通気口を通ってタンク内に伝播することを防止するフレームアレスタである．フレームアレスタはガスを通過させるが火炎を止める装置である．

落雷：落雷は，貯蔵タンクが着火するもう一つの一般的な要因である．"NFPA 780, Standard for the Installation of Lightning Protection Systems（落雷対策システムの設置基準）"（Ref. 5.40）には引火性液体を保有する構造物保護のためのガイダンスが記されている．落雷により，浮屋根式大気圧貯蔵タンクのシール付近の蒸気に着火する可能性がある．通常，浮屋根式タンクの場合には，壁に沿って円周状に泡堰（foam dam）が設けられ，屋根全域ではなく堰の内側部分に消火剤の泡を投入できるように発泡器が配置されている．これで屋根全体を覆うことなく消火が可能である．二重屋根型の浮遊式屋根タンクは可燃性の蒸気空間がないため，火災になりにくい．

制御されていない反応：混合危険物質の投入は反応を引き起こす可能性がある．"間違った化学物質の投入" の事故事例を参照のこと．この予防措置の第一歩は，貯蔵タンク内に間違って荷降ろしされる可能性のある物質に混合危険物質が含まれていないかを把握することである．物質の SDS を最初に確認すべきである．その他の情報源は次のとおりである．

- Bretherick's Handbook of Reactive Chemical Hazards, 7th Edition, Academic Press（Bretherick の反応化学物質ハンドブック）（Ref. 5.41）.
- Chemical Reactivity Worksheet, NOAA Office of Response and Restoration（化学的混合危険性チャートのソフトウェア，ダウンロード無料）
（https：//response.restoration.noaa.gov/oil-and-chemical-spills/chemical-spills/response-tools/CRW_chemical-reactivity-worksheet.html ）

混合危険物質が荷降ろしされる可能性がある場合は，設計にあたり以下の措置を考慮すべきである．荷降ろしする前にサンプリングして材料を確実に識別すること，混合危険物質の貯蔵タンクを別の堤防内に配置すること，特殊な接続口を設置した専用

180   5 設計におけるプロセス安全

荷下ろしステーションを使用すること,荷下ろし配管と貯蔵タンクに明確なラベル表示すること,書面によるチェックを含む材料識別のための明確な運転手順とすること.貯蔵タンクから内容物を排出する際,他の物質が残っている可能性のあるマニホールドを通して排出する場合,タンクへの逆流防止措置としては逆止弁および逆流が検出された際にインターロックが作動して閉じる遮断弁の設置が考えられる.

モノマーのような自己反応性物質,または水反応性物質には特別な配慮が必要である.暖かい地域で自己反応性物質を扱う際は,冷却などの温度制御を必要とする場合もある.モノマーはインヒビター(重合禁止剤)を混入させた状態で出荷されており,貯蔵期間が限られていることから,タンクは迅速に回転する(貯蔵時間を短くする)ようなサイズにすることも考慮すべきである.モノマーは,通常のベントや非常用ベントを閉塞させることがあるため,点検と洗浄の頻度を増やす必要がある.水反応性物質には,水分の侵入を防ぐために不活性ガスで充填した雰囲気を作ることも考慮すべきである.

貯蔵タンクに関する規定・規格には以下のものがある.

- ・API STD 650. *Welded Steel Tanks for Oil Storage*, 11 th Edition, American Petroleum Institute. Washington, DC, 2008.(石油貯蔵用溶接鋼製タンク),

- ・API STD 651. Cathodic Protection for Aboveground Petroleum Storage Tanks. American Petroleum Institute. Washington, DC, 2014.(地上の石油貯蔵タンクのための陰極保護)

- ・API STD 620. *Design and Construction of Large, Welded, Low-pressure Storage Tanks*, American Petroleum Institute. Washington, DC, 2008.(大型,溶接,低圧貯蔵タンクの設計と建設)

- ・API STD 2000. *Venting Atmospheric and Low-pressure Storage Tanks*, Sixth Edition: American Petroleum Institute. Washington, DC, 2008.(大気圧および低圧貯蔵タンクの換気)

- ・ASME Boiler and Pressure Vessel Code(Ref. 5.2).(ボイラーおよび圧力容器コード)

- ・NFPA 30. *Flammable and Combustible Liquids Code*, National Fire Protection Association. Quincy, MA, 2008.(引火性および可燃性液体コード)

- ・NFPA 58. *Liquefied Petroleum Gas Code*, 2008 Edition, National Fire Protection Association. Quincy, MA, 2008.(液化石油ガスコード)

5.3 石油精製プロセス

プロセス産業の一例として石油精製の分野を取り上げたのは，石油精製施設が世界のほとんどの地域に存在するためである．これら精製施設には種々の重大な危険（ハザード）が潜んでおり，不幸にも50年以上にわたり事故が繰り返されてきた．さらに，石油精製の分野で実用化されている安全装置およびその安全装置の故障モードは，他のプロセス産業にも密接に関連している．

石油精製は原油を，軽質留分（LPG：液化石油ガス），燃料類（ガソリン，ディーゼル，ケロシン，ジェット燃料），重質成分（潤滑油，アスファルト，コーク）に転換する種々の単位操作やプロセス設備からなっている．石油精製の基本的な運転操作には，分離，高分子物質の分解（水素化処理，水素化分解），分子の配列替え（異性化），分子の結合（改質，アルキル化）などがあり，原油からプロパン，ガソリン，ケロシン，ディーゼル燃料などを得る．以下に紹介するプロセスは，代表的な製油所プロセスの

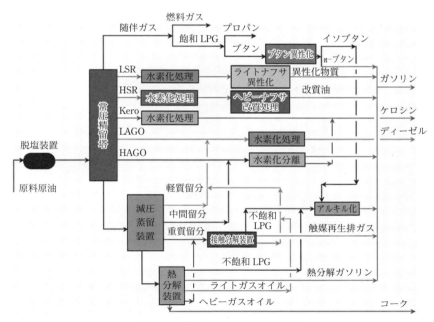

図 5.37　製油所のフロー図，Ref. 5.43

182　　5 設計におけるプロセス安全

例であるが，製油所の精製プロセスすべてを挙げているわけではない．図 5.37 に製油所のフロー図を示す．

　"Petroleum Refining in Nontechnical Language, 4th Edition"（Ref. 5.42）と "An Oil Refinery Walk-Through"（Ref. 5.43）は，製油所プロセスの優れた入門書である．

5.3.1　製油所における一般的なプロセス安全ハザード

　製油所では引火性の気体や液体を大量に取り扱っている．施設から内容物が流失すると，いずれの場合も火災や爆発に繋がる可能性がある．製油所では，引火性物質が放出された場合に備えて引火性ガス検知器と大量散水システムを備えることもある．テキサスシティーにおける爆発事故（3.1 節）の後，製油所内の配置と建物の保護に対する関心が高まっている．

　多くの製油所では，さまざまな硫黄化合物を含む原料を処理しており，副産物として高濃度の硫化水素（H_2S）が生成されている．硫化水素は空気より重い毒性の強いガスで，400 ppm 程度の低い濃度で死に至る．低濃度では卵の腐ったような臭いがすることで知られているが，100 ppm 程度では人間はその臭いに慣れてしまうので，暴露や濃度上昇に対して嗅覚をあてにすることはできない．実際には，100 ppm は硫化水素の脱出限界濃度（IDLH）のレベルである．これは，硫化水素の濃度が 100 ppm 以上になると，後遺症の残る健康障害を受けたり，危険な雰囲気から自力で脱出できなくなるなど，直接生命への脅威が引き起こされることを意味している．それは，100 ppm で目の炎症や呼吸困難になるおそれがあるからである．また，塩素のような毒性の強い他の物質とは異なり，硫化水素は目に見えないガスである．空気より重いので，換気の悪い場所に蓄積する可能性がある．製油所には通常，敷地内にエリア固定用の硫化水素用ガス検知器とプラントに入る際の携帯式硫化水素モニターが備えられている．水素化処理装置（5.3.4 項）には硫黄や硫化水素を除去する役割がある．

　製油所には多くの熱交換器，蒸留塔，加熱炉，貯蔵タンクがあり，いずれも引火性の物質を保有し，その多くが毒性ガスの硫化水素を含有している．熱交換器（5.2.2 項），蒸留塔（5.2.3 項），加熱炉（5.2.6 項），貯蔵タンク（5.2.7 項）の項でそれぞれ指摘された運転上の諸問題は，内容物の流失を引き起こし，火災や爆発に繋がる可能性がある．

　原油中の不純物および運転で水素を使用することによる配管や機器の腐食は，製油所共通の課題である．腐食は製油所内のあらゆる設備において内容物の流失を引き起す原因の一つである．製油所において「設備資産の健全性と信頼性」は重要な PSM エ

レメントの一つである．

資　料

製油所に関する以下の資料は本節の準備段階で使用したものである．
- OSHA Technical Manual-Section IV: Chapter 2-Petroleum Refining Process, https://www.osha.gov/dts/osta/otm/otm_iv/otm_iv_2.html
- Petroleum Refining in Non-Technical Language (Ref. 5.42)．
- American Petroleum Institute (API) Recommended Practices (API has several recommended practice documents, some of which will be listed inthe follow sections)．

5.3.2　原油の処理と分離

概要　原油は炉で加熱され，650～700°C（1200～1300°F）で運転される蒸留塔でいくつかの留分に分離される．このプロセスの部分は通常クルードユニットと呼ばれている．製油所には，蒸留塔の残油を減圧蒸留塔に送り低温でさらに蒸留している所もある．これにより低温でさらなる分離ができるので，原油の熱分解が不要となる．図 5.38 は常圧蒸留塔のプロセスフロー図である．

プロセス安全上の事故とハザードの事例　2.11 節で述べたシェブロン社リッチモ

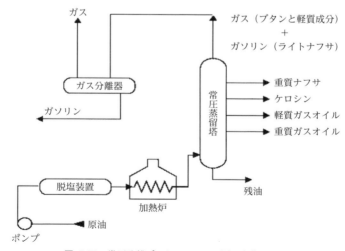

図 5.38　常圧分離プロセスのフロー図，出典 OSHA

184 5 設計におけるプロセス安全

ンド製油所における蒸気雲爆発は原油の処理と分離を行う設備で発生した．その事故における蒸気雲爆発は，硫化腐食により8インチ配管が破裂して可燃性蒸気が噴出したことが原因であった．硫化腐食は 230〜430℃（450〜800°F）の温度で硫黄化合物（特に硫化水素）が鉄と反応して発生する．これは，鋼などの材料を薄くし，監視や管理をしていないと配管の損傷に繋がる．

　原油中に硫化水素（H₂S）や他の硫黄化合物などの不純物が存在すると，原油設備のあらゆる箇所で硫化腐食を起こすことがある．このハザードはクロムの含有量が多い鋼を使用することにより軽減できる．このような鋼は，硫化腐食に対して炭素鋼よりも本質的に安全である．腐食管理のために塔にアンモニアを注入することもある．腐食のハザードを管理するためには，しっかりとした「設備の健全性」のプログラムが必要である．API（アメリカ石油協会）は，推奨手法 "API RP 939-C Guidelines for Avoiding Sulfidation (Sulfidic) Corrosion Failures in Oil Refineries, First Edition, 2009（製油所における硫化腐食対策ガイドライン，初版，2009）" を発行している．

5.3.3　軽質炭化水素の処理と分離

概要　　原油分離設備から出たガスは，ガス処理設備（訳者註：米国では "sat gas plant" と呼ばれることがある．この "sat" は飽和炭化水素のこと）に送られる．代表的なプロセスとしては，圧縮によるガスの液化，相の分離，リーンオイルを用いてのガス吸収があり，一連の蒸留塔を経てエタン，プロパン，ブタン類に分離される．

プロセス安全上の事故とハザードの事例　　3.5 節で説明されたエッソ社ロングフォードプラントの爆発は製油所の事故ではないが，この事例はガスプラントの主要なハザードの一つとして気化冷却（auto-refrigeration）があることを示している．気化冷却は，ガスの断熱膨張によって起こる．その低温は，炭素鋼などの金属をその延性脆性遷移温度（延性を失い，脆くなる温度）以下にし，金属を脆化させることがある．これが，容器や配管が破裂して，内容物の流失やガス爆発が生じた原因であった．調理用コンロのプロパンボンベに水滴が付くのは気化冷却の一例である．気化冷却は石油化学プロセスと同様に化学プロセスでも起こり得る潜在的な問題である．液化石油ガスだけでなく，アンモニア，塩素，塩化水素も気化冷却を起こす可能性がある．

　AIChE（アメリカ化学工学会）は Auto Refrigeration and Metal Embrittlement（気化冷却と金属の脆化）という講座を提供している．この講座は学部学生には無料である．https://www.aiche.org/academy/videos/conference-presentations/auto-refrigeration-and-metal-embrittlement

ポンプ内では，軽質炭化水素（LHC：light hydrocarbon）が加圧されているのでポンプシールが内容物の流失のハザード源となる．ガス処理設備では一般的にバリア流体入りの二重シールのようなより強固なシールが使用されている．

軽質炭化水素は加圧状態で液体である．背圧バルブが故障すると圧力が低下し，設備内で気化して，配管や機器を破裂させるような高い圧力を発生することがある（訳者註：急激な圧力低下では気液平衡が保たれず，液体がフラッシュして高圧を生ずることがある）．これにより多量の引火性物質が放出される可能性がある．一般には過圧を防止するために，フレアシステムに繋がるリリーフ弁が装備されている．

ガス処理設備で火災が発生し機器が火にさらされると，5.2.7 項で述べた BLEVE（沸騰液膨張蒸気爆発）になる可能性がある．

5.3.4 水素化処理

概要 水素化処理の主な目的は，硫黄，窒素，酸素，金属などの不純物を除去することである．原料は水素と混合され，600～800°C（1100～1472°F）に予熱して高圧（69 bar（6.9 MPa）以上）で触媒反応器に供給され，硫化水素，アンモニア（NH$_3$），金属塩化物が形成される．原料の石油成分中には不飽和炭化水素，芳香族炭化水素が含まれており，水素と反応して飽和炭化水素になる．生成物はその後脱圧，冷却される．余剰の水素は循環され，残りの流体はナフサ生産物からブタンを除去するため蒸留塔に送られる．図 5.39 は水素化処理設備のプロセスフロー図である．図 5.37 にあるように製油所内には複数の水素化処理設備がある．

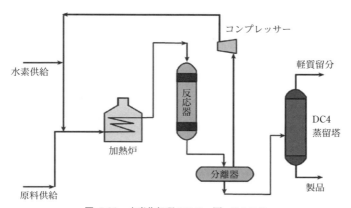

図 5.39　水素化処理のフロー図，Ref. 5.43

プロセス安全上の事故とハザードの事例　　2010 年，テソロ石油アナコルテス (Tesoro Anacortes) 製油所の水素化処理部門で爆発が起こった（Ref. 5.44）．この事故では，熱交換器が破裂して 500℃（930°F）の水素とナフサが放出されて着火し，7 人が死亡する火災となった．

この事例の CSB（米国化学安全委員会）ビデオは http://www.csb.gov/videos/（"Tesoro" で検索）で見ることができる．この破裂は高温水素浸食（HTHA：high temperature hydrogen attack）と呼ばれる現象によるものであった．

高温水素侵食では，機器を構成する鋼の壁に水素が高温で侵入拡散し，鋼中の炭素と反応してメタンが生成される．この反応により鋼中の炭素量が減少すると同時に，発生したメタンにより鋼の内部の圧力が上昇し，鋼に亀裂を生じて鋼を脆くするものである．テソロ製油所の熱交換器は高温水素侵食を受けやすい炭素鋼製であった．高温水素侵食は，初期の段階では亀裂が非常に小さいため見つけることが難しい．亀裂が発見されるまでに，機器の損傷はすでに進んでいる可能性がある．高クロム鋼は高温水素侵食に強いので，より安全な材質である．

アメリカ石油協会（API：The American Petroleum Institute）からは，高温水素侵食に関する推奨手法が発行されている．"API RP 941, Steels for Hydrogen Service at Elevated Temperatures and Pressures in Petroleum Refineries and Petrochemical Plants, 7th Edition, 2008（石油精製および石油化学プラントにおいて高温高圧で水素を使用する際の鋼）"．API 941 は，種々の金属について高温水素侵食が生じる可能性のある温度と圧力（水素分圧）の関係を示す線図（ネルソン線図と呼ばれる）を提供している．この CSB の調査でネルソン線図は不正確であることが分かり，API は 2011 年にこの影響について注意を喚起している．

もう一つのプロセスハザードは，水素処理装置からその上流プロセスへ高圧水素が逆流する可能性で，下流への液の供給が失われた（例えば，供給ポンプのトリップ）際に発生する．このリスクを低減するための逆流防止手段として逆止弁（チェックバルブ）や遮断弁が使用されている．

水素化処理の反応は発熱反応であり，原料組成に応じて原料の投入量と温度を適切に維持することで制御する．制御に失敗すると過剰の熱が発生し，正常の温度より高くなる可能性があり，その高温により容器が弱くなり内容物の流失を起こすおそれがある．反応の制御は供給量や予熱温度を調整することで行われる．予防措置として冷却システムが装備されることもある．

5.3.5 接 触 分 解

概要　接触分解とは，原油を蒸留して得られる重質留分を，触媒を使用して分解してガソリンやケロシンのような軽質留分にするものであり，最も一般的なプロセスは流動接触分解（FCC: fluid catalytic cracking）である．図 5.40 は FCC のプロセスフロー図である．FCC 設備は製油所で最も大きな設備の一つである．425～480°C（800～900°F）で原料油と触媒が上昇管内で混合され反応が行われる．触媒はディスエンゲージャー（分離室）で生産物と分離され再生塔に入る．再生塔では，空気を吹き込んで表面に付着したコークを燃焼させることで触媒を再生する．触媒の出口温度は 650～815°C（1200～1500°F）である．再生された触媒は反応器の上昇管に戻される．

分解生成物は各留分に分離するため蒸留塔へ送られ，スラリーオイルは循環して反応器に戻される．

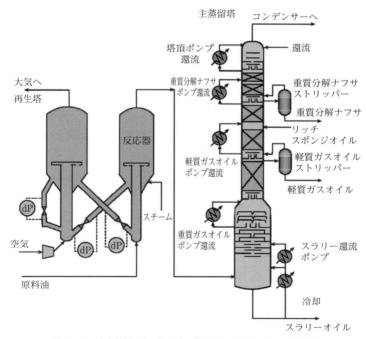

図 5.40　流動接触分解（FCC）プロセスのフロー図，Ref. 5.43

プロセス安全上のハザード　触媒による配管のエロージョンは内容物の流失に繋がる．エロージョンによって漏れが起こらないかを確認するための点検が必要である．

反応器のスライドバルブを通って逆流（図5.40の差圧伝送器（dP）を見ること）が起これば，反応器に空気が流入する．そうすると可燃性混合物が形成され，高温炭化水素が着火して火災や爆発を起こすおそれがある．

使用済みの触媒を排出する際に，硫化鉄生成による火災発生という潜在的な危険性（ハザード）もある．コークが付着した触媒は容器に移す前に冷却し，湿らせなければならない．

5.3.6　改　質

概要　改質は，ナフテン類やパラフィン類を芳香族やイソパラフィンに転換してオクタン価を高めるプロセスである．このプロセスは水素も発生するが，その水素は水素処理設備で使用される．触媒再生には主に，半再生と連続再生（CCR: continuous catalyst regeneration）の二つの方式がある．CCRプロセスのフロー図を図5.41に示す．この反応器は実際には一連の複数の反応器からなっている．

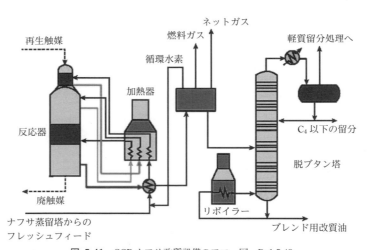

図 5.41　CCRナフサ改質設備のフロー図，Ref. 5.43

プロセス安全上のハザード　改質設備も高温水素浸食（HTHA）を受けやすい．また，水素が塩素化合物と反応すると塩化水素を生成して塩化物腐食を起こす．腐食による漏れをチェックするために適切な検査プログラムが必要である．触媒の再生中に

は一酸化炭素や硫化水素が放出されることもある．

5.3.7 アルキル化

概要 アルキル化設備は，イソブテンをプロピレンやブチレンと反応させて，イソオクタンのような高オクタン価物質であるアルキル化合物を製造する設備である．硫酸（H_2SO_4）またはフッ化水素酸（HF）が触媒として使用される．図5.42はアルキル化設備のフロー図である．

硫酸触媒を使用するアルキル化設備では，冷却装置により原料油の温度を約4～5℃（40°F）に下げ，次にその原料油を反応器で酸性触媒と混合させる．酸は沈降分離槽で分離されて反応器に循環される．反応生成物は一連の蒸留塔においてプロパン，ブタン類およびアルキル化合物に分離される．

プロセス安全上の事故とハザードの事例 アルキル化設備では大量の硫酸あるいはフッ化水素酸を使う．双方とも腐食性があり危険性の高い物質である．内容物の流失は危険な事象で，強い腐食性に加えて毒性を持つフッ化水素酸の流失は特に危険性が高い．皮膚から吸収されると心臓停止の原因になり，吸い込むと肺の粘膜を傷つける．フッ化水素酸は，以下に述べるテキサスシティーでの事故でも発生したように，製油所の外に流れて白煙を生じることがある．設備によっては，漏れを自動検知するシステムおよび漏れたフッ化水素酸を空気中から除去あるいは洗浄するために大量の水を噴霧するシステムを備えている．

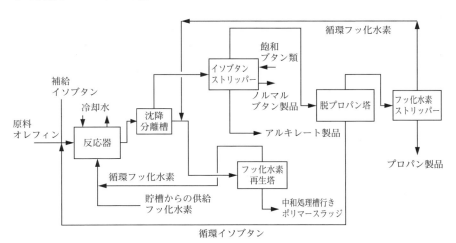

図 5.42 フッ化水素酸アルキル化プロセスフロー図，Ref. 5.46

190   5 設計におけるプロセス安全

1987 年，テキサス州テキサスシティーのフッ化水素酸の漏えい　　アルキル化設備で，熱交換器を吊ったクレーンが熱交換器を落としたため，フッ化水素酸とイソブタンの入った沈殿槽に接続する 4 インチの供給配管と 2 インチの圧力開放配管が切断された．このドラムは加圧状態にあり，約 18 000 kg のフッ化水素酸と 17 900 kg のイソブタンが放出された．周辺植物の被害の状況から，漏えい箇所から約 3/4 マイル（1.2 km）離れた場所でもフッ化水素酸の濃度は 50 ppm あったと記録されている．この濃度レベルのフッ化水素酸は，生命を脅かすしきい値以上のレベルだと考えられている．この漏えい事故では，フッ化水素酸を可能な限り沈殿槽から貨物車に移すと共に，漏れた所に散水することによって鎮静化させた．漏えいが止まるまでに 44 時間かかった（Ref. 5.45）．

2009 年，テキサス州コーパスクリスティ（Corpus Christi）のフッ化水素酸の漏えい　　コントロールバルブが故障で閉止し，プロセス配管の流れが遮断された．流れが突然遮断されたことにより配管が激しく振動し，ねじ込み式継手が 2 か所で破損した．引火性の炭化水素が流出して，これに着火した．この火災は他にもいくつかの異常事態を引き起こしたが，その中には約 42 000 ポンド（19 050 kg）のフッ化水素酸の漏えいも含まれていた．漏えい対策の散水システムが稼働して大半のフッ化水素酸は吸収された．1 人の作業者は重度の薬傷を負った．Citgo 社は 30 ポンド（13.6 kg）のフッ化水素酸は散水システムでは捕捉できなかったと報じた．いくつかの研究によれば，このようなシステムでは 95%の除去効率がベストであるとされている．CSB の勧告書には，90%の効率とすると空気中への放出量は約 4000 ポンド（1814 kg）であっただろう，と記されている．このシステムへの水はほとんど使い果たされ，消火には隣接する船舶用水路の海水が使用された．CSB は Citgo 社がこの設備の安全審査を行っていなかったと発表した（Ref. 5.47）．下記のアルキル化に関する API の手引き書では，3 年ごとの安全審査を推奨している．

アルキル化の反応は発熱反応である．制御ができなくなると水素化設備の場合と同様の結果をもたらす．

API はフッ化水素酸によるアルキル化に関する推奨手法を発行している．"API RP 751, Safe Operation of Hydrofluoric Acid Alkylation Units Third Edition, June 2007"

5.3.8　コーキング（重質油熱分解）

概要　　コーカー（重質油熱分解設備）は，重質油を原料とし，それを熱分解して軽質製品を生産する．残渣はコークと呼ばれる固体である．二つの主要なコーキング

5.3 石油精製プロセス

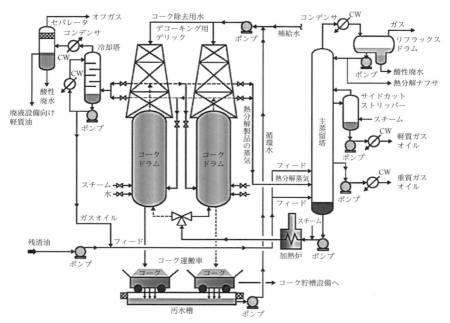

図 5.43 ディレードコーカー設備のフロー図，Ref. 5.43

プロセスとして，ディレードコーキングと連続式コーキングがある．図 5.43 はディレードコーカー設備のフロー図である．

原油の蒸留設備（主蒸留塔）の塔底液が約 450〜500°C に熱せられてコークドラムの底部に投入される．投入された原料は 0.3〜0.8 MPa（40〜115 psig）で約 24 時間コークドラム内に滞留して熱分解され，軽質成分を生成する．軽質成分は蒸留塔に送られ，そこで回収された留分は製油所の他の部門に送られて処理される．第一コークドラムがハイレベルに達すると供給は第二コークドラムに切り換えられる．製油所により複数のコークドラムを持つ所もある．コークドラムは大きいものでは高さ 37 m（120 ft），幅 9 m（29 ft）ほどになる．第一ドラムを冷却し，塔頂部と塔底部の蓋を外した後，ドラムを高圧の液体で洗浄してコークを除去する．

プロセス安全上の事故とハザードの事例

1998 年，エクイロン社アナコルテス（Equilon Anacortes）製油所のコーキングプラントでの事故　コークドラムへの充填を始めてから 1 時間後に，嵐により電力が

遮断された．原料投入ラインがコークで詰まった．運転員たちはスチームによってこのラインの詰まりを清掃し，完了したと思っていた．スタッフは温度の値からドラムの冷却は完了したと考えた．塔頂の蓋（ヘッド）が取り外され，次いで塔底の蓋（ヘッド）が取り外された．塔底の蓋（ヘッド）が除去された際に高温の重質油がコークの塊を突破し，その重質油が自然発火温度より高かったために着火した．爆発・火災が発生し，6人が死亡した．スタッフはドラムの中にあった筈の温度センサーが外に置いてあったために判断を誤った．エクイロン社はその後，遠隔操作の清掃システムを設置した（Ref. 5.48）．

ディレードコーカー（重質油熱分解装置）は多くの重大事故発生源の一つとなっており，OSHA の安全上の問題情報（SHIB：Safety Hazard Information Bulletin）における Hazards of Delayed Coker Unit（DCU）Operations（Ref. 5.49）のテーマでもある．

切り換えバルブの組込み違いやバルブの漏れがあると高温の物質が洗浄中のドラムに流れ込み，内容物の流出を招いて火災や爆発の可能性に繋がる．OSHA SHIB によれば，間違ったバルブを開けたことがこの "重大な事故に繋がった"．コントロールバルブの開操作にインターロックを備えればこの種の事故は防ぐことができる．

重質油熱分解設備の中には洗浄を手作業で行っているものもある．コークドラムの塔頂の蓋（ヘッド）を取り除く際に，作業者が塔頂のドラムからの蒸気，熱水，コークの粒子，高温のタールの塊などの噴出や，塔底の蓋（ヘッド）からのコークの崩落に晒されるおそれがある．蓋（ヘッド）から物がいつ放出されるかを予測するのは難しい．運転員にはドラムを開けるときの危険に備える訓練をすることが必要である．蓋（ヘッド）の覆いや自動除去システムを付ければ危険（ハザード）を軽減することができる．運転員を潜在的な危険から守るために遠隔操作による洗浄設備を使用している設備もある．

フィードによっては泡を形成してドラムの圧力や液面の上昇，ドラムの出口やリリーフ弁の詰まりの原因になることがある．これは圧力過剰や内容物の流失になる可能性がある．この現象を避けるためにフィードに消泡剤を投入することもある．

5.4 非定常運転状態

5.4.1 概　要

非定常運転には，通常のスタートアップ・緊急停止後のスタートアップ・通常および緊急のシャットダウン・保全やプロセスの乱れあるいは緊急操作から回復するため

の保持運転延長が含まれる．シャットダウンによっては，再スタートの準備が整うまでプロセスの一部を待機モードの状態で運転を続けることもある．スタートアップとシャットダウンは航空宇宙業界の離陸と着陸によく似ている．これらの運転状態では通常，連続運転モードや正常な運転モードよりもプロセスの操作が多くなるためにヒューマンエラーを起こしやすい．加えて，自動化されたインターロックや制御系のような多くの安全システムは，スタートアップやシャットダウンの間には役に立たないかもしれない．これらの自動システムの中にはプロセスが特定の設定条件に達したときにスタートするプログラムになっているものもある．

5.4.2 プロセス安全事故事例

キャッチタンクの爆発　2001年，BP社アモコ（Amoco）のプラントでやむを得ず運転を中断していた押出機を再スタートアップしたところ爆発が起こった．通常のスタートアップでは，押出機がスタートアップし安定するまで，反応器からキャッチタンク（図5.44）にポリマーを送っていた．このときは，押出機をスタートすることが困難となり，スタートアップは中断された．約12時間後，夜間シフトの運転員が清掃のためキャッチタンクからカバーを取り外すよう指示された．そのカバーを取り外そうと約半数のボルトを外したとき，キャッチタンクのカバーが外れて吹き飛んだ．3人の保全作業員が死亡した（Ref. 5.50）．

その前のスタートアップ作業中，正常な量の2倍以上のポリマーがキャッチタンク

図 5.44　ポリマーキャッチタンク，Ref. 5.50

194   5 設計におけるプロセス安全

に送られていた．それにはポリマーとフラッシュ洗浄用溶媒が含まれていた．キャッチタンクには通常よりも多くのポリマーが入っていたので，それに同伴していた溶媒蒸気は逃げ場がなかった．ベントシステムはポリマーによって塞がれていたらしく，キャッチタンク内の圧力と温度が上昇した．ポリマーは圧力指示計も塞いでおり，したがって，タンク内が高圧になっていることに誰も気付かなかった．保全作業員がタンクを開け始めたとき，その圧力が激しく放出された．

業界では経験上，一時的な運転休止状態からのスタートアップや再スタートなどプロセスの状態が変化する中で事故の頻度が高まることが知られている．前章までに取り上げた事故のいくつかは非定常運転モードの間に起こった．それらは以下のリストのとおりである．3章で説明した16件の事故のうちの7件がこのリストに入っていることが非定常運転のリスクの証拠である．

- NASAスペースシャトル，チャレンジャー号の爆発（2.2節）
- モティバ社製油所の爆発（2.10節）
- 水素化分解精製設備の爆発（2.16節）
- BP社製油所の爆発，テキサスシティー（3.1節）
- ARCO社チャネルヴューでの爆発（3.2節）
- NASAスペースシャトル，コロンビア号の大惨事（3.3節）
- エッソ社ロングフォードガスプラントの爆発（3.5節）
- ポートニール硝酸アンモニウム爆発（3.6節）
- 英国，ミルフォード・ヘブン，テキサコ製油所の爆発（3.9節）
- マコンド油井の暴噴（3.16節）
- 蒸留塔の事故（5.2.3項）
- 活性炭層の事故（5.2.3項）
- セベソでの事故（5.2.5項）
- 燃焼加熱設備 （5.2.6項，事例1および事例3）
- エクイロン社アナコルテス製油所のコーキングプラント事故（5.3.8項）

5.4.3 設計上の注意

設計された安全システムは，非定常運転の間は機能しないことがしばしばあるので，運転員と技術者の役割と彼らのプロセスの運転に関する知識は極めて重要である．これらの運転モードに対しても文書化された手順が必要で，実際，OSHA PSM や EPA RMP 規則が適用されるプロセスに対しては必須となっている．緊急時や異常運転時の

場合の手順には，プロセス状態が限界を超えたときに運転員が取るべき行動が含まれていなければならない．

　非定常運転状態におけるリスクは HIRA において特定され（分析され）るべきである．HIRA はスタートアップとシャットダウン，ユーティリティの喪失を含み，特定のプロセスの異常に対する対応を明確にすべきである．この情報は緊急時の対応手順にも移し替えることができる．PHA は，非定常運転におけるリスクの文書化，運転作業手順の作成，また，スタートアップやシャットダウンにおけるリスクについて適切な訓練やリフレッシュ教育を実施するために使うことができる．運転準備レビューも2.15 節で示したようにスタートアップの前に実施されるべきである．ARCO 社チャネルヴュー事故やセベソの事故にあるように，異常状態が長期間続いたときには，変更管理レビューを行わなければならない．

5.5　参　考　文　献

5.1　Inherently Safer Chemical Processes; A Life Cycle Approach, 2nd Ed. American Institute of Chemical Engineer, New York, NY, 2009.

5.2　Kletz, T., Process Plants: A Handbook for Inherently Safer Design, Taylor and Francis, London, 1998.5.1 Guidelines for Engineering Design for Process Safety (Second Edition), Center for Chemical Process Safety, New York, 2012.

5.3　ASME Section VIII-DIV 1. *ASME Boiler and Pressure Vessel Code*, Section VIII, Division 1: Rules for Construction of Pressure Vessels, American Society of Mechanical Engineers, New York, NY, 2010.

5.4　CCPS, Process Safety Beacon, The Seal that Didn't Perform, July 2002.
（http://sache.org/beacon/files/2002/07/en/read/2002-07%20Beacon-s.pdf）

5.5　CCPS, Process Safety Beacon, It's a Bird, It's a Plane, It's ..A Pump, October 2002.
（http://sache.org/beacon/files/2002/10/en/read/2002-10%20Beacon-s.pdf ）

5.6　Kelley, J. Howard, Understand the Fundamentals of Centrifugal Pumps, Chemical Engineering Progress, p.22-28, Oct 2010.

5.7　Berg, J. The Case for Double Mechanical Seals, Chemical Engineering Progress, p. 4245, June 2009.

5.8　CCPS Process Safety Beacon, Understand the Reactivity of Your Heat Transfer Fluid, February 2011.
（http://www.sache.org/beacon/files/2011/02/en/read/2011-02-Beacon-s.pdf）

5.9　Mukherjee, R., Effectively Design Shell-and-Tube Heat Exchangers, Chemical Engineering Progress, Feb. 1998.

5.10　Haslego and Polley, Designing Plate-and Frame Heat Exchangers, Chemical Engineering Progress, p. 30-37, Sept. 2002.

5.11　Chu, Chu, Improved Heat Transfer Predictions for Air-Cooled Heat Exchangers, Chemical

196   5 設計におけるプロセス安全

Engineering Progress, p. 46-48, Nov. 2005.

5.12 API STD 660. Shell-and-Tube Heat Exchangers, Eighth Edition, American Petroleum Institute, Washington, DC., 2007.

5.13 Bouck, Doug, Distillation Revamp Pitfalls to Avoid, Chemical Engineering Progress, p. 32-38, Feb. 2014.

5.14 Ender, Christophe and Laird, Dana, Minimize the Risk of Fire During Column Maintenance, Chemical Engineering Progress, p. 54-56, September 2003.

5.15 Mannan, Sam, Best Practices in Prevention and Suppression of Metal Packing Fires, Mary Kay O' Connor Process Safety Center, August 2003.

5.16 OSHA Safety Hazard Information Bulletin on Fire Hazard from Carbon Adsorption Deodorizing Systems, August 17, 1992.
(https://www.osha.gov/dts/hib/hib_data/hib19970730.html)

5.17 Naujokas, A.A., Spontaneous Combustion of Carbon Beds, *Plant/Operations Progress*, p. 120-126, April 1995.

5.18 Jarvis, H.C. Butadiene Explosion at Texas City-2, *Plant Safety & Loss Prevention*, Vol. 5. 1971.

5.19 Butadiene Explosion at Texas City-1, *Plant Safety & Loss Prevention*, Vol. 5.

5.20 Keister, R.G., et al. Butadiene Explosion at Texas City-3, *Plant Safety & Loss Prevention*, Vol. 5. 1971.

5.21 Sherman, R.E., Carbon-Initiated Effluent Tank Overpressure Incident, *Process Safety Progress*, Vol. 15, No. 3, p. 148-149, Fall 1996.

5.22 Guidelines for Safe Handling of Powders and Bulks Solids, Center for Chemical Process Safety, New York, 2005.

5.23 Drogaris, G. Major Accident Reporting System: Lessons Learned from Accidents Notified, Elsevier Science Publishers, B.V, Amsterdam, 1993.

5.24 Kletz, T., What Went Wrong, Case Histories of Process Plant Disasters, 4th Ed., Elsevier, Houston, TX, 1993.

5.25 Garland, R. Wayne, Root Cause Analysis of Dust Collector Deflagration Incident, *Process Safety Progress*, Vol. 29, No. 4, December 2010.

5.26 Patnaik, T., Solid-Liquid Separation: A Guide to Centrifuge Collection, Chemical Engineering Progress, p. 45-50, July 2012.

5.27 Lees Loss Prevention in the Process Industries, Vol. 3, Elsevier, 2012. ISBN978-0-12397212-5.

5.28 U.S. Chemical Safety and Hazard Investigation Board, Investigation Report, Report No. 2008-3-I-FL, T2 Laboratories, Inc. Runaway Reaction. Jacksonville, FL. September 2009. (http://www.csb.gov/investigations).

5.29 CCPS Process Safety Beacon, Interlocked for a Reason, June 2003.
(http://sache.org/beacon/files/2003/06/en/read/2003-06%20Beacon-s.pdf)

5.30 CCPS Process Safety Beacon, Avoid Improper Fuel to Air Mixtures, Jan. 2004.
(http://sache.org/beacon/files/2004/01/en/read/2004-01%20Beacon-s.pdf)

5.31 Ramzan, Naveeed, et al, Root Cause Analysis of Primary Reformer Catastrophic Failure: A Case Study, *Process Safety Progress*, Vol. 30, No. 1, p 62-65, March 2011.

5.32 The Buncefield Incident, The final report of the Major Incident Investigation Board,

5.5 参 考 文 献　　197

Volume 1, 11 December 2008.

(http：//www.hse.gov.uk/comah/buncefield/miib-final-volume1.pdf)

5.33　CCPS Process Safety Beacon, The Great Boston Molasses Flood of 1919, May 2007.

(http：//sache.org/beacon/files/2007/05/en/read/2007-05-Beacon-s.pdf)

5.34　CCPS Process Safety Beacon, What if You Load the Wrong Material Into a Tank?, April 2012. (http：//sache.org/beacon/files/2012/04/en/read/2012-04-Beacon-s.pdf)

5.35　CCPS Process Safety Beacon, Vacuum is a Powerful Force!, Feb. 2002.

(http：//sache.org/beacon/files/2002/02/en/read/2002-02-Beacon-s.pdf)

5.36　US EPA, Operating And Maintaining Underground Storage Tank Systems, EPA 510B-05-002, September 2005. (http：//www.epa.gov/oust/pubs/ommanual.htm)

5.37　NFPA 30, Flammable and Combustible Liquids Code, National Fire Prevention Association, Quincy, MA, 2015.

5.38　Britton, L.G., Avoiding static ignition hazards in chemical operations, *AIChE-CCPS Concept Book*, New York, (1999).

5.39　NFPA 77, Recommended Practice on Static Electricity, National Fire Prevention Association, Quincy, MA, 2014.

5.40　NFPA 780, Standard for the Installation of Lightning Protection Systems, National Fire Prevention Association, Quincy, MA, 2014.

5.41　Urban, P.G., Bretherick's Handbook of Reactive Chemical Hazards (7th Edition), Academic Press, New York, NYISBN：978-0-12-372563-9, 2006.

5.42　Leffler, Willaim, W., Petroleum Refining in Nontechnical Language, 4th Edition, PennWell, Tulsa, OK., 2008.

5.43　Olsen, Tim, An Oil Refinery Walk-Through, Chemical Engineering Progress, Vol. 110, No. 5, p. 34-40, May 2014.

5.44　U.S. Chemical Safety and Hazard Investigation Board, Investigation Report, Catastrophic Rupture of Heat Exchanger, Report No. 2010-08-I-WA, May 2014.

5.45　Woodward, John L. and Hillary Z., Analysis of Hydrogen Fluoride Release at Texas City, *Process Safety Progress*, Vol. 17, No. 3, p. 213-218, Fall 1998.

5.46　Kaiser, Geoffrey D., Accident Prevention and the Clean Air Act Amendments of 1990 with Particular Reference to Anhydrous Hydrogen Fluoride, PSP, Vol. 12, No. 3, p. 176-180, July 1993.

5.47　U.S. Chemical Safety and Hazard Investigation, Urgent Recommendations, 12/09/2009. (https：//www.csb.gov/assets/recommendation/urgent_recommendations_to_citgo_-_board_vote_copy.pdf)

5.48　U.S. Chemical Safety and Hazard Investigation, Safety Bulletin, Management of Change, No. 2001-04-SB, Aug. 2001.

(https：//www.csb.gov/csb-safety-bulletin-says-managing-change-is-essential-to-safe-chemical-process-operations/)

5.49　Hazards of Delayed Coker Unit (DCU) Operations, OSHA SHIB 03-08-29(C), 2003, (https：//www.osha.gov/dts/shib/shib082903c.html).

5.50　U.S. Chemical Safety and Hazard Investigation Board, Investigation Report, Report No. 2001-03-I-GA, Thermal Decomposition Incident., BP Amoco Polymers, Augusta, GA, June 2002. (http：//www.csb.gov/investigations).

6

学　習　教　材

　訳者註：この6章は米国の学生と教員向けに書かれており，紹介されている教材はすべて英語である．AIChE メンバーの学生には無償提供されるなどの特典が与えられているものもある．日本からも入手可能であるが，有償のものも少なくない．複数の教材を入手しようとする場合は，AIChE の会員になることも考えたほうが良いであろう．大学生は AIChE の会費が無料などの特典があるのでホームページで確認すると良い．尚，SACHE（Safety and Chemical Engineering Education）のホームページには，その後に作成されたモジュールも多数掲載されている．また，中にはスポンサーが付いて，無料で提供されているものもある．

6.1　は　じ　め　に

　本章の目的は，プロセス安全がどのように化学工学コースに組み込めるかを示すことである．本章は，化学工学の学生だけでなく，教育者のためのガイドでもある．SACHE グループのプロセス安全モジュールについて説明し，それらを既存の授業にどのように活用できるかについて提案する．SACHE モジュールへのアクセスは，SACHE のウェブサイト www.sache.org から入手可能である．各資料にアクセスするためには，ログイン名とパスワードが必要であるが，一般に，化学工学部を持つ米国のすべての大学には，このウェブサイトへのアクセスが許可されている．さらに，多くの学部には，SACHE のウェブサイトの連絡先になっている学部メンバーもいる．SACHE コースの全リストは，付録 D に記載されている．

　記載されている SACHE コースは，本質安全設計，プロセス安全管理，危険性（ハザード），ハザードの特定とリスク評価，保安システム，事故事例，その他のトピックでグループ分けされている．

6.2 本質安全設計

The **Inherently Safer Design**（ISD）と **Inherently Safer Design Conflicts and Decisions** のコースは，化学プラントの設計と化学工学の反応工学/反応器設計のために役立つものである．また，化学にも適用できるものである．これらの SACHE コースは，ISD が何であるか，なぜ ISD を学習させたいかについても説明している．また，5.1 節に記されているプロセス安全戦略の階層構造と，本質的に安全なプロセスを設計するための四つの戦略およびそれぞれの例を挙げている．

同様の観点から，SACHE の **Green Engineering Tutorial** では，より環境にやさしい設計の方法について説明している．このチュートリアルの著者が提供するソフトウェアを使用してプロセスを分析することもできる．

関連する SACHE の資料は，"An Inherently Safer Process Checklist" である．

6.3 プロセス安全管理と人命の尊重

次の二つの SACHE の資料は，プラント設計，物質収支およびエネルギー収支のコースに適している．

Process Safety Management Overview では，CCPS が提唱するプロセス安全のエレメント 12 項目について説明している．**Conservation of Life：Application of Process Safety Management** は，プロセス安全管理の適用について概説している．人命の尊重（COL：conservation of life ）は，COL が化学工学の設計と実践の基本原則であり，エネルギーと質量の保存と同様に重要な概念であることに基づいている．記載されているCOL の原則は次のとおりである．

- **Assess material/process hazards**——可燃性，毒性，反応性などのデータを見つける，または作成する
- **Evaluate hazardous events**——ハザードの結末分析（CA：consequence analysis）は，潜在的に危険な事象の好ましくない結果を評価するために使用される
- **Manage process risks**——本質的に安全なアプローチを適用し，複数の防護層を設計し，リスクを許容可能なリスク基準に基づいて評価する
- **Consider real-world operations**——PSM システムを導入し，体験から学習する
- **Ensure product sustainability**——製品安全とプロダクトスチュワードシップを導入する

COLコースには，実際のケースに適用できるこれらの多くの原則の例が含まれている．

6.4 プロセス安全の概要と化学プロセス産業における安全性

これらのコースは，プロセス安全分野の概要を説明している．

Process Safety Overview　このSACHE資料は，書籍 "Chemical Process Safety, Fundamentals with Applications"（Ref. 6.1）に基づいている．これには，プロセス安全について，31のプレゼンテーションが入っている．この資料に記載されているハザードには，毒性，産業衛生，火災および爆発が挙げられている．また，HIRA（ハザードの特定のリスク分析），火災および爆発の防護システム，緊急放出システム，事故調査を扱う資料もある．この資料は，プラント設計，反応工学/反応器設計，熱力学，熱伝達，運動量伝達，流体工学のコースの補助教材として使用できる．

Safety in the Chemical Process Industries　これは，以下のトピックに関する13本のビデオシリーズとなっている．実験室の安全，保護具，プロセスエリアでの安全の特徴，緊急放出システム，粉塵や蒸気の爆発，安全レビュー．さまざまなビデオが単位操作実験，反応工学/反応器設計，プラント設計のコースの補助教材として使用することができる．

6.5 プロセスハザード

SACHEには，プロセスハザードをカバーするいくつかのコースがある．本節は，化学反応の危険性，火災・爆発およびその他の危険性の三つの部分に分かれている．コースは次のとおりである．

- Chemical Reactivity Hazards
- Safe Handling Practices: Methacrylic Acid
- Seminar on Fires
- Fire Protection Concepts
- Explosions
- Dust Explosion Prevention and Control and Explosions
- Introduction to Biosafety
- Fundamentals of Chemical Transportation with Case Histories
- Metal Structured Packing Fires

202　　6 学 習 教 材

・Properties of Materials
・Static Electricity as an Ignition Source
・Static Electricity I-Everything You Wanted to Know about Static Electricity

6.5.1　化学反応の危険性（ハザード）

　この化学反応の危険性（ハザード）のモジュールは，反応工学/反応器設計，熱力学，熱伝達およびプラント設計の各コースと組み合わせて使用できる．

　"Safely conducting chemical reactions is a core competency of the chemical manufacturing industry"（Ref. 6.2）．ここで引用したこの CSB の報告書は，反応の危険性（ハザード）の重要性に着目した 167 件の化学反応の事故事例に基づくものである．これらは大学の教育で十分に実施されていない．プロセス化学，プロセス物質の反応性，熱安定性と化学安定性および物質の偶発的混合危険性に関する文書は，OSHA PSM 規則によって具体的に求められている項目の一つである．プロセス化学における変更は，変更管理のレビューで検討する必要がある．

　この Web ベースの教育モジュールには，広範なリンク，グラフィックス，ビデオ，補足スライドを含む約 100 の Web ページが含まれている．これらは，教室でのプレゼンテーションや自己学習のチュートリアルとして使用できる．このモジュールは，産業界において化学反応が制御不能となると，どれほど深刻な事故に繋がる可能性があるかを示しており，意図しない反応を避けて，意図した反応を制御するための重要な概念を導入している．

　このモジュールの五つの主要セクションは次のとおりである．

1. three major incidents that show the potential consequences of uncontrolled reactions;
2. how chemical reactions get out of control, including consideration of reaction path, heat generation and removal, and people/property/environmental response
3. data and lab testing resources used to identify reactivity hazards,
4. four approaches to making a facility inherently safer with respect to chemical reactivity hazards;
5. strategies for designing facilities both to prevent and to mitigate uncontrolled chemical reactions.

このモジュールは，10 問のクイズで終わるようになっている．また，包括的な用語集と参考文献には，どのページからも直接アクセス可能である．

　このモジュールは書籍, "Essential Practices for Managing Chemical Reactivity Hazards"

（Ref. 6.3）に基づいている．本書では，公に入手可能な情報を使用して潜在的な反応の危険性について化学物質をスクリーニングする方法を説明している．この方法論のフローチャートは付録Eに記載されている．

　もう一つの反応性化学物質の評価手段は，化学反応性ワークシート（CRW: Chemical Reactivity Worksheet）というソフトウェアプログラムである．CRWは，数千種類の化学物質に対して混合による危険性を予測できる．CRWは，国立海洋大気局のウェブサイトから無料でダウンロードできる．
（http://response.restoration.noaa.gov/reactivityworksheet）.

　Safe Handling Practices: Methacrylic Acid　このSACHEモジュールは特定の化学物質としてのメタクリル酸に関するものだが，一般的な重合性物質にも応用できる．鉄道車両での暴走反応に関するプレゼンテーションとビデオがある．これは，熱力学や熱伝導のコースの補助教材として使用できる．

6.5.2　火災と爆発

　下のSACHEモジュールは，プラント設計，熱力学，プロセス安全などのコースで使用できる．

　Seminar on Fires　このプレゼンテーションでは，次のようなトピックに関する火災や爆発の基本について説明している．

- ・technical definition of fires and explosions,
- ・physical characteristics of various fires,
- ・necessary conditions for fires and explosions
- ・elementary properties, such as flammability limits（LFL and UFL）, minimum ignition energy（MIE）, flame speeds, burning rates など

　Fire Protection Concepts　このコースは二つのセクションで構成されている．セクション1は火災の基本について，セクション2は貯蔵所・防油堤・貯留所からのプロセス領域の分離，構造物の防火，消火活動などの防火方法について説明している．

　Explosions　これは，爆発の被害を示す画像を提供し，爆発に関する基礎知識と爆発を防ぐために必要ないくつかの例をカバーするビデオである．

　Properties of Materials　このプレゼンテーションでは，可燃性，爆発性，反応性，毒性について説明している．安全データシート（SDS）にどのような特性が記されているかを示している．

　Dust Explosion Prevention and Control　このコースは三つのセクションに分かれている．第一部は粉塵爆発の状態と結末を記述している．第二部は，粉塵爆発のビ

デオとそれらを防ぐための設計方法から構成されている．第三部では，粉塵爆発における静電気の関与について説明している．

6.5.3 その他のハザード

Introduction to Biosafety　　このモジュールは，バイオセーフティの分野の概要を簡単に説明することを目的としている．バイオハザードの種類を紹介し，バイオハザードの原因，リスクグループに基づくバイオハザードの分類，バイオハザードのリスクを減らす方法について説明している．このモジュールは，実験室または臨床現場でバイオハザードを扱うことを目指している．バイオセーフティマニュアルの例も含まれている．このモジュールは，実験やプラント設計のコースの補助教材として使用できる．

Fundamentals of Chemical Transportation with Case Histories　　この概説には，化学物質の輸送に関する輸送規制およびさまざまな輸送手段の危険（ハザード）に言及しており，いくつかの事故事例も含まれている．このモジュールは，プラント設計やプロセス安全のコースで使用できる．

Metal Structured Packing Fires　　金属製充填材の火災は，充填塔に固有のハザードである（5.2.3 項参照）．これは，物質移動のコースを補完するものである．

Static Electricity　　静電気は，火災や爆発の発火源の 10％以上を占める．SACHE コースの **Static Electricity as an Ignition Source** と **Static Electricity I-Everything You Wanted to Know about Static Electricity** および上記のプロセス安全概説モジュールは，静電気がどのように発生し，放電し，どのように制御されるかを解説している．これらのプレゼンテーションは，プラント設計と単位操作実験のコースの補助教材として使用できる．

6.6　ハザードの特定とリスク分析

HIRA をカバーする SACHE コース：
- Process Hazard Analysis：An Introduction
- Process Hazard Analysis：Process and Examples
- Dow Fire and Explosion Index（F&EI）and Chemical Exposure Index（CEI）Software
- Layer of Protection Analysis
- Risk Assessment
- Safety Guidance in Design Projects
- Project Risk Analysis（PRA）：Unit Operations Lab Applications

・Consequence Modeling Source Models I: Liquids & Gases
・Understanding Atmospheric Dispersion of Accidental Releases
・Consequence Modeling Source Models I: Liquids & Gases
・Understanding Atmospheric Dispersion of Accidental Releases

最初のハザード分析とリスク評価のコースは，プラント設計コースを補足することを考慮したものである．PRA コースは単位操作実験で活用されるように開発されている．最後の二つのコースは，物質収支とエネルギー収支，流体力学/運動量移動および熱力学のコースへの補足資料である．

Process Hazard Analysis: Introduction/Process and Examples　　初めに，PHA の定義といくつかの基本的な危険性（ハザード）について説明している．演習問題として使用できる情報も含まれている．第 2 部では，いくつかの例を挙げて，ハザードと操作性（HAZOP）や故障モード影響分析（FMEA）などのハザード分析手法のタイプについて詳しく説明している．

Dow F&EI and CEI Software　　Dow F&EI（Fire and Explosion Index）は，プロセス機器およびその内容物の火災，爆発および反応の可能性を評価する半定量的な評価方法である．化学物質暴露指数（CEI: chemical exposure index）は，可能性のある化学物質放出事故による近隣のプラントや地域の人々に対する急性健康傷害の可能性を評価する方法である．

Layer of Protection Analysis (LOPA)　　LOPA は，リスクを分析して評価するための半定量的手法である．この手法は，被害のイメージを把握し，好ましくない結果の発生頻度を推定する簡便な方法を含んでいる．LOPA は，一般に，詳細な定量的リスクアセスメント（QRA: quantitative risk assessments）ほど煩わしくはないが，定性的リスクアセスメントよりは厳格である．蒸留塔の例が提供されている．

Risk Assessment　　これは，化学プラントや石油精製設備に適用されるリスクの評価，管理，削減に関する実務上の知識を修得するためにデザインされた Web ブラウザベースの自習コースである．これには，方法の説明とその例および演習問題が含まれており，完了するのに約 3 時間かかる．

Safety Guidance in Design Projects　　このモジュールでは，設計プロジェクトでのハザード評価，リスクおよびリスク削減戦略の実施方法について説明している．このモジュールには，設計プロジェクトの各ステップの説明があり，各ステップに関連する SACHE コースもリストアップされている．

Project Risk Analysis (PRA): Unit Operations Lab Applications　　このコースは，実験の指導者が単位操作実験の設定で PRA を適用する際に役立つ．実験作業

が始まる前に，学生には，産業界のリスク分析アプローチに準じ，現場のツアーを基に，プロジェクトに潜む危険な出来事の潜在性を理解していることを書き出させる．PRAチェックリストのブランクシートが付いている．

Consequence Modeling Source Models　発生源のモデルを用いて，事故発生時に放出される物質の流失速度と流失量が推定される．このコースでは，リスクアセスメントの過程で放出をモデル化するために使用された発生源モデルを紹介している．発生源モデリングには熱力学が含まれ，運動量収支/流体力学，物質収支とエネルギー収支の例題が提供されている．

Understanding Atmospheric Dispersion of Accidental Releases　これは，拡散モデリングの概要を提供する短い（～50ページ）解説書である．拡散モデリングは，放出後に風下に流れる，ガス，蒸気およびエアロゾルの濃度を計算するために使用される（ソースモデリング）．

6.7　緊急放出システム

緊急放出システム（ERS）の設計には，運動量収支/流体力学と熱力学が含まれる．ERSの設計は，反応工学/反応器の設計とプラント設計の一部である．以下の資料はSACHEから入手できる．

- Venting of Low Strength Enclosures
- Compressible and Two-Phase Flow with Applications Including Pressure Relief System Sizing
- Design for Overpressure and Underpressure Protection
- Emergency Relief System Design for Single and Two-Phase Flow
- Runaway Reactions-Experimental Characterization and Vent Sizing
- Safety Valves：Practical Design Practices for Relief Valve Sizing
- Simplified Relief System Design Package
- University Access to SuperChems and ioXpress

Venting of Low Strength Enclosures　このコースでは，強度の低い閉囲部（建物など）を開放することで内部の爆発から保護する方法を解説し，開放しないことによる爆発の被害を紹介している．

Compressible and Two-Phase Flow with Applications Including Pressure Relief System Sizing　これは，流体の流れの計算に三つのMicrosoft Excelプログラムを提供している．ここでは，パイプおよびオリフィス内における流体の質量，運動

量およびエネルギーの収支を扱っている。これらの教材はいくつかのコースで使用できる。例えば，流体力学，熱伝達および設計上級コースである。

これらのコースのうちの二つ，**Simplified Relief System Design Package** と**University Access to SuperChems and io Express** では，緊急ベントのサイズ計算用のフリーソフトウェアにアクセスすることができる。

このコースでは他に，緊急放出のシナリオ，圧力開放機器，ERS のサイズ計算方法についても説明している。そのいくつかには，Microsoft Excel のソフトウェアのサンプルが付属している。

6.8　Case Histories

以下は，SACHE を通じて利用可能な 14 の事故事例のリストである。いくつかの事例は 2 章と 3 章ですでに説明している。事故の簡単な説明とそれを補足する適切なコースが紹介されている。

- Case History: A Batch Polystyrene Reactor Runaway & Mini-Case Histories: Monsanto
- Rupture of a Nitroaniline Reactor
- T2 Runaway Reaction and Explosion
- Mini-Case Histories: Morton
- Seminar on Tank Failures
- The Bhopal Disaster: A Case History & Mini-Case Histories: Bhopal
- Hydroxylamine Explosion Case Study
- Piper Alpha Lessons Learned
- Seveso Accidental Release Case History
- Mini-Case Histories: Flixborough
- Mini-Case Histories: Hickson
- Mini-Case Histories: Phillips
- Mini-Case Histories: Sonat
- Mini-Case Histories: Tosco

Mini-Case Histories モジュールには，八つの事故事例が含まれている。ボパールとポリスチレンの暴走反応の二つのケースに関しては，別の事故事例モジュールも用意されている。これらの新しいモジュールは，Mini-Case Histories モジュールよりも推奨されるものである。

208   6 学習教材

6.8.1 暴 走 反 応

最初の四つの事例は暴走反応のケースである．これらはそれぞれ，反応工学/反応器設計，熱力学，熱伝達またはプロセス制御コースの補助教材として使用できる．これらの事例すべては運転開始時にすべての反応物が投入済みのバッチ式反応器であったため，本質安全設計（ISD）の原理を適用した半バッチ式または連続式プロセスのほうが良いことの例である．

Batch Polystyrene Reactor Runaway　このプロセスでは，すべてのスチレンを反応器に充填し，バッチを 95℃ に加熱し，2~8 時間保持していた．反応器を運転するために温度調節器が使用されていた．問題のバッチは，温度コントローラの故障のために過熱されていた．スチレン蒸気が，破損したサイトグラスを通ってプロセスのある建屋内に洩れ出して着火し，プロセスのある建屋を破壊し，鉄道車両を転覆させて，11 人の従業員が死亡した．

Rupture of a Nitroaniline Reactor　ニトロアニリン（$O_2NC_6H_4NH_2$）の生成反応で原料投入のミスにより反応が極めて大きい速度で進行した．発生した熱は，急速には除去できず，反応器内容物の温度が上昇し，反応はさらに加速された．ニトロ基（$-NO_2$）を含む物質が過熱されると，激しく分解することがある．数分の間に温度が上昇し，ニトロアニリンの分解が起こり，反応器が破裂し，4 人が負傷し，うち 1 人が重傷を負い，プロセスのある建屋が破壊され，3 マイル（4.8 km）離れた建物の窓を壊した．

T2 Laboratories runaway reaction　5.2.5 項を参照．反応器の緊急放出システムは，暴走反応からの圧力を緩和することができなかった．

Morton Reactor Runaway　オルト-ニトロクロロベンゼンと 2-エチルヘキシルアミンを反応器に加え，反応が開始されるまでは手動で内容物を加熱し，次いで冷却することにより染料を製造していた．問題のバッチでは，反応物が急激に加熱され，暴走反応を引き起こした．この事故調査では，反応に対して冷却システムが不十分であることが明らかになった．ERS は小さ過ぎて反応物を安全に開放することができなかったため，圧力が上昇して反応器のマンホールが飛び，内容物が建物に放出され，火災・爆発を招いた．

6.8.2　その他の 事故事例

Seminar on Tank Failures　このモジュールは，プラント設計と熱伝達のコースを補完するものである．このプレゼンテーションでは，三つの貯蔵タンクの事故事例を扱っている．BLEVE（3.14 節：メキシコシティの LPG 爆発および 5.2.7 項：貯蔵——設

計上の注意を参照），液化天然ガス（LNG）タンクの事故およびディーゼル貯蔵タンクの事故.

The Bhopal Disaster 　この事故は 3.15 節で説明した. ボパールの事故は，プラント設計コースの補助教材としても使用できる. また，ISD の利点を説明するために使用することもできる. プラント設計の段階では，貯蔵するイソシアン酸メチル（MIC）の量を最小限に抑えることができ，また，MIC に代わってより危険性の低い化学物質に変更することもできた. プレゼンテーションでは，MIC とは異なる，より安全な中間製品を作る代替化学反応も紹介されている.

Hydroxylamine Explosion Case Study 　この事故は 3.4 節で説明されている. モジュールは，プラント設計のコースでケーススタディを紹介するためのスライドを提供している.

Piper Alpha Lessons Learned 　この事故は 3.7 節で説明されている. この事例はプラント設計のコースの補助教材としても使用できる.

Seveso Accidental Release Case History 　この事故は 2.1 節で簡単に説明されている. セベソの急激な反応に至るまで，運転員はバッチを分解開始温度の 230℃ のよりもかなり下の 158℃ に冷却していた. しかし，液面より上の反応器の壁は，過熱蒸気との接触により 300℃ に近かった. 熱伝達の計算により，液体の表面温度を分解反応開始より上に上昇させるのに十分なエネルギーが加熱された金属中に存在する可能性があったことが判明した. 事故のモデリングをしていれば，飛散の範囲が示され，より良い ERS 設計に繋がった可能性がある. このケーススタディは，物質収支とエネルギー収支，熱伝達，熱力学，反応工学/反応器設計，プラント設計のコースの補助教材としても使用できる.

Mini-Case Histories: Flixborough 　この事故は 3.11 節で説明されている. これは，配管システム，特に高温高圧で運転する配管システムを設計する際に，正しい知識を持つ専門家が必要であることの教訓として，プラント設計コースの補助教材としても使用できる.

Mini-Case Histories: Hickson 　母液からイソプロピルアルコール（IPA）を回収していた真空蒸留装置で爆発が起こった. 停電により冷却と撹拌が止まったことで，母液に含まれるニトロ化合物の暴走分解反応を引き起こし，スチール容器の圧力を上昇させて破裂させた. この爆発により，1 人が重傷を負い，機器は損傷し，プロセスのある建屋も破壊された. このモジュールは，反応工学/反応器設計（母液の潜在的な反応および緊急放出システム設計を理解），伝熱および熱力学（分解開始温度よりも温度が上昇するのにどれくらいの時間がかかるかを計算する）のコースの補助教材としても使用で

210   6 学 習 教 材

きる.

Mini-Case Histories: Phillips   1989 年,テキサス州パサデナのフィリップス 66 カンパニー・ヒューストン・ケミカル・コンプレックスで爆発・火災が発生した. 23 人の作業員が死亡し,130 人以上が負傷した. 設備資産の損害は 5 億ドルを超えた. 作業員たちは,高密度ポリエチレン反応器に付いている沈殿用の短管を手作業で清掃していた. 反応器から沈殿短管部を隔離するためのシングルブロック弁が,弁へのエア供給接続を間違えたために開放された. このため,反応器の内容物が放出されて着火し,爆発した. この事故は,反応器やプラントの設計コースを補完することができる. ダブルブロック＆ブリードバルブなど,より良い設計がなされたシステムであったなら,この事故は防ぐことができていた.

Mini-Case Histories: Sonat   石油精製施設で,容器が過圧されて爆発し,火災が発生し,4 人が死亡した. 手動バルブを間違った開閉状態にしたことで,容器に設計圧力を超える高圧が蓄積され過圧になったのである. その設計は一度もレビューされていなかった. このモジュールは,プラント設計やプロセス安全コースの補助教材としても使用できる.

Mini-Case Histories: Tosco   カリフォルニア州のマーティネズにある Tosco 社の Avon 製油所の原油部門で火災が発生した. 作業員たちは,プロセスユニットの運転中に 150 フィート（45 m）の高さの分留塔に取り付けられた配管を交換しようとしていた. 配管の取外し中,ブロック弁の漏れにより放出されたナフサが高温の分留塔にかかり,着火した. 炎はタワーの異なる場所にいた 5 人の作業員を飲み込んだ. 4 人の作業員が死亡し,1 人が重傷を負った. この作業では安全性のレビューは行われていなかった. このモジュールは,プラント設計やプロセス安全コースの補助教材としても使用できる.

6.9　その他のモジュール

Improving Communication Skills   このモジュールは,大学 3,4 年生の化学工学コースを補完するように設計されており,実験やその他の課題に関するレポート記述や口頭発表もコースの一部になっている. これは,単位操作実験コースの補助教材としても使用できる.

Student Problems   "Safety, Health, and Loss Prevention in Chemical Processes-Problems for Undergraduate Engineering Curricula, Volume 1" は,1990 年に CCPS が最初に発行したものであり,"Safety, Health, and Loss Prevention in Chemical Processes-

Volume 2" は，2002 年に CCPS が発行し，SACHE 大学のメンバーに配布されたものである．化学量論，熱力学，流体力学，反応工学，伝熱，プロセスダイナミクスと制御，コンピュータソリューション，物質移動などの既存の工学コース用に，課題が組まれている．著者は，学部の必修科目にこれらの課題を含めることで，エンジニア系の学生にとって安全文化と考え方を身に付けることは彼らのキャリア人生を通じて有益なものになると考えている．どちらの本も絶版となっている．これらのモジュールは，問題と解答へのリンクを提供している．

Jeopardy Contest　このSACHEモジュールには，化学プロセスの安全性に関する重要な基本概念が含まれている．これらの概念の理解は，二つのクラスのJeopardy Gamesで評価され，強化される．ゲームでは，クラスを4人または5人のチームに分けることが勧められている．トピックスには，プロセス説明書，プロセス安全管理，プロセス制御，可燃性，腐食，リリーフ装置の基礎，緊急放出システム設計研究所（DIERS）などがある．

6.10　ま　と　め

SACHEの各モジュールは，化学工学コースにプロセス安全を組み込むための教材を提供している．SACHEモジュールは，本質安全，プロセスハザード，ハザードの特定とリスク評価，緊急放出システムおよび14件の事故事例のトピックをカバーしている．

6.11　参　考　文　献

6.1　Crowl, D. A., Louvar J. F., Chemical Process Safety, Fundamentals with Applications, 3rd Edition, Prentice Hall, Upper Saddle River, NJ: 2011.

6.2　U.S. Chemical Safety and Hazard Investigation Board, Investigation Report, Improving Reactive Hazard Management, Report No. 2001-01-H, October, 2002.
　　http://www.csb.gov/improving-reactive-hazard-management/

6.3　Essential Practices for Managing Chemical Reactivity Hazards, American Institute of Chemical Engineer, New York, NY, 2003.

7

職場でのプロセス安全

7.1 新人に期待されること

本章では，エンジニアが入社 1 年目に想定されるプロセス安全関連の仕事に焦点を当てている．

7.1.1 正式なトレーニング

多くの大企業では，新入社員だけでなく，組織内のさまざまなレベルや職場の従業員に対して，正式なトレーニングマトリックス（社内教育計画表）を用意している．これらのトレーニングマトリックスは，企業が従業員の昇進や職務変更の前に，従業員に期待される能力とのギャップを認識して解消する計画を策定して能力開発する際に役立てている．表 7.1 は，新入社員に対するプロセス安全トレーニングの簡略化された例で，トレーニングマトリックスの全容には，前提条件，コースがコンピュータベースか教室のトレーニングかなどの情報も含まれている．中小規模の企業は，正式なトレーニングマトリックスを持っていないこともある．各社は，新任のエンジニアに必要なトレーニングを独自に決めている．

エンジニアは会社に入社すると，会社のトレーニングマトリックスの中に学校でのエンジニアリングカリキュラムに含まれていなかった要素が含まれていることに気付くだろう．特に，労働安全衛生，環境保護，製品の安全とプロダクト・スチュワードシップ（製品の環境影響を削減する手法），レスポンシブルケア（化学物質の開発から廃棄に至るすべての過程において，安全・環境・健康を確保するための活動）の管理システムおよび特に雇用者側の人のためのプロセス安全システムなどの内容が含まれている．このトレーニングは，教室での講義，コンピュータベースのトレーニング（CBT: computer based training），または電話会議やビデオ会議で実施されることもある．

214   7 職場でのプロセス安全

表 7.1 プロセス安全教育の簡単なトレーニングマトリックスの例

コース	教育対象	目安となる時期
引火性雰囲気の理解と管理	・設計，保守，運転に関わるすべてのエンジニアと化学者，必須	入社 2 年以内
PHA の手法とチームリーダー・トレーニング	・設計，運転，および変更管理と PHA を含む安全審査に関わる技能工に奨励 ・PHA チームリーダーは必須	入社 2 年以内および PHA チームリーダー必須
変更管理の安全審査チームリーダー向けトレーニング	・変更管理コアチームメンバーに奨励 ・PHA チームリーダー・トレーニングのクラスを受講していない変更管理安全審査チームリーダーは必須	入社 2 年以内
被害規模分析	・化学物質やエネルギー放出のモデリングに関わる人に奨励	被害規模推定のモデリング・ツール使用開始前
圧力放出装置の使用方法	・エンジニアは必須 ・圧力放出装置の設計，採否，サイジング，選定に関わる設計者に奨励	圧力放出装置の設計，採否，サイジング，選定を行う前
SCAI（安全制御・アラーム・インターロック）と安全計装システムの設計と応用	・計装電気，制御およびプロセスエンジニアは必須 ・シャットダウンシステムの設計，レビュー，および仕様に関わる設計者に奨励	シャットダウンシステムのレビュー，設計または操作に関与する前には必須または最初の 2 年以内に奨励
事故調査	・事故調査委員および参加者に奨励	事故調査をリード，または参加する前

　労働安全（人の安全）：新任のエンジニアは，社内のオリエンテーションやトレーニングを受けるであろう．このトレーニングは，労働安全や人の安全に焦点を当てたものだろう．1.3 節で説明したように，労働安全の焦点は，転倒，切り傷，反復運動過多損傷（反復作業により体を痛めること）などの物理的および機械的な災害から職場の労働者を守ることにある．例えば，プラント内の各所で必要な保護具（PPE: personnel protective equipment），レスピレーター（マスク型呼吸器）のような PPE の使用方法，閉鎖空間への進入，火気使用許可システム，エルゴノミクス（人間工学），そして何が職場で事故やニアミス（日本では「ヒヤリハット」と呼ぶことが多い）を起こしたか，などのトレーニングがあるだろう．労働安全も化学設備の安全プログラムとして重要な一部分である．2012 年には米国で 4628 人の労働者が死亡している[3]．この数字は，我々は常に危機感を持っていなければならないことを示している．一方，主要な化学プラントや製油所は，家で日常生活をしているよりもはるかに安全である．安全運転

---
[3]   Bureau of Labor Statistics, Revisions to the 2012 Census of Fatal Occupational Injuries（CFOI）counts, April 2014, www.bls.gov.

に焦点を当て，過去の悲惨な出来事に学ぶことで，化学業界のすべての従業員はプロセス安全の実践に努めている．

多くの会社では，労働安全とプロセス安全の両方をカバーする定期安全会議や安全セミナーが行われているだろう．新任のエンジニアは，あらゆる機会をとらえてこれらの会議やセミナーに出席すべきである．一部の会社では，定期的な安全会議への出席が義務付けられている．

もう一つ，多くの安全プログラムで行われていることは，そのエリアのメンバーによる定期的な巡回や安全パトロールである．会社は，巡回中に確認するために，以下のような項目が含まれたチェックリストを用意している．

・通路には障害物がないか？
・照明は適切か？
・輸送用ホースが傷んでいないか？
・出口は障害物で塞がれていないか？
・ラベルは傷んでおらず，はっきりと読めるか？

昨今は，会社により，安全上重要な機器がリストされており，それが検査対象となり，メンテナンス記録をチェックしなければならないようになっている．もし何かが危険な状態になっていると感じたなら，恐れずに質問をし，指摘をすること．それはエンジニアの仕事である．

どのような工業設備でも，会社はエンジニアにすべての安全ルールを理解し，実践することを求めている．新入社員であっても，エンジニアには労働安全のあらゆる面で模範となり，不安全状態や不安全行動を報告し，是正することが期待されている．ニアミスを含むすべての事故，怪我の発生やその可能性がある場合は，いつでも報告できるようにすること．本書は主にエンジニアのプロセス安全に関するものとなっているが，労働安全やその他の怪我防止の重要性についても記載している．

プロセス安全：社内に独立したプロセス安全部門がある場合，その部門が新任のエンジニアに必要なツールやトレーニングを提供することもある．独立したプロセス安全部門を持たない企業では，安全グループを通じてトレーニングコースを提供するとか，プロセス安全の訓練を提供しているさまざまな機関にトレーニングを委託することもある．それらは，表7.1や6章で扱った多くの話題を網羅している．

もし社内コースが提供されているなら，新任のエンジニアは受講しなければならない．新任のエンジニアが参加する可能性があるもののうち，プロセス安全業務のいくつかは学校では教えられていないかもしれない．例えば，設備の安全管理システムの

216　　7　職場でのプロセス安全

全体構成，いつ，どのように PHA を実施するか，変更管理と運転前の安全レビュー，危険物質放出事態の評価，緊急放出装置（安全弁・リリーフ弁）のサイズ決定，防護層分析（LOPA）の方法，事故調査，その企業でのプロジェクト実施の方法論と安全ライフサイクルがどのように関連しているか，社内でのプロセス安全上のニアミスと事故の定義などである．各社にはトピックごとに独自の方法論があり，エンジニアが職務を遂行するにはそれらの分野の能力を身に付けることが大切である．

施設が米国 EPA リスク管理計画（US EPA Risk Management Plan）または Safety Case 規制法の対象となっている場合には，その事業所のプロセス安全プログラムをまとめた文書がある筈である．これは，EPA のリスク管理プログラム（RMP）システムと呼ばれている．その該当する施設には，組織のプロセス安全責任者のリストと，その職場にあるすべての RMP 文書のリストがなくてはならない．そして，新任のエンジニアもこの RMP 文書を熟知していなければならない．

組織が，2 章で説明した変更管理（MOC: management of change）プロセスと同様に組織変更管理（MOOC: management of organizational change）のプロセスを持っている場合は，そのプロセスに準じて詳細なトレーニングが行われる．新任のエンジニアは，MOOC プロセスに精通し，MOOC 文書作成者の意図を理解しておく必要がある．

7.1.2　運転員や技能工とのインターフェース

運転員はプロセスとのインターフェースである．どのプラントも，エンジニアや管理者が考えているプラント，運転員がそこにあると考えているプラント，そして実際のプラントの三つがあると言われている．運転員は実際のプラントのプロセスを知って毎日作業をしている．新任のエンジニアは，自分の考えているプラント概念を実際のプラントと整合させなければならない．運転員はプラントの仕組みを理解しているだけでなく，どのようにトラブルが起こるかも知っている．エンジニアがプロセス，手順，機器のレイアウトについて真実であると思い込んでいることが，真実でないこともある．

保守要員，電気工，その他の技能工についても同様である．彼らは，直接プロセス機器や計測器に触れている人たちである．PSM の「設備資産の健全性」のエレメントは，彼らに拠るところが多い．どの設備機能にはどのような機器が適しているのか，または不適当なのか，などの情報を，信頼性エンジニア（reliability engineer）やプロセスエンジニアに提供してくれる．

7.2 新しいスキル　217

　あるエンジニアが，PHA 実施の際に運転員が見せた貢献について語った次の経験談は，運転員の存在がいかに大切かを示している.

> 　ある既存のプロセスで初めて HAZOP が行われていたときのこと. HAZOP チームは，プラントエンジニア，シニアプロセス設計エンジニア，プラント保守と信頼性エンジニア，保全担当の技能工など，かなり大勢で構成されていた. エンジニアたちはプロセスが逸脱した場合の影響について意見を交わしながら，いくつかの逸脱に潜んでいる事故と安全対策について広範な議論をしていた. 最後に，ある運転員が「皆さんの理論についてはよく判りませんが，このような状態になると，大気開放弁が完全に開くし，警報も鳴ります.」と言った. 休憩時間にチームは制御室に行き，その運転員に何度か故意にプロセスを条件から外して貰ったところ，毎回，大気開放弁が完全に開ききると同時に警報が鳴りやんだ. 色々な逸脱があっても最初に影響が出てくるのは，処理システムに繋がるベント配管だと判明した.

　この経験談は，少なくとも二つのことを示している. 第一に，運転員，保守要員やその他の技能工は，プロセス逸脱の実際の因果関係をエンジニアよりもよく理解しているということ. 第二に，工場で働くすべての人々を尊重し，彼らの意見を真摯に受け止めるべきだということである. 彼らの知見は重要である. 自分はすべて知っているといった態度を避け，積極的に耳を傾けるべきである. 運転員や他の技能工に対して尊敬の念をもって接すれば，PHA の際に彼らはプラントが実際にどのように挙動するかを快くエンジニアたちに教えてくれるだろう.

　あなたの設計や変更がプラントで実現されれば，MOC，PSSR（運転前の安全レビュー），建設プロジェクトや改修プロジェクトの結果，運転手順やプロセス安全情報の更新が必要となり，関係する運転員にトレーニングを行う必要が出てくるだろう.

7.2　新しいスキル

7.2.1　ノンテクニカル・スキル

　前節は，ノンテクニカル・スキルの話題に繋がっていく. 新任のエンジニアが学ばなければならないこととして，プロジェクトステータスの簡潔なまとめやレポートの作成，プロセス安全情報の文書化，プロジェクトチームのリード方法，会議の進行方法，トレーニングの講師，MOC レビューや HAZOP などで PHA に参加（書記や場合

によりリーダーとして),事故調査に参加,アクションアイテム(実施事項)の管理に参加などがある.これらには,人の話を聞いたり,説得したり,他人の意見を尊重するなど人間関係のスキルと同様に文章作成のスキル,大勢の前で話すスキルが必要である.

「ハザードの特定とリスク分析」を実施する際は,環境への放出,人の怪我や死亡および設備の損傷などの可能性ついてシナリオを特定する必要がある.エンジニアは,これらを事実ベースで真剣に学ばなければならない.

例えば,入り組んだエリア内に引火性物質が大量に放出されて,引火すると爆発する可能性がある(これは3章の事例研究で数多く示された)としよう.この場合,「これは設備全体を爆破して皆を殺すだろう」などと書いてはならない.「着火すると,機器やプロセス設備に損傷を与え,従業員の人数にもよるが一人以上の死亡事故に繋がる可能性がある.」と書いたほうがより正確で偏りがない.より定量的な文章を作ることが好ましい.例えば「かなり大きな爆発」のような文より「2 psig(14 kPaG)の過圧ゾーンが200フィート(60 m)を超える」のほうが良い.

ほぼすべての新任エンジニアが習得しなければならないことの一つにアクションアイテム(実施事項)の管理がある.アクションアイテムの管理は,プロセス安全管理の重要なスキルである.2章で説明したプロセス安全のエレメントの多くは,是正措置やアクションアイテムを生じる.例えば,PHAではリスクを下げるための勧告が出てくる.MOCやPSSRを行うと,リスクを緩和するために必要なアクションアイテムが発生し,また,プロセスの変更を安全にスタートさせるために必要な事項が明らかになる.事故調査の目的は,プロセス安全事故の原因を突き止め,排除することである.そして将来同様なプロセス安全事故が発生することを防ぐために,アクションアイテムが作られる.監査やマネジメントレビューでは,プロセス安全事故を防止するために修正すべきアクションアイテムのリストがしばしば作られる.

アクションアイテムの管理は,エンジニアにとっては「ただ,忙しいだけの仕事」のように感じられることがある.しかし,新任のエンジニアは,日々変化する多くの仕事に優先順位を付けて,対応する必要がある.割り当てられた各アクションアイテムや推奨事項には,次のような項目が必要である.

・問題解決の実行責任者(複数の場合もある)が特定されていること
・問題解決の期限が決められていること
・アクションアイテムや推奨事項の完了には次の内容を含む文書が揃っている必要がある.仮定事項,もしあれば工学計算,通常外でのアイテム終了の理由と承認,

期限延長の承認，推奨事項が完了した詳細な説明と証拠，アイテム完了に関与した MOC の完了書類やプロセス安全情報（手順書やトレーニングを含む），アイテム完了の最終承認．

大まかに言えば，文書化されていなければ，完了したことにはならないということである．会社によってアイテム管理のシステムは異なるが，上記の項目は通常どのシステムにも当てはまる．多くの会社には，アイテム管理のデータベースがありエンジニアはこれに習熟しなければならない．

7.2.2　テクニカル・スキル

前項は，新しいテクニカル・スキルの話題に繋がる．新任のエンジニアがプロセスの安全に関連するテクニカル・スキルを必要とする程度は，組織の規模や複雑さによる．これらは必ずしも大学教育でカバーされているわけではない．大企業の場合は，この分野はおそらく SME（subject matter expert，特定分野の専門家）と呼ばれる専門家が対処するか，もしくは SME は必要に応じてより複雑なツールを用いてアドバイスを与え，プラントエンジニアやプロセスエンジニアには基本的なツールが与えられているだろう．新任スタッフの特権は，SME に対して明らかに「ばかげた」質問ができることである．時にはこれが真髄を突いていて，先輩スタッフの誤った考えを指摘することもあるので，敬意を払って質問すると良い．小規模な会社では，プラントエンジニアやプロセスエンジニアはこれらの計算を自分で行うか，それを専門とする会社に協力を求めなければならない場合もあるだろう．

これらのツールの例には，LOPA，事故モデリング（consequence modeling）（6.6 節参照），緊急放出システム（ERS）設計（6.7 節参照）などがある．これらの分野を得意とする企業からは，これらの技術に関する多くのトレーニングコースが提供されている．また，大きな会社では社内コースがあるかもしれない．CCPS では，これらのトピックのガイドラインとなる書籍を数多く出版している．

7.3　安　全　文　化

2.2 節では，「プロセス安全文化」のエレメントについて説明した．「プロセス安全文化」は，プロセス安全に影響する施設内（またはより幅広い組織内）のすべての階層における共通の価値観，行動，規範のベースとなるものである．同じことが一般的な安全文化，すなわち，労働安全にも同様に適用できる．優れた安全文化の特徴は次の

とおりである.

- ・安全上の弱点に対して敏感である
- ・手順に厳格に従う
- ・安全上の責任を果せるよう各人に権限を与える
- ・専門知識を尊重する
- ・オープンで効果的なコミュニケーションを確保する
- ・質問や学習のしやすい環境を整備する
- ・相互信頼を醸成する
- ・プロセス安全上の問題や懸念に即座に対応する

安全上の弱点へのセンスを維持する　プラントのハザードについて学び重視することについては 7.1.1 項で説明した. プラント内のハザードを重視することは, 通常, 新入社員には自然なことである. しかし, ハザード重視を維持することには多少の努力が必要である.「慣れは侮りのもと」という諺は, 真髄を突いている.

他の利点は, 7.1.2 項で紹介した経験談にも記されている. 個人の権限の付与, オープンなコミュニケーション, 専門知識の尊重, 相互信頼, 学習環境などは皆, 運転員たちが自分の意見を述べ, エンジニアたちが彼らの意見に耳を傾けるために役立つものである.

新任エンジニアは, いくつかの質問をしたり会社の背景を学んだりすることで, 会社の安全や「プロセス安全文化」に関する手がかりを得ることができる. 例えば, CCPS メンバーになっている会社は, プロセス安全プログラムに真剣に取り組んでいる. 自分の会社が CCPS メンバーでない場合, プロセス安全プログラムとは何かと尋ねてみれば, どんな会社か分かるだろう. 例えば, その回答が "規制を遵守している" だとすれば, その会社は最低限のことしかしていないことが分かる.

7.4　操 業 の 遂 行

「操業の遂行」という用語は, "毎回同じように操作し, その結果がいつも同じであること" および "定義された限界内で運転すること" に必要な人的要因（スキル）とツールを意味する言葉である. これらのスキルとツールは, 製造設備における事故を削減し, 運転操作から推測作業や間違いをなくすのに役立つものである.

「操業の遂行」は, 運転規律, エンジニアリング規律, 管理者の規律の三つの分野に分けられる. 製造部門とのインターフェース役になった新任エンジニアは, いずれの

7.4 操業の遂行　221

分野にも関わりがある．その意味で，規律（discipline）という言葉は，人と設備との関わりに再現性と一貫性を持たせる活動を表現するために使われる（訳者註：人がいつも正しく行動して，常に正しい結果が得られていることを期待する言葉）．CCPSの書籍，"Conduct of Operations and Operational Discipline（操業の遂行と運転規律）"（Ref. 7.1）には，このトピックについて詳しい説明がある．

7.4.1　運　転　規　律

　運転規律は，運転員がいつも同じ結果を得るために使用するツールと活動に関連している．これは主に運転員向けのものだが，現場のエンジニアは，運転員たちの質問に答えるとか改善の機会を提供するために，これらの活動の内容と目的に精通していなければならない．

　シフト指示書または操作説明書　　シフト指示は通常，運転の専門家または現場の監督者から毎日出される．それらにはチェックリスト，手書きメモ，またはコンピュータから出した指示書などの書類が用いられる．指示書は，シフト業務で発生する作業について概略の指示を与えるものである．新任のエンジニアの仕事には，プラントのテストや試運転が含まれることがよくある．これらの試験および試行の進め方とは，MOC，一時的な操作指示書，運転員のトレーニングおよびシフトノート（一時的な操作説明書として）などの組み合わせである．

　さらに，新任のエンジニアは，承認済みの指定された制限値または範囲内で製造設備を運転するために必要な多くの作業に慣れ親しむために，シフト指示書を毎日読むべきである．

　経験の浅いエンジニアにシフト指示書を書かせるのは感心したことではないが，能力開発の一環として監督の下でこの仕事をさせる会社もある．

　良い作業指示の例としては次のことが挙げられる．

・事前に定められた領域については標準フォーマットを用いる
・具体的な運転条件と生産目標を与える
・主要なパフォーマンス（生産活動の成果）指標の目標と運転パラメータ（運転状態）の目標を与える
・運転上のすべての制約を示す
・スタートアップやシャットダウンなどの非定常運転における特別な指示
・プロセス安全，労働安全，環境，または信頼性に関する特別な事項
・すべての運転員および（エンジニアやプロセスの専門家など）設備に関わる人た

ちが指示書を読み，彼らが読んだ内容を理解していることを確認する手段があること．作業を再開する際には，これらの関係者は，指示書の内容をすべて再確認すること

・これらの指示書は，プロジェクト，MOC，特別な作業指示書，設備のテスト，機器や安全システムの特別なバイパス，その他設備の運転の中で注意すべきこと全般に使われる

実務を担当するグループが皆，特定の業務指示者から指示を受けること（すなわち，業務指示を与えるのは一人または一つの職位だけ）となっていることが望ましい．これは，新任エンジニアにも当てはまる．

シフト業務ログ（日誌）またはシフトノート　シフトごとに一人一人の運転員がメモやログを残して署名するのは良いことである．ログには，何をしたか，何があったかも含めて，シフト作業中に発生したすべての重要な出来事を記述する．作業指示書同様，エンジニアは各運転員のシフトノートをチェックする必要がある．

運転員は，シフトログの書き方について訓練を受けなければならない．シフト監督者はこのノートについて，前向きな検証と事実に基づく監査を定期的に行い，正しく書かれているかを定期的にチェックしなければならない．記録すべき重要な事項は次のとおりである．

・最新の状態および講じられた措置と併せて，プロセス安全上の懸念や危険な状態
・予定外の設備のシャットダウン，インターロック作動，安全計装システム（SIS）や圧力放出装置（PRD）の起動．重要なアラーム発報
・環境の問題や懸念と，その最新の状態と講じられた措置
・標準的ではない運転状態または運転方法の詳細
・継続中のメンテナンス作業の状況および協力会社による非日常的な作業（例，未完了の許可作業）
・フォローアップが必要な問題または追加の調査を要する運転異常（例：信頼性の問題の推移）
・製品品質の問題
・会社の事業や苦情に関する外部（近隣住民，規制当局など）からのすべての接触（直接，電話）
・発生したすべてのインターロックのバイパスや故障．安全な運転限界の超過
・警備保障上の問題
・シフトにおける MOC や PSSR の開始や終了

・設備特有の運転パラメータや重要管理項目（KPI）

・重要な移送または生産上の情報

その他の良い慣行として，

・上記の各要素がシフトで実施されることを確実にするため，テンプレートを使用すること

・各運転員は，今までにレビューされていないすべてのシフトノートを見直し，レビューに前向きに取り組むこと

・設備の監督者やエンジニアは，すべてのシフトノートをレビューし，前向きに検討を行い，記載されている問題に対処すること

　シフトノートには，シフト中に発生した問題と，対処したステップを詳しく書くことが求められる．また，設備のエンジニアは，しばしば設備内で発生した問題を解決することが求められる．しっかりと書かれていれば，シフトノートはエンジニアが解決策を見出す貴重な手がかりになるだろう．同様に，シフトノートは，エンジニアが運転員からのコメントやメモの微妙な変化に気付くことで，前向きに問題解決に取り組むための手がかりとすることができる．

　設備の生産エンジニアが持ち込んだ変更に伴う MOC 上の要求により運転員の使う評価シートが変更されることもしばしばある．

　エンジニアは運転員のシフトノートを参照するだけでなく，しばしば自分自身のシフトノートを持っている．研究開発のエンジニアは，実験ノートとパイロットプラントの観察記録を間違いなく持っているだろう．設備の生産エンジニアが最も一般的に行っていることは，停電，処理時間中および試作運転または試運転中のエンジニアリング活動の詳細をシフトノートに残すことである．

　シフト引継ぎ　　シフト引継ぎでは，シフトノートを基に内容を話し合うため，シフトノートと密接に関連している．シフト引継ぎが完璧に，手順通りに行われ，安全で効率的な運転継続に役立っているかを毎日確かめること．

・シフト引継ぎは，次のシフトの運転員が仕事に就いた後で行うこと

・引継ぎ場所は，環境が良く，設備からの騒音もない場所であること

・次のシフトに対して完全な引継ぎ報告ができるように十分な時間をとっていること

・運転シフト記録の項目が，引継ぎ報告の概要となっていること

・プロセスリーダーは，運転シフト記録のすべての項目について取り上げること

・プロセス安全およびプラントの環境・健康・安全（EHS）やセキュリティ上の懸

念に注意が払われていること
- 機器のスタートアップ，バッチの仕込み，化学物質のタンク・貨車・トラックなどへの移送を含む，主な運転や保守活動（非通常協力会社活動を含む）の引継ぎ時の状況がはっきりしていること
- MOC（変更管理）の内容が伝達されていること
- 一時的にバイパスまたは機能停止された安全装置があればそのすべてと，それを補うどのような手段が採られているかについて，バイパス記録が更新されていること

　製造設備において，設備の運転継続を確保するには，常にコミュニケーションが非常に重要である．シフト引継ぎに時々立ち会うことは，エンジニアにとって化学プラントを運転することがどのようなことなのかを理解する良い機会となる．

　時間外，週末および祝日の作業　　運転規律の話題とすべきか明確ではないが，時間外の作業は，運転員や設備の生産エンジニアにとって現実の問題である．産業界に入ったエンジニアは，シフト作業，12時間シフト，夜間シフト，その他，一般的な昼間の週40時間以外の時間帯に従事する必要があることを覚悟しなければならない．

　多くの化学プラントやすべての製油所は，一年中，毎日24時間連続してプロセスを運転している．プロセス全体のメンテナンスが必要な場合もある．その場合は，安全を最適化し，リスクを最小限に抑え，全体的なコストを削減するように，シャットダウン，修復や改善，安全なスタートアップが慎重に計画される．これらの業務では，エンジニアは，しばしば日常勤務の時間帯以外で働かなければならない．このような時間帯での労働では，疲労管理も大切になる．エンジニアは，運転員一人ひとりの時間外労働や，場合によっては間違いも追跡調査して，生産設備における労働規則やガイドラインに違反にならないように求められることもある．

　事故，出来事，ニアミスの通知　　重大な出来事は監督に報告され，運転員に伝達されなければならない．若いエンジニアが，重要な出来事や異常事態を定義し，運転員に会社の要求するレポート作成を訓練する役割を担うこともある．これらの報告が出されていることを，エンジニアが計画的に確認することもある．運転員は，重大な異常な事象の定義と，報告の仕方について訓練を受けなければならない．シフト記録（ノート）は，何を報告するべきかを特定することにも役立つ．ニアミスを含む事故の報告を求める法規制もある．

　プロセスの値と評価　　運転員たちは，情報を収集・評価して，所定の基準を満たしているかどうかを判断している．プロセスパラメータの値（プロセスの状態で変化

する数値）と，運転規律とエンジニアリング規律の評価とは密接に関連している．エンジニアは，運転員が評価すべきものを定義し，評価の仕方を定義する必要がある．運転員やエンジニアは，ロットごとの値を記録するだけではなく，プロセスパラメータの値が何を意味するのかを考えなければならない．基準値から外れた場合，運転員はプロセスパラメータを所定の値に戻さなければならない．例えば，安全な運転の範囲内に維持するためにポンプの排出圧力が特定の値にならなければならない場合，その範囲はエンジニアが定義して評価シートに記載する．範囲を超えた場合，運転員は超過したことを記録し，正常に戻すために行ったことを評価シートに記載する．エンジニア（または設備監督者）は，評価シートを毎シフト/毎日レビューして，これらの問題が適切に対処されるようにサイクルを回している．

　過去の「操業の遂行」でのエラーで最も一般的なものの一つは，運転員が装置の状態を評価せずに単に"読み取り値"を記録したことで，プロセス評価シートが無意味なものになることである．これでは，運転員が記録した読み取り値に対して何をしたら良いか分からない．シート上に高レベル・低レベルを示しておくと，運転員に注意を促すことができる．より高度な方法としては，SPC モニタリング（SPC：statistical process control）を用いることで，"範囲外"になって問題が起こる前に変動を検知する方法もある．

　運転員が行う評価の方法としては，屋外勤務運転員による評価と計器室運転員による評価の双方を含むと良い．DCS（分散制御システム）からのデータは印刷・保存することができるので，運転員はその情報を収集または書き留める必要はないと考えることが多い．しかし，情報を書き留める目的は，誰かのために情報を収集することではない．その目的は，計器室運転員がその変数またはパラメータを評価して，期待された値になっていない場合には事前に決められた措置を取ることにある．

　以下に，効果的な評価シートの作成方法と何が評価の対象となるかの例を示す．エンジニアは，評価対象の機器に精通していて，評価結果に異常があった場合には，事前に決められた措置が取られたかを確認する必要がある．

　評価シートの作成：評価シートは，設計者と技能者からの情報をもとにデザインする必要がある．また，評価シートは有効性を定期的に見直す必要がある．評価シートを作成する際には，次の点を考慮すること．

　　・運転員が通るルートを地図にして文書化すること
　　・運転員がシート上に記した各チェックマークは，評価しなければならない．例え
　　　アクションが取られなかったとか，アクションを取るべきソフトまたはハードの

評価外で取ったアクションであったとしてもである.

・作業を再開する際は，運転員は前回レビューしそびれた作業の評価シートをすべて見直し，積極的にレビューを行うこと
・設備の監督者とエンジニアは毎日，運転員評価シートを見直し，範囲を外れたパラメータ，メンテナンスが必要な機器，または運転員が指摘したその他の異常に対処すること
・各パラメータは，動作範囲が定義され，文書化され，技術的根拠，逸脱の結果，修正するための手順が事前に定められていることが必要である．動作範囲や期待値は，評価シートに記述されていなければならない

特定機器の評価事項：

安全装置
・安全シャワーと洗眼器——システムの錆や洗眼器の汚れを洗い流す．流れと温度が適切かを確認する．ダストキャップを交換する
・前回のテストがいつ実行されたかを誰もが分かるように保守実行日のタグを付ける
・防火設備——期限切れになっていない消火器が設置されており，火災監視システムは確実に稼働していること．デリュージ（スプリンクラー）システムは漏れがなく整備されていること．泡消火システムの状態の確認
・空気呼吸器（エアラインマスク）——接続が良好であること
・無線機——予備のバッテリがあり，充電されていること
・LEL メータ（ガス検知器）——校正済みで，充電済みであること
回転機器（ポンプ，モータ，ファン，ブロワー，コンプレッサー）
・異音の確認
・異常な振動の有無を確認
・キャビテーションの有無を確認
・カップリングガードが取り付けられていること
・サイトグラスを見ての潤滑油レベルを確認
・シール部のフラッシュフローが適切であること
・パッキンやシールの漏れを確認
・異臭に注意（一部の漏れは目に見えないことがある）
・ベアリングからのオイルやグリース漏れを確認

7.4 操業の遂行　227

- ベルトとチェーンの状態をチェックし，ガードが取り付けられていることを確認
- 回転箇所からの煙に注意

　これらのタイプの問題が発生した証拠として，評価シートにチェックマークを付けること．

電気・計装盤/モータコントロールセンター
- 装置は清潔で乾燥していなければならない
- すべてにパネルカバーが設置され，閉じられていること
- 煙，匂い，異音に注意
- 照明が適切であること
- エリア内にゴミがないこと

点火装置
- バーナーボックスの外にガス漏れや炎がないこと
- フレームフロントが正常かをチェック

フレアシステムの操作
- シールドラムとノックアウトポットのレベルをチェック
- フレアへの流れをチェック
- フレアからの炎/煙の状態をチェック
- 必要なパージが範囲内にあることを確認する

有害廃棄物の貯蔵状態の評価
- 漏れの検査
- 防液堤のライナーの状態を観察
- 防液堤のバルブが閉鎖されていることを確認
- ラベルが取り付けられていて，正確であることを確認
- その他，設備特有の注意事項に配慮する

冷却塔
- 過度のドリフト（飛沫水滴）がないか冷却塔を観察
- 壊れたルーバーやパッキングがないか冷却塔をチェック
- 均一なフロー分布となるように調整する
- 水盤の液面レベルをチェック
- スクリーンが綺麗であることを確認
- 藻類と泥蓄積防止システムをチェックする

228   7 職場でのプロセス安全

- ・薬剤添加システムから漏れがないかチェック
- ・ファンの振動をチェック

タンク/槽

- ・見回りの際にタンクに漏れがないか観察
- ・防液堤内の液体の蓄積量を確認
- ・浮屋根式タンクの屋根から水が抜けていることを確認
- ・ハッチやストラップポート（液量測定孔）が閉じていることを確認
- ・PRD を調べ，特にブロックバルブが間違って閉じられ PRD を隔離していない
  か，PRD が解放したことを示す汚れやその他の形跡がないか，また中間破裂板
  がある場合は，破裂板と PRD の間に圧力が立っていないことを確認. 鳥は PRD
  の出口に巣を造ることがあるので要注意である
- ・修理箇所，ベント圧力およびその接続をチェック

熱交換器

- ・ヘッド部，配管，フィッティングの漏れをチェック
- ・異常または過度な騒音や振動に注意
- ・通常運転時の温度差と圧力差の変動をチェック
- ・スケジュール通りに，または必要に応じて，熱交換器を逆洗すること

プロセスフィルターとストレーナー

- ・漏れや過剰な圧力低下をチェック
- ・バイパスが閉じていることと，オフラインのフィルター/ストレーナーが使用
  できる状態になっていること

セパレータとノックアウトポット

- ・レベルを監視すること
- ・漏洩をチェックすること
- ・レベル計のガラスがきれいで読みやすいこと

エクスパンジョンジョイント

- ・保持ケーブル（リテーナー）が所定の位置にあることを目視検査で確認
- ・ステーボルトの検査
- ・異常な伸びや膨らみ，漏れがないことをチェック

プラントの巡回で検討すべきその他の項目として以下のことに注意：

- ・プロセスの漏洩
- ・プラグ，キャップ，仕切り板の紛失（外れてどこかに紛失）

7.4 操業の遂行 229

- 蒸気の湯気や異臭
- 漏洩/液垂れ
- 油濡れ/油溜まり
- 水蒸気漏れ
- 騒音（窒素や空気の漏れ，ポンプのキャビテーション，振動，ノッキング，騒音レベルの変化など）
- オイルのレベル，圧力，温度，流量
- 設備の圧力計・温度計
- 設備内の流動状態
- 化学物質の廃液溝
- 冷却水
- コントロールバルブ
- PRD
- （ポンプ等の）吸引排出口の遮断
- 指示針付き圧力計
- 霜，結露
- カー・シールが正しく取り付けられていること（図7.1）
- ガードが適切に設置されていること
- スプリンクラー
- ガス検知器
- 緊急遮断装置
- 設備のバリケード
- 設備の表示（例えば，入口/出口）
- エリアの入口と出口に障害物がないこと
- 安全装置へのアクセスが確保されていること
- 車両のアクセス，設備へのアクセス
- 現場のタグ——場所と日付
- 物理的状態の評価
- 塗装および機器の変色
- 整理整頓清掃
- サンプル採取場所/自動サンプル
- フィルター検査，例えば差圧 ΔP

230   7 職場でのプロセス安全

- 防油堤の弁の開閉位置
- LOTO（ロックアウト・タグアウト）機器の電源が切られているか，もしくは使用されていないのか
- 高架水槽
- ポンプの定期的な回転，逆洗など
- ホース（状態）
- エリアの照明

労働安全およびプロセス安全の評価　　運転員による評価は，通常は収集した情報が所定の基準に合っているかを判断するために行われる．この情報は評価シートに記載される．評価に際しては，労働安全の懸念とプロセス安全の懸念とは別のシートに記録するほうが良い．

労働安全の評価には，入退場ルート，安全標識，照明，はしご，ホース，ユニット安全装置の評価などが含まれる．プロセス安全の評価には，重要保安機器のほか，SIS（安全計装システム）のフィールドバイパスが安全な状態にあることを確認するなど，特別な注意を要する内容も含まれる．指示針付き圧力計，圧力開放装置およびポジションが重要な器具も考慮する必要がある．重要なプロセス安全アラームは評価する必要がある．

"適切な安全とは何か"と"プロセス安全評価をどう行うか"を定義することは，エンジニアリング規律と運転規律の関連性が密接なものであることを示すもう一つの例である．エンジニアは，適切なプロセス安全情報を用いて特定のレビューを実施して，何を評価すべきかを決定し，運転員はその検査を実行する．「マネジメント規律」とは記載された問題点に対して確実に措置が取られるように定期的に評価シートを検査することでもある．

サンプル採取　　プロセスのサンプルの採取スケジュールは文書化し，標準作業手順書に記載する必要がある．エンジニアがどうするかを決定する．サンプル採取用のプロセスマップを作成して経路を最適化すると良い．サンプルポイントは分かりやすく示され，変更の際には MOC の手順に則ること．サンプルポイントごとに PPE やその他の安全予防措置を決めること．スケジュールには次の事項を含む．

- サンプル採取場所またはストリーム
- サンプリング頻度
- サンプリング頻度と分析の基礎技術
- 分析で狙う範囲

- 範囲を外れた場合に取るべきアクション，適切であれば再採取も含む

アラームの無効化と管理　新任のエンジニアでもアラームの無効化を承認する権限を持つことがある．適切なレベルの承認を得てアラームを無効にするための手順書があると良い．手順には次のものも含めること．

- 域内でどのアラームが無効化されているかが，運転員に分かる方法
- 代替のプロセス表示方法を確立し，運転員に通知する
- 無効化されたアラームをできるだけ早く正常な使用状態に戻すための要件．安全警報の場合，アラーム機能が停止している間，リスク管理に使用する補償措置を明示する必要がある（リスクを上げないようにする代替手段）

ポジションが重要な器具　エンジニアは，時に，ポジションが重要な器具のリストを作成，保守および監視することが求められる．カー・シール（物理的にバルブをその位置にロックするための装置，図 7.1 を参照）のような器具は，プロセス安全システムの有効性を保証するのに重要である．配管計装図（P&ID）上には，重要なカー・シールを，開（CSO），閉（CSC）で表示する必要がある．それ自体では，カー・シールは必ずしも，ポジションが重要な器具を安全でないポジションに動かされることを防ぐものではない．それはシールで表示して，図 7.1 に示すように，器具を適切なポジションに維持する管理方法である（訳者註：日本ではバルブの開閉制限にタグを吊るす方法が一般的である．カー・シールの場合は，表示に反する操作をするにはカー・シールを壊す必要があるため，安易な操作を防止する効果がある．一方，緊急時には

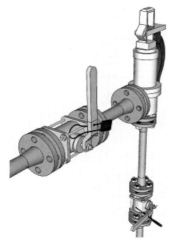

図 7.1　バルブのハンドルに付けたカー・シール．緊急時にバルブの位置を変更する必要がある場合，シールを破壊することもある

232   7 職場でのプロセス安全

表示に反する操作を素早く行う必要がある場合もあるので，優れた方法だと言える．P&ID 上，バルブに CSO（car seal open），CSC（car seal closed），LO（locked open），LC（locked closed）の表示を行う．LO, LC の場合は，物理的に鍵を掛けるので，緊急時であっても鍵を開けなければ操作できない．カー・シールとの使い分けが必要である）．

カー・シールの活用には次のことを考慮すると良い．

・カー・シールを管理するための手順書
・手順書についての定期的な訓練
・バルブ等が適切なポジションにあることを頻繁にチェックする
・評価の有効性を確認するため，評価チェックに対する実績に基づいた監査
・カー・シールの削除または変更の際は，MOC（変更管理）プロセスにおいて適切なレベルのマネジメントレビューを含むこと
・カー・シールの評価を含む PSSR（運転前の安全レビュー）のステップ

緊急時の対応責任　　プロセス安全の運転規律の面で注意すべきことは，緊急時対応システムである．エンジニアは，緊急時の訓練と対応システムの開発に関わり参加することがしばしばある．緊急訓練で大切なことは，対応システムが有効に機能することである．エンジニアは，このシステムを設計し，運用することがある．

定期的に事業所の緊急時対応システムを全面的にテストし，見つけた欠陥を修正するようにすると良い．

運転員によるラインアップ　　運転員の最も基本的な責任は，自分の領域内のすべてのバルブのポジションの意味を知り理解し，状態を知って，物質を移送する際に，すべてのポイント間のエネルギーを制御することである（訳者註：物質はその質量に応じて，熱や反応の可能性，運動エネルギーなどを内在するので，その移動はエネルギーの移動でもあり，ハザードの移動でもある）．この仕事は，一般に「ラインアップ」（line-up）と呼ばれる．エンジニアは通常，機器の操作やラインナップは直接行わないが，機器の設計，運転手順の作成，運転員の訓練に際しては，運転員の仕事のこの側面を明確に理解し考慮しておく必要がある．

運転員は，各シフト勤務の開始時にすべてのバルブのポジションを確認する責任を持つべきである．彼らはこの仕事をこなせるように訓練を受けなければならない．定常運転中で，運転員が担当する手動バルブのポジションがシフト交替で変化しない場合は，そのまま仕事を続けることができる．

プロセス安全上の事故が発生する確率が高いのは非定常状態の運転または過渡的状

態のときである．物質がある場所から別の場所に移送された場合はいつも，運転員は
エネルギーの移動を理解し，制御する必要がある．例えば，バルブの開閉，ポンプま
たはコンプレッサーの始動，機器の使用開始や停止，機器のバイパスなどである．

　上に挙げられた操作により変更を行う前に，運転員は現場を確認しに行くように訓
練されている必要がある．CCPS のウェブサイトで "Walk the Line（現場確認）" のオ
ンラインビデオを参照頂きたい．
(https://www.aiche.org/academy/videos/walk-line)

機器のラベル表示　　機器および配管の適切なラベル表示の目的は，プラント運転
およびメンテナンス活動における間違いを最小限に抑えることである．エンジニアに
は，この目的やその他の規制上の要件を満たすように機器ラベリングの計画を作成し
実行することがしばしば求められている．以下を考慮すると良い．

- ・主要機器にはラベルを付けること．これには，タンク，圧力容器，ポンプ，コン
  プレッサー，組立てた装置，コントロールバルブおよび計装も含まれる
- ・予備の機器にもラベルを付けて識別すること．これにより，間違いの可能性を最
  小限に抑えられる
- ・安全計装システムの構成機器
- ・地下配管の出入口を含むすべての配管
- ・ユーティリティのホースステーション
- ・安全上重要なダブルブロック・アンド・ブリード弁とそのあるべきポジション
- ・プラントで決められた他のラベル

プロセス安全管理者　　「操業の遂行」のためには，プロセス安全管理者（PSO：
process safety officer）がいると良い．PSO は，スタートアップ，シャットダウン，そ
の他の重要な操作状態について客観的かつ独立した立場での安全上の視点を持ち，そ
れらでのプロセス安全事故を防止することに慣れている．各設備には，資格，役割，
責任および PSO リファレンスマニュアルについて記述した PSO ポリシーがある．

　設備操作の責任者は，

- ・PSO を必要とする安全上重要なスタートアップ，シャットダウン，その他の操作
  状態を把握して文書化すること
- ・どのような PSO を必要としているかを記述すること
- ・PSO に依頼する仕事のスケジュールを立てること
- ・PSO 活用の有効性を継続的に改善すること

234   7 職場でのプロセス安全

PSO の責任
- ・PSO を必要とする安全上重要なスタートアップ，シャットダウン，その他の操作の間は立ち会うこと
- ・PSO の責任から目をそらさせるような他の仕事を兼務しないこと
- ・不安全な活動を停止する権限を有すること

PSO の資格要件
- ・プロセスのハザードについて深い知識を持っていること
- ・設備の運転操作に関して，実践的な知識があること
- ・適用されるすべての標準運転手順を理解していること

PSO リファレンスマニュアルに含まれること
- ・PHA で参照されたプロセス安全上の事故事例の報告書
- ・役割と責任
- ・PHA で特定された設備のハザード
- ・PSO 教育のトレーニング資料

　PSO がいる企業では，このような役割を果たすために経験豊富なエンジニアを招請することがある．

7.4.2　エンジニアリング規律

　「操業の遂行」の中で 2 番目に広い領域は，エンジニアリング規律と呼ばれる領域である．運転規律は結果の再現性を実現するための運転行為に関するものであるが，エンジニアリング規律は，運転操作の一貫性と結果の再現性を実現するために，エンジニアが運転員の操作と運転している設備の技術情報の両方を監視する方法に関するものである．

　重要管理項目　　エンジニアは，プロセスの安全性，環境，信頼性，経済的な最適化を追跡するための重要管理項目（KPI）を特定し，見直しと是正のスケジュールを決めておく必要がある．

　管理文書には次を含む．
- ・運転範囲
- ・運転範囲の技術的基礎
- ・是正の手順
- ・モニタリング（およびバックアップ）を担当するのは誰か
- ・モニタリングの頻度

7.4 操業の遂行 235

これらの KPI は毎日レビューされ，範囲を外れた KPI に対して是正措置が取られる．

安全運転限界　安全運転限界は，安全操作範囲とも呼ばれ，上記の重要管理項目（KPI）の一部である．これらは通常，プロセス操作のプロセス安全性情報に基づいて，温度，圧力，流速または濃度などのパラメータのセットで，その範囲を逸脱すると悪影響を受ける可能性がある．これらの限界は定義され，文書化されていなければならない．これらはプロセス安全情報（PSI）となり，PHA，MOC，PSSR，SOP，運転員認定/再認定で使用または参照される．エンジニアは，この PSI 上重要な情報が正確であり，これらのプロセス安全管理システムで活用されていることをモニターする必要がある．

統括責任（accountability）　エンジニアと設備監督者は，運転管理システムが確実に実施され，効果を発揮していることを確認するための重要なチェックポイントのリストを準備作成する．運転管理システムにおける逸脱を防止し，弱点に対応するために，エンジニアと設備監督者は統括責任に対してチェックを行う必要がある．エンジニアリング規律には以下を含むと良い（訳者註：一般には responsibility が実行責任と訳され，accountability は説明責任と訳されることが多い．responsibility は複数でシェアして分担できる責任である．accountability は一人で責任を持ち，プロジェクトや計画を最終的に成功に導く責任のことである．説明責任とすると，本来の「最終的に自分が責任を持って成し遂げる」というニュアンスが感じられない．したがって，ここでは敢えて統括責任と訳した）．

管理者の実施項目

- 事業所の管理者は，「操業の遂行」のさまざまな要素に対して定期的に達成度監査を実施すること
- 「操業の遂行」は，プロセス安全マネジメントレビューの対象エレメントの一つである．実態に基づく監査が行われ，欠陥を是正するための措置が講じられること

設備の監督者/設備のエンジニア

- シフトへの指示書が正確であるかを毎日レビューし，指示書通りに実施されたことを確認すること．また，レビュー承認のサインを記す（説明書に署名する）こと
- 正しく完璧に作業が行われたか，運転員のシフトノートを毎日レビューすること．記載された問題点に対してアクションをとり，レビュー承認のサインを記

す（ノートにレビュー済みの署名をする）こと

- 運転員の評価シートを毎日レビューすること．故障して動かない，修理が必要，運転範囲外で作動する機器については，是正措置を取ること
- 範囲を外れている値でコメントなしのものを探すこと．コメントが記されない理由を理解し，必要に応じて是正すること
- データのねつ造を見破る——ばらつきがある筈なのに同じ値が続くなど．理由を尋ね，必要に応じて是正すること

7.4.3 管理者の規律

「操業の遂行」における最後の広範囲な領域は管理者の規律と呼ばれ，おそらく最も重要なものである．3章の事例研究は，大抵，いつもプロセス安全上の事故の根底には管理システムに何らかの原因があることを示唆している．管理者は，「操業の遂行」に規律を持ち込むことによって人為的ミスを減らすという重要な役割を果たしている．

管理者の規律は，毎回同じ結果が確実に得られるために管理者が取る行動と定義されている．「プロセス安全文化」の醸成はリーダーシップから始まり，リーダーシップは，結果を達成するために従業員が行う活動が何かを明示するシステムを開発するところから始まっている．「操業の遂行」を強化する優れた管理システムはあまり多くない．このリストはすべてを網羅するものではなく，むしろ一貫した結果を達成するために管理者規律を採用すべきいくつかの領域を示唆するものである．エンジニアは，これらの管理者規律の活動をサポートする仕事と義務を持つ機会が多く，実際，経験豊富な人は管理者規律の議論をリードしていることもある．

日々の業務レビュー　　多くの企業では，現在の製造上の問題を特定し，対応策を練るためにスタッフと生産レビューを毎日行っている．日々の会議で重要なことは，事故を適切にクラス分けし，調査し，再発防止のリソース（人・物・金）を議論することである．ニアミスの原因を是正することは，プロセス安全事故の防止に繋がる．

エンジニアリング部門のメンバーと事業所長は，プロセス安全上の事故の報告書をすべてレビューする必要がある．その目的は，事故を適切にクラス分けし，適切な調査が迅速に完了していることの確認である．毎日のレビューは，事業所長が各部署のリーダーと再発防止策の実施とその効果を判断するために何が大切であるかを直接話し合う良い機会である．次のような行動が推奨される．

- 管理者は，すべての事故とニアミスを迅速に報告させること

- 事業所長と直属の部下は，毎週月曜日から金曜日までのすべての事故を確認し，それぞれが正しくクラス分けされていることを確認すること
- 他の状況では非常に深刻になる可能性があるため，特に注意が必要なニアミス事故に対して High Potential（HiPo's）（潜在的に危険度の高いニアミス）と呼ばれるカテゴリーを設定すること
- すべての事故が調査されること．調査チームは，調査の厳格さの程度，事故分析の手法および調査チームのメンバーを決定し，最終成果物と工程予想を含む調査チームチャーター（憲章と訳されることもある．事故調査チームの目的，活動の範囲や視野，役割など枠組みを明記した文章）を作成し，調査中の事故のフォローアップと，再発防止対策が効果的に実施されるようにフォローアップをすること
- 繰り返し発生する事故を認識するシステムが毎日のレビューに導入されていること
- 全従業員がすべての事故報告書をレビューして，ニアミスや事故に対する意識を高めること
- 管理者は勧告の実現をサポートし，事故やニアミスの再発を最小限に抑えるためのリソース（人・物・金）を提供し，フォローすること

事業所の手順と管理システム　　企業の手順書を優れたものとするには，事業所が何をすべきかを一点の曇りもなく明確に示すものでなければならない．また，事業所の手順書が優れているためには，企業が要求している手順を，誰が何をするべきかを一点の曇りもなく説明する明確なガイダンスとなっていなければならない．エンジニアはしばしば事業所の手順書を書いたり更新したりするように求められるので，事業所の手順書や管理システムに精通している必要がある．考慮すべきことは，

- 各個人にプロセス安全上の実行責任（responsibility）と統括責任（accountability）を明確に義務付ける事業所の手順書作成を考慮すること．その計画は事業所の組織変更手順に則って更新されていること
- 事業所の手順には，各文書やプロセス安全管理システムにおける仕事と責任を明確に定義した文章が含まれていること．責任の定義は十分に詳しく書かれ，関係者にはどの職位の人に責任があるのかが明確になること
- 毎年，事業所手順書の責任の箇所をレビューし直すこと
- すべての職位の人が自分の役割を理解できるように，毎年事業所の手順書類について教育トレーニングを実施すること
- 定期的に直属の部下と対話をして，事業所の手順で定義されている役割を理解し

238　　7　職場でのプロセス安全

ているかを確認すること

整理・整頓・清掃　　整理・整頓・清掃が疎かだということは，安全プログラムの効果が薄れている兆候である．作業現場を整然としたきれいな状態に保つことは，パフォーマンスと士気を向上させ，怪我やプロセス安全上の事故を減少させる．整理・整頓・清掃に関わる人すべてに明確な目標を示し，毎日またはシフトごとに整理・整頓・清掃の状態をチェックすること．そうすれば整理・整頓・清掃のレベルが向上するであろう．エンジニアはしばしば整理・整頓・清掃のチェックに参加し，ハウスキーピングの改善をリードするよう求められることがある．

管理上の実施項目
・具体的な作業と目標を記した整理・整頓・清掃手順書を作成すること
・シフトごとに整理・整頓・清掃プログラムの有効性をモニターし評価すること
・欠陥は直ちに是正すること

事務所の整理・整頓・清掃
・事務所はすべて清掃が行き届いていること
・良いオフィス家具に少しお金をかけ，十分な保管場所を確保すること
・書籍や書類をデスクやクレデンザ（腰高のキャビネット）に積み重ねないこと
・オフィス，トイレ，運転設備に落書きを許してはならない．シフトが特定された場合はそのシフトに落書きを消させること

設備エリアの整理・整頓・清掃
・個別に責任を割り当てる．各従業員は，各シフトまたは日勤で何らかの整理・整頓・清掃活動に参加すべきである
・設備の監督者は，シフト従業員の整理・整頓・清掃努力を個別に評価し，不具合があれば正さなければならない

作業安全許可証　　エンジニアは，許可証を起票したり，許可プロセスを監査したりすることがしばしばあるため，安全作業，火気使用，掘削，高所作業，入槽作業などプラントで使用されているさまざまな種類の許可に精通している必要がある．これらは，まさに生命に関わるものであるため，"life-critical（命に関わること）"と呼ばれている．新任のエンジニアがこれに精通するには手順がある：特定の人だけが許可を発行することができ，特定の人だけが許可を受け取ることができること．通常，制御室用，作業現場用，記録保管用にコピーを残せるように，複写式フォームが使用される．許可証には，遵守すべき一連の安全対策・措置（例えば，可燃性・有毒ガスのガス検知テスト，ガス検知テストの実施頻度，特別な保護具（PPE：personal protective

equipment）の必要性，現場における消火器の必要性など）が示される．また，作業
の開始前に作業チーム全体が安全をレビューする作業安全分析（JSA：job safety
analysis）を求められることが一般的である．これは文書で運用するシステムである．
それぞれの要件は，運用に参加するすべての人が明確に理解しており，常に各要件に
従わなければならない，さもなければ死亡事故が発生する可能性がある．作業許可を
完了させるプロセスとしては，作業の延期や未完了があっても，シフトの終わりには
現場で作業を評価する必要がある．運転員は，メンテナンス担当者または協力会社の
作業者が現場を離れる前にきちんと清掃して現場を受け入れ可能な状態にさせる必要
がある．

疲労管理　　世界で発生した重大なプロセス安全事故のいくつかは，疲労管理に原
因があった．働き過ぎで疲労がたまっている従業員が間違いを犯しやすいことは事実
である．これは特に，運転の極めて危険な局面でのシャットダウンや長期間働き続け
た直後のスタートアップなど主要なプロジェクト作業によく当てはまる．しかし，多
くの企業ではまだ正式な疲労管理手順は用意されていない．疲労管理手順を開発する
上では，API の"RP 755, Fatigue Risk Management Systems for Personnel in the Refining
and Petrochemical Industries"（Ref. 7.4）が参考になる．その他，エンジニアが関与す
る可能性のある実施項目は次のとおりである．

・事業所，設備，シフトおよび人ごとに残業時間を集計すること
・残業時間の目標値を設定し，範囲に収まるように管理すること
・疲労管理を「事業所の方針」に明記すること
・連続したシフトの回数を制限し，シフト間の最小休憩時間を「事業所の方針」に
　明記すること
・特別なプロジェクトやシャットダウン作業には個別の方針を作成すること
・適切なレベルの正式な管理者の承認を得た場合は例外を認めること

計器室の運転員に近づくことを制限し，気を散らせないこと　　計器室の運転員は，
さまざまなタイプの文字通り数千もの制御対象を持ってプロセスを監視している．
モード，設定値，プロセス変数およびアラーム状態は，常に把握しておかなければな
らない．気が散ると，計器室運転員の製造設備を安全に運転するという一番基本的な
役割から注意が逸らされることになる．

計器室の運転員の人為的ミスを大幅に削減するには以下の項目を実施すると良い．

・ラジオ，本，新聞，iPod，iPads などに限らず，業務に無関係なものすべてを計器
　室から排除すること．個人の携帯電話やメール機器の使用を制限すること

- 計器室の運転員に近づくことは，本当に必要のある人のみに制限すること．例えば，設備のエンジニア，シフトリーダー，プロセスの専門家，そして場合によっては現場の運転員
- 計器室は，現場の運転員・協力会社・その他の従業員の会議室や休憩所であってはならない
- 計器室の運転員は，許可証を発行する責任を負っている場合以外，保守作業や請負作業の許可証を発行するためのセンターとなってはならない
- 勤務中の計器室の運転員を交えての，計器室でのミーティングは避けなければならない

コミュニケーション　　プロセス安全のゴール，目標，事業所の安全指標および行動計画が，事業所の従業員に明確かつ頻繁に伝えられ，プロセスの安全上の成績が今どうなっているのか，事業所がどこを目指しているのかを誰もが理解できるようにしなければならない．管理者は，安全成績を達成するためにこれらのコミュニケーションに注意すべきである．エンジニアは，しばしばさまざまなタイプのコミュニケーションに参加したり担当したりしている．これらには次のことが含まれる．

掲示板
- 制御室，オフィスビル，会議室など，事業所全体のすべての掲示板を定期的にチェックし，各掲示板には目的があり，情報がきちんと表示され，最新の状態が保たれているように担当者を決めること
- 特に制御室に注意を払い，業務に無関係な壁飾り，ポストイット，張り紙，その他の気を散らすようなものはすべて排除すること
- 制御室や会議室などの主要な場所にプロセス安全コミュニケーション用の掲示板を設置し，事業所のプロセス安全のゴール，目標，安全指標/グラフ/傾向図，実行計画と現在の状況，その他のプロセス安全の特別な情報を提供すること

その他の書面によるコミュニケーション
- KY（危険予知）ミーティングで使用する CCPS 発行の PSB（プロセス安全Beacon）を掲示または配布して，プロセス安全に注意を向けさせること
- 事業所の安全指標や目標に注意を喚起させる事業所内のニュースレターや定期的な電子メールの活用を検討すること

口頭のコミュニケーション
- KY ミーティングにおいてプロセス安全をテーマにする日の設定を考慮すること

・詳細な話題を扱う定期的な安全会議では，プロセス安全を話す時間を別に設け，安全指標上の成果と目標のレビューを行うこと

運転の継続　運転の継続は，運転の中断を最小限に抑え，保守作業や投資プロジェクトを最小限に抑え，設備の監督者と運転員の間の効果的なコミュニケーションを密にすることによって，設備の所有者としての責任感を監督者と運転員に持たせようとするものである．

・可能な限り，監督者とシフトの運転員がシフト交替時に顔を合わせること

・可能な限り，シフト作業のローテーションサイクル内ではシフト作業員を他の仕事に就かせないこと．すなわち，運転員は，さまざまな単位ジョブである外回りの作業，サンプル採取作業，計器室の作業など，いくつかの一般業務間でローテーションすることがある．これらの業務間のローテーションは，同じシフトサイクルを回している途中で行うべきではない．例えば，運転の継続を確保するために，日勤のサイクルシフトで計器室の作業を行わせ，すぐ次の夜勤のサイクルシフトで外回りの作業にローテーションすることなどである．

統括責任　管理者規律の一部として，現場の監督者，運転員，技能工に対して，彼らの仕事に期待していることを明記したリストを渡さなければならない．それらの期待に沿って従業員を訓練し，適切な遂行の責任を持たせること．これが正に管理ということである．パフォーマンスを確認する方法については，エンジニアリング規律の遂行責任に関する項を参照のこと（7.4.2項）．

7.4.4　その他の「操業の遂行」に関する新任エンジニアのためのトピックス

細部までの観察と注意　新任のエンジニアはこのスキルを身に付ける必要がある．これを行うのに簡単な方法はない．7.1.1項で説明した安全パトロールは，運転員の記録の確認，配管計装図（P&ID）の確認や更新などの仕事と同様に，これらのスキルを身に付ける機会を提供している．

学習態度　教育は卒業証書で終わらない．4.8節では，新任のエンジニアがプロセス安全についてさらに学習するために活用できる学習教材をリストにしている．新任のエンジニアは，企業セミナーが提供されれば，そこから多くのことを学ぶ機会を求めるべきである．これらの学習教材の存在を知らない人には教えてあげること．地元で開催される AIChE 会議にはできるだけ出席すること．自分のエンジニアリング分野で毎年最低1回は全国会議に出席するように心掛けること．毎年春に開催される AICHE GCPS（Global Congress on Process Safety）ミーティングは，世界中の多くの

242 7 職場でのプロセス安全

業界各社が参加してプロセス安全に関する実り豊かな会議となっている.

運転員の声を聞くこと（7.1.2項を参照）は，学習態度を身に付ける一つの方法である．プロセス安全情報，最近の事故報告書，RMP（risk management plan，リスク管理プラン）や洋上設備規則（Safety Case，3.17節を参照）などの書類が手に入るなら，それも学習に役立つ方法である.

ハザードの認識　これは，2.8節で議論されたニアミスや事故とは何かを学ぶ必要がある（4.4節）．3章で説明した事故からの教訓は，定期的に読み直さなければならない．新任のエンジニアは，これらの事故の教訓をプラントにどのように活かすかを探求しなければならない．安全パトロールは職場におけるハザードを認識するためのもう一つの手段であることを再認識すること.

セルフチェックと相互チェック　"細部までの観察と注意"と同様に，これは身に付けるべきスキルである．これらのスキルを身に付ける機会は，設計計算を行い，その文書を作成する際に発生する.

行動基準　エンジニアは，最初のトレーニングで学んだルールに従って，運転員の模範となる行動をしなければならない．エンジニアは，いつも誰かのリーダーとみなされていることが多い．例えば，エンジニアがその場所に必要なすべてのPPE（保護具）を正しく装着していないと，それが悪い例となり，プラントでPPEガイドラインを徹底することが困難になる（運転員たちはエンジニアが規則や手順に従っていないのを覚えていて，それで良いと思ってしまう）．同様に，運転員に手続きの省略を許すなどのショートカットも将来に悪い例を残すことになる.

7.5 ま と め

初年度は，新任のエンジニアにとって大規模な学習期間となる．7.1節で説明した初期学習は，正規のトレーニングおよびプロセスが実際にどのように機能しているかについて運転員の声を聞くことである．大企業では，新任のエンジニアだけでなく，すべてのレベルの従業員のためにトレーニングマトリックスを作成している．現在活用できる学習教材は4.8節に紹介されている.

新任のエンジニアは，明確かつ簡潔な文書の作成と話し方，時間管理，行動計画の管理など多くの技術的ではないスキルも身に付けなければならない．このため，一部の組織は，社内でトレーニングを行ったり，外部のトレーナーを招いたりする．中小企業では，エンジニアが自分でそのようなトレーニングを探さなければならない場合

もある.

　安全文化は，組織共通の価値観と信念である．新任のエンジニアは，人々の態度を観察することによってどのような安全文化であるかを知ることができるだろう．例えば，彼らは規則や手続きに従っているか，あるいは手抜きをしているか，プロセスのハザードを知り重視しているか，それらを忘れているように見えるか，部署間のコミュニケーションは良好か，そうではないかなどである．新任のエンジニアは，本章で概説したように，優れた安全文化と良好慣行に基づいた業務の遂行を身に付けるべきである.

　「操業の遂行」には，運転規律，エンジニアリング規律，管理者の規律が含まれる．新任のエンジニアが産業界で仕事を始めるにあたり何が期待されているかの感覚を持てるように，運転規律のエレメントについて詳しく説明した.

　あなたの選んだ職業を楽しんでほしい．AIChE Code of Ethics（AIChE 倫理要項）の第一理念を忘れないこと．"職務の遂行にあたっては，公共の安全・衛生・福祉を第一に考え，環境を保護すること"[4]

7.6　参　考　文　献

7.1　Conduct of Operations and Operational Discipline, Center for Chemical Process Safety, American Institute of Chemical Engineers, New York, New York, 2011.

7.2　Process Safety Leading and Lagging Metrics, Center for Chemical Process Safety, American Institute of Chemical Engineers, New York, New York, Revised 2011.
（http：//www.aiche.org/sites/default/files/docs/pages/metrics%20english%20updated.pdf）
（https：//www.aiche.org/sites/default/files/docs/pages/metrics_2011-01_translation-20140325rev_2.pdf）（和訳版）

7.3　API RP 754, Process Safety Performance Indicators for the Refining & Petrochemical Industries, American Petroleum Institute, 1st Ed., Washington, DC, 2010.

7.4　API RP 755, Fatigue Risk Management Systems for Personnel in the Refining and Petrochemical Industries, American Petroleum Institute, 1st Ed., Washington, DC., 2010.

---

[4]　http：//www.aiche.org/about/code-ethics

付録 A
RAGAGEP サンプルリスト

　表 A.1 は架空の化学メーカーである XYZ Chemicals 社の一般的技術標準（RAGAGEP）のリストの一部である．これは単なるサンプルとして提供されており，完全なリストではない．これらは外部基準である．組織が策定した内部規定も，既存の外部基準よりも厳格であれば使用することができる．

　一般的技術標準（RAGAGEP: recognized and generally accepted good engineering practice）は，OSHA が最初に使用した用語で，安全を確保し，プロセス安全事故を防止する目的で，化学設備の設計，運転，保守を行う際にエンジニアリング，運転，保守に関する適切な知識を選択して適用することである．

　RAGAGEP は，適切な内外の標準，適用法規，技術報告書，ガイダンス，推奨手法，または同様の書類による評価と分析に基づくエンジニアリング上の知識と業界経験から導かれた手法をエンジニアリング，運転，保守に適用することでもある．RAGAGEP は，単独の情報源や複数の情報源から引用することができ，個々の施設のプロセス，物質，サービス，その他の工学的な注意事項によって変化する．

表 **A.1**　XYZ Chemicals 社の RAGAGEP リスト

Topic	Code
Atmospheric Tanks	API 620: Design and Construction of Large, Welded, Low-pressure Storage Tanks
Chemical Specific Codes	
Chlorine	Chlorine Institute Pamphlet 5) Bulk Storage of Liquid Chlorine Chlorine Institute Pamphlet 6) Piping Systems for Dry Chlorine Chlorine Institute Pamphlet 9) Chlorine Vaporing Systems
Peroxides	NFPA 430: Code For the Storage Of Liquid and Solid Oxidizers
Compressed Gases	Compressed Gas Association P-22: The Responsible Management and Disposition of Compressed Gases and their Cylinders
Fired Equipment	NFPA 85: Boiler and Combustion Systems Hazards Code NFPA 86: Standard For Ovens And Furnaces

（つづく）

付録A　RAGAGEP サンプルリスト　　245

表 A.1　つづき

Topic	Code
Fired Equipment	FM 6-0: Industrial Heating Equipment, General FM 6-9: Industrial Ovens and Dryers FM 6-10: Process Furnaces FM 7-99: Hot Oil Heaters API 521: Pressure-Relieving and Depressuring Systems API 537: Flare Details For General Refinery and Petrochemical Service
Flammable Liquids	NFPA 30: Flammable and Combustible Liquids Code NFPA 77: Recommended Practice on Static Electricity
Heat Exchangers	TEMA: Standards of the Tubular Exchanger Manufacturers Association API 510: Pressure Vessel Inspection Code: In-Service Inspection, Rating, Repair, and Alteration
Instrumentation and Controls	ISA-18.2 Management of Alarm Systems for the Process Industries ISA-84.91.01 Identification and Mechanical Integrity of Safety Controls, Alarms, and Interlocks in the Process Industry ISA-84.00 Functional Safety: Safety Instrumented Systems for the Process Industry Sector ISA-101 (Draft) Human Machine Interfaces for Process Automation Systems
Plant Buildings	API 752: Management of Hazards Associated With Location of Process Plant Permanent Buildings API 753: Management of Hazards Associated With Location of Process Plant Portable Buildings
Pressure Vessels	ASME Section VIII-Pressure Vessels API 510: Pressure Vessel Inspection Code: In-Service Inspection, Rating, Repair, and Alteration
Solids Handling Equipment	NFPA 654: Standard for the Prevention of Fires and Dust Explosions from the Manufacturing, Processing, and Handling of Combustible Particulate Solids NFPA 68: Standard on Explosion Protection by Deflagration Venting NFPA 69: Standard on Explosion Prevention Systems FM 7-76: Prevention and Mitigation of Combustible Dust Hazards

付録 B
CSB ビデオのリスト

　米国化学安全委員会（CSB）は，多くの事故の動画を作成している．表 B.1 に，一連の CSB レポートとその関連ビデオを示す．本書の原本が出版された時点で，これらのビデオは www.csb.gov/videos/ に掲載されていた．事故報告書は www.csb.gov/investigations で検索が可能である．各ビデオには調査報告書のウェブサイトからもアクセス可能である．

　表 B.1 の事故は，「設備資産の健全性と信頼性」，「可燃性粉塵」，「実験室のハザード」，「反応性化学物質」，「作業安全許可」の項目で分類されている．いくつかの事故は複数の項目に分類され，いくつかは「その他」の下にグループ化されている．CSB のビデオの中には，安全性メッセージなど事故に直接関係しないものもある．それらのビデオはここには掲載していない．

表 B.1　CSB ビデオのリスト

事故事例	発生年	ビデオ
設備資産の健全性と信頼性		
NDK Crystal Inc. Explosion with Offsite Fatality	2009	Falling Through the Cracks
Silver Eagle Refinery Flash Fire and Explosion and Catastrophic Pipe Explosion	2009	Silver Eagle Refinery Explosion Surveillance Footage
Tesoro Refinery Fatal Explosion and Fire	2010	Animation of Explosion at Tesoro's Anacortes Behind the Curve The Human Cost of Gasoline
DuPont Corporation Toxic Chemical Releases	2010	Fatal Exposure: Tragedy at DuPont Animation of January 23, 2010 Phosgene Accident
Chevron Refinery Fire	2012	Chevron Richmond Refinery Fire Animation Surveillance Video from the August 6 Accident at the Chevron Refinery in Richmond, CA

(つづく)

付録 B　CSB ビデオのリスト　　247

表 B.1　つづき

事故事例	発生年	ビデオ
Freedom Industries Chemical Release	2014	Freedom Industries Tank Dismantling
可燃性粉塵		
Imperial Sugar Company Dust Explosion and Fire	2008	Inferno: Dust Explosion at Imperial Sugar
AL Solutions Fatal Dust Explosion	2010	Combustible Dust: Solutions Delayed Combustible Dust: An Insidious Hazard
Hoeganaes Corporation Fatal Flash Fires	2011	Iron in the Fire Dust Testing
実験室のハザード		
Texas Tech University Chemistry Lab Explosion	2010	Experimenting with Danger
Key Lessons for Preventing Incidents from Flammable Chemicals in Educational Demonstrations	2014	After the Rainbow
反応性化学物質		
Preventing Harm from NaHS		Preventing Harm from NaHS
Improving Reactive Hazard Management BP Amoco Thermal Decomposition Incident Synthron Chemical Explosion	2000 2001 2006	Reactive Hazards
Formosa Plastics Vinyl Chloride Explosion	2004	Explosion at Formosa Plastics (Illinois)
CAI/Arnel Chemical Plant Explosion	2006	Blast Wave in Danvers
T2 Laboratories Inc. Reactive Chemical Explosion	2007	Runaway: Explosion at T2 Laboratories
Bayer CropScience Pesticide Waste Tank Explosion	2008	Fire in the Valley Inherently Safer: The Future of Risk Reduction
West Fertilizer Explosion and Fire (Investigation ongoing as of publishing of the book) (Ammonium Nitrate)	2013	CSB Video Documenting the Blast Damage in West, Texas

（つづく）

248 付録 B CSB ビデオのリスト

表 B.1 つづき

事故事例	発生年	ビデオ
作業安全許可		
Hazards of Nitrogen Asphyxiation	2005	Hazards of Nitrogen Asphyxiation
Final Report: Power Point Presentation on Nitrogen Hazards	2003	
Final Report: Safety Bulletin-Hazards of Nitrogen Asphyxiation	2003	
Valero Refinery Asphyxiation Incident	2005	
Partridge Raleigh Oilfield Explosion and Fire	2006	Death in the Oilfield
E. I. DuPont De Nemours Co. Fatal Hotwork Explosion	2010	Hot Work: Hidden Hazards
Packaging Corporation Storage Tank Explosion		Dangers of Hot Work
Partridge Raleigh Oilfield Explosion and Fire		
Bethune Point Wastewater Plant Explosion, 2006		
Motiva Enterprises Sulfuric Acid Tank Explosion		
Seven Key Lessons to Prevent Worker Deaths During Hot Work In and Around Tanks		
Xcel Energy Company Hydroelectric Tunnel Fire	2007	No Escape: Dangers of Confined Spaces
Bethune Point Wastewater Plant Explosion	2006	Public Worker Safety
Formosa Plastics Propylene Explosion	2005	Fire at Formosa Plastics (Texas)
Praxair Flammable Gas Cylinder Fire	2005	Dangers of Propylene Cylinders
Acetylene Service Company Gas Explosion	2005	Dangers of Flammable Gas Accumulation
その他		
DPC Enterprises Festus Chlorine Release	2002	Emergency Preparedness: Findings from CSB Accident Investigations
Sterigenics Ethylene Oxide Explosion	2004	Ethylene Oxide Explosion at Sterigenics
BP America Refinery Explosion	2005	Anatomy of a Disaster
EQ Hazardous Waste Plant Explosions and Fire	2006	Emergency in Apex

(つづく)

付録 B　CSB ビデオのリスト　　249

表 B.1　つづき

事故事例	発生年	ビデオ
Valero Refinery Propane Fire	2007	Fire from Ice
Barton Solvents Explosions and Fire	2007	Static Sparks Explosion in Kansas
Little General Store Propane Explosion	2007	Half An Hour to Tragedy
CITGO Refinery Hydrofluoric Acid Release and Fire	2009	Surveillance video from July 19, 2009, fire and explosion at the CITGO Corpus Christi Refinery
ConAgra Natural Gas Explosion and Ammonia Release	2009	Deadly Practices
Kleen Energy Natural Gas Explosion	2010	
Macondo Well Blowout	2010	Deepwater Horizon Blowout Animation
Donaldson Enterprises, Inc. Fatal Fireworks Disassembly Explosion and Fire	2011	Deadly Contract
Millard Refrigerated and Ammonia Release	2015	Shock to the System

付録 C
反応性化学物質のチェックリスト

このチェックリストは，CCPS Safety Alert, "A Checklist for Inherently Safer Chemical Reaction Process Design and Operation, March 1, 2004. Copyright 2004." から引用したものである.

C.1 化学反応によるハザードの特定

1. 意図した化学反応および他の潜在的な化学反応に対する反応熱を知る

反応熱を測定または推定するための技術は，さまざまな熱量計，稼働中のプロセスのプラントでの熱およびエネルギーの収支，類似の化学反応（その反応に精通した化学者によって確認されたもの），文献，供給業者からの情報および熱力学的推定技術などがある．反応器内の混合物が起こし得るすべての反応を特定し，それらの反応熱を把握する必要がある.

2. 反応混合物の最大断熱反応温度を計算する

実測または推算された反応熱を基に，熱除去がない状態で反応混合物の 100% が反応したと仮定して最大断熱反応温度を計算する.この温度を反応混合物の沸点と比較する.最大断熱反応温度が反応混合物の沸点を超える場合，反応は密閉容器内で圧力を発生させる可能性があるので，反応が制御不能にならないように対策を作成評価し，緊急放出システムの必要性を考慮する必要がある.

3. 最大断熱反応温度での反応混合物の個々の成分すべての安定性を確認する

これは，文献検索，供給業者からの情報，実験などにより実施する．成分どうしの反応，または成分の組み合わせによって促進される分解を考慮していないので，反応混合物の安定性を保証するものではないことに留意すること．反応混合物の個々の成分のいずれかが理論的に達成可能な温度で分解するかどうかを示している．最大断熱反応温度で分解する成分がある場合は，この分解の性質を理解し，緊急放出システムを含む安全装置の必要性を検討する必要がある.

4. 最大断熱反応温度での反応混合物の安定性を理解する

CCPS Safety Alert, March 1, 2004 が最大断熱反応温度で起こり得ると警告しているような，意図した反応以外の化学反応が発生するだろうか？　可能性のある分解反応,

特に気体を生成する分解反応に注意すること．少量の凝縮液が反応して非常に大量のガスを発生させ，その結果，密閉容器内で急速な圧力上昇を起こす可能性があるので，これらには特に注意しなければならない．もしこの可能性があれば，これらの反応が緊急放出システムを含む安全対策の必要性にどのように影響するかを理解しなければならない．成分の混合物の安定性を理解するには，実験室での試験が必要になることがある．

5. パイロットプラントまたは生産設備の反応器の加熱および熱除去能力を決定する

エネルギー源としてのリアクター撹拌機（約 2550 Btu/時/馬力）（1 W·h＝3600 J）を考慮することを忘れてはならない．熱伝達能力に対する条件の変化の影響を理解すること．反応器の充填レベル，撹拌，内外の伝熱面のファウリング（汚れ），加熱および冷却媒体の温度変化，加熱および冷却流体の流量の変動などの要因を考慮すること．

6. 潜在的な反応汚染物質を特定する

特に，空気，水，錆，油，グリースなどのプラント環境でどこにでもある汚染物質を考慮すること．一般にプロセス水に存在するナトリウム，カルシウムなどの微量金属イオンの触媒作用について考えること．これらはまた，水酸化ナトリウム水溶液を用いた洗浄装置などでの洗浄作業後に残留することもある．これらの物質が通常の条件または最大断熱反応温度のいずれかで，分解または他の反応の触媒として働くかどうかを確認すること．

7. 反応物の投入量の変動や運転条件からの逸脱の影響を考慮する

例えば，反応物のうちの一つを二重投入することが起こり得るかどうか，もしあれば，その影響は何か？　このような逸脱は，反応器内で起こる化学反応に影響を与える可能性がある．例えば，過剰に投入された原料は，意図した反応の生成物または反応溶媒と反応することもある．生じた予期しない化学反応が高活性であったり，ガスを発生したり，不安定な化学物質を生成する可能性もある．冷却，撹拌，温度制御機能の喪失，溶剤または流動媒体の不足，供給配管または貯蔵タンクへの逆流の影響を考慮すること．

8. 反応容器に繋がるすべての熱源を特定し，最高温度を算出する

反応器加熱システム上のすべての制御システムが故障して最高温度になったと仮定して，最高温度を算出すること．この温度が最大断熱反応温度より高い場合，容器の熱源によって加熱されることで達する最高温度に対する，反応器内容物の安定性および反応性の情報を検討すること．

9. 反応器冷却源が反応混合物を冷却できる最低温度を算出する

反応混合物成分の凍結，熱伝達表面の汚れ，反応混合物粘度の増加による混合および熱移動の減少，反応混合物からの溶解固体の沈殿および反応速度の低下など，冷却し過

ぎが危険な未反応物の蓄積に繋がるという潜在的な危険性（ハザード）を考慮すること.

10. 実験室またはパイロットプラントの反応器と比較して，プラント規模の装置における温度勾配が高いことの影響を考慮する

プラントの反応器での撹拌はほぼ確実に効率が悪く，伝熱面付近の反応混合物の温度は，加熱している場合は混合物全体の温度より高く，冷却している場合は低い．発熱反応の場合，反応物の投入箇所付近での混合が不十分で局所的な反応になると，その付近の温度が高くなることもある．撹拌機および加熱面・冷却面に対する反応器温度センサーの位置は，実際の平均反応器温度の測定能力に影響を及ぼす可能性がある.

これらの問題は，非常に粘性のあるシステムの場合，もしくは温度測定装置や伝熱面を反応混合物中の固形物が覆う可能性のある場合にはさらに深刻である．局所的な高温や低温も問題を引き起こす可能性がある．例えば，加熱表面の近くでの高温は，より高い温度で異なる化学反応または分解を引き起こす可能性がある．冷却コイルの近くの低温は，反応が遅くなり，未反応物質が蓄積し，反応器内に潜在的な化学反応エネルギーを増加させる可能性がある.

この物質が，温度の上昇または他の反応器条件の変化のために反応した場合，未反応物質が予想以上に多く，反応を制御できない可能性がある.

11. すべての化学反応の反応速度を理解する

速度定数やその他の詳細など，完璧な反応モデルを開発する必要はないが，反応物がどの程度の速さで消費され，温度上昇に伴い反応速度がどの程度増加するかを理解する必要がある．熱安定性測定を実施することで，有益な反応速度データを得ることができる.

12. 気相反応の可能性を検討する

これらには，燃焼反応，塩素雰囲気での有機物蒸気の反応などその他の気相反応，エチレンオキシドや有機過酸化物などの気相分解などが該当する.

13. 意図した反応と意図しない反応の両方の生成物の危険性を理解する

例えば，意図した反応や意図しない反応が，粘性のある物質，固体，ガス，腐食性の物質，毒性の高い物質を生成したり，またはシステムのガスケット，パイプライニングやポリマー製品を膨潤させたり劣化させる物質を生成しないか？　反応装置内に予期せぬ物質があった場合は，それが何であるか，また，システムの危険性（ハザード）にどのような影響があるかを判断すること．例えば，ある酸化反応器の場合，固体が存在することは分かっていたが，固体は何であるかは分かっていなかった．その固体は自然発火性であり，あるとき反応器内で火災を引き起こした.

付録 C 反応性化学物質のチェックリスト　　253

14. 化学物質相互作用マトリックスや化学ハザード分析の実施を検討する

　これらの技術は，初期の研究からプラント操業まで，プロセスのライフサイクルを通じてどの段階にも適用することができる．化学物質の混合危険性（ハザード）および意図された操作条件からの逸脱に起因する危険性（ハザード）を特定するための体系的な方法である．

C.2　反応プロセスの設計での注意事項

1. 迅速な反応が望ましい

　一般的に，反応物どうしが接触したら直ちに化学反応が起こるようにしたい．反応物は直ちに消費され，反応エネルギーが速やかに放出され，反応物の接触を制御することで反応を制御することができる．しかし，反応によって生成された熱と気体はすべて確実に除去できなければならない．

2. 初めからすべての潜在的な化学エネルギーが系内に存在するバッチプロセスの採用を避ける

　このタイプのプロセスを運転する場合は，反応熱を知り，最大断熱反応温度と圧力が反応器の設計能力の範囲内にあることを確信できていること．

3. 発熱反応の場合は，徐々に添加する，すなわち「セミバッチ」プロセスを使用する

　発熱反応プロセスを本質的に安全に運転するには，反応が非常に急速に起こったときの温度を算定することである．この温度で反応を行い，反応物のうちの少なくとも一つを徐々に供給して，反応器内のエネルギー放出を制限すること．

　このように徐々に添加するプロセスは，しばしば「セミバッチ」プロセスと呼ばれている．反応を限定する反応物の添加速度を制御する物理的制御が望ましい――例えば，計量ポンプ，細い供給ライン，制限オリフィスを用いた流量制御などである．添加量を制限された反応物は，投入されると直ちに，または非常に迅速に反応することが理想的である．

　何らかの故障（例えば，冷却の停止，停電，撹拌の停止）があった場合には，必要に応じて反応物の供給を停止でき，反応器内に未反応物質による化学エネルギーがほとんどまたは全くないようにできる．添加量を制限した反応物については，何らかの方法で実際の反応を確認することが望ましい．これは直接測定するのが最適であるが，発熱バッチ反応器に対する冷却必要量を監視するなどの間接的な方法も効果的である．

4. 反応混合物の温度制御を，反応速度を制限する唯一の手段とするのは避ける

　反応の発熱量が多い場合，この制御方式は不安定である．つまり，温度が上昇すると，反応が速くなり，熱が放出され，温度がさらに上昇し，熱の放出がさらに速くなるので

254 付録C 反応性化学物質のチェックリスト

ある.

　反応物質が大きな潜在的化学エネルギーを持っている場合は，暴走反応が起こる．このタイプのプロセスは，機械的故障または操作エラーの影響も受けやすい．反応器の温度計が故障すると，想定された反応温度より高くなり，潜在的化学エネルギーのすべてが反応器内に放出されて，暴走反応になる可能性がある.

　その他の多くの単独の故障，例えば，加熱システムのバルブの漏れ，反応器の温度制御における運転員のミス，コンピュータ制御システムにおけるソフトウェアやハードウェアの不具合などでも同様の結果に繋がる可能性がある.

5. 反応器の発熱量と熱除去能力に対して容器のサイズが与える影響を考慮する

　プロセスがより大きな容器で運転される場合，反応による発熱量が熱除去システムの能力より急速に増大することを忘れないこと．発熱量はシステムの体積に比例し，線形寸法の3乗で増加する．熱は一般に反応器の外面を通してのみ除去されるので，熱除去能力はシステムの表面積に比例する．つまり熱除去能力は，線形寸法の2乗に比例して増加する．大型の反応器は，暴走反応が起こるような短い時間（数分間）では十分に断熱的（熱除去ゼロ）である．一方，小さな実験室の反応器は，熱除去は非常に効率的であり，周囲への放熱が問題にすらなり得る．反応温度が実験室で容易に制御されたとしても，プラント規模の反応器で温度を制御できるということではない．プラントの反応器が所定の温度を維持できることを確認するためには，前述の反応熱データを入手する必要がある.

6. 急激な発熱反応に対応して反応器内の異なる場所に複数の温度センサーを使用する

　これは，反応混合物に固体が含まれたり，非常に粘性であったり，または反応器内に混合を阻害する可能性のあるコイル，その他の内部構造物がある場合は，特に重要である.

7. 反応器の内容物の沸点より高い温度の物質を反応器に供給することを避ける

　これは，反応器の内容物を急速に沸騰させ，その蒸気を発生させることがある.

C.3　学習教材と出版物

　化学物質の反応の危険性（ハザード）を理解し，管理する際に役立つ多くの貴重な本やその他の資料がある．以下の資料は特に有用である.

- American Institute of Chemical Engineers, Center for Chemical Process Safety, *Safety Alert*: Reactive Material Hazards, New York, 2001.
- Bretherick's Handbook of Reactive Chemical Hazards, 7th Ed., Butterworth-Heineman, 2007.

付録 C　反応性化学物質のチェックリスト　　255

- *Chemical Reactivity Worksheet*, U. S. National Oceanic and Atmospheric Administration, http://response.restoration.noaa.gov/chemaids/react.html
- American Institute of Chemical Engineers, Center for Chemical Process Safety, Guidelines for Safe Storage and Handling of Reactive Materials, 1995.
- American Institute of Chemical Engineers, Center for Chemical Process Safety, Guidelines for Chemical Reactivity Evaluation and Application to Process Design, 1995.
- United Kingdom Health and Safety Executive, *Designing and Operating Safe* Chemical Reaction Processes, 2000.
- Barton, J., and R. Rogers, Chemical Reaction Hazards: A Guide to Safety, Gulf Publishing Company, 1997.
- Johnson, R. W., S. W. Rudy, and S. D. Unwin. *Essential Practices for Managing Chemical Reactivity Hazards*. New York: American Institute of Chemical Engineers, Center for Chemical Process Safety, 2003.

付録 D
SACHE トレーニングコースのリスト

表 **D.1** SACHE トレーニングコースのリスト

コース名	年
Safety Valves：Practical Design Practices for Relief Valve Sizing	2003
Mini-Case Histories Monsanto polystyrene batch runaway	2003
Mini-Case Histories Morton	2003
The Bhopal disaster：A Case History (2010) & Bhopal-Mini-Case Histories	2003
Mini-Case Histories Flixboro	2003
Mini-Case Histories Hickson decomposition in batch dist unit	2003
Phillips-Mini-Case Histories	2003
Mini-Case Histories Sonat-manual valve alignment	2003
Mini-Case Histories Tosco-refinery release during maintenanc	2003 e
Hydroxylamine Explosion Case Study	2003
Green Engineering Tutorial	2004
Metal Structured Packing Fires	2004
Consequence Modeling Source Models I：Liquids & Gases	2004
Chemical Reactivity Hazards	2005
Introduction to Biosafety	2005
Emergency Relief System Design for Single and Two-Phase Flow	2005
Runaway Reactions-Experimental Characterization and Vent Sizing	2005
Simplified Relief System Design Package	2005
University Access to SuperChems and ioXpress	2005
Inherently Safer Design	2006
Dust Explosion Prevention and Control	2006
Design for Overpressure and Underpressure Protection	2006
Properties of Materials	2007
Static Electricity I-Everything You Wanted to Know about Static Electricity	2007

(つづく)

付録 D　SACHE トレーニングコースのリスト　　257

表 D.1　つづき

コース名	年
CCPS Process Safety Beacon Archive	2007
Venting of Low Strength Enclosures	2007
Rupture of a Nitroaniline Reactor	2007
Piper Alpha Lessons Learned	2007
Inherently Safer Design Conflicts and Decisions	2008
Static Electricity as an Ignition Source	2008
Risk Assessment	2008
Seminar on Tank Failures	2008
Seveso Accidental Release Case History	2008
Explosions	2009
Reactive and Explosive Materials	2009
Seminar on Fire	2009
Process Hazard Analysis: An Introduction	2009
Process Hazard Analysis: Process and Examples	2009
Project Risk Analysis (PRA): Unit Operations Lab Applications	2009
Fire Protection Concepts	2010
Process Safety Course Presentations	2010
Safe Handling Practices: Methacrylic Acid	2010
Understanding Atmospheric Dispersion of Accidental Releases	2010
Dow Fire and Explosion Index (F&EI) and Chemical Exposure Index (CEI) Software	2011
Layer of Protection Analysis-Introduction	2011
Compressible and Two-Phase Flow with Applications Including Pressure Relief System Sizing	2011
Case History: A Batch Polystyrene Reactor Runaway	2011
A Process Safety Management, PSM Overview	2012
Conservation of Life: Application of Process Safety Management	2012
T2 Runaway Reaction and Explosion	2012

付録 E
反応危険性評価ツール

E.1 スクリーニングテーブルとフローチャート

表 E.1 は，"Essential Practices for Managing Chemical Reactivity Hazards"（Ref. E.1）に記載されているスクリーニングの質問事項に答え，文書を作成するための様式として使用することができる．

表 E.1 化学反応危険性のスクリーニング用書類の例

対象設備：		実施日：	
参加者：		承認：	
次の化学反応系ハザードに関する問に答えているか？			
この設備では		Yes, No. N/A	根拠，コメント
問 1. 意図した化学反応が起こっているか？			
問 2. 異なる物質の混合はあるか？			
問 3. 物質の物理的処理が他に行われているか？			
問 4. 他の危険な物質を貯蔵または処理しているか？			
問 5. 空気による燃焼のみが意図した反応か？			
問 6. 物質の混合や物理的処理の過程で熱を発生するか？			
問 7. 自然発火性の物質はあるか？			
問 8. 過酸化物生成物質はあるか？			
問 9. 禁水性物質はあるか？			
問 10. 酸化剤はあるか？			
問 11. 自己反応性物質はあるか？			
問 12. 以下の分析に基づいて，混合危険による事故を起こす可能性があるか？			
シナリオ	通常状態か？	R/NR/？	情報源/コメント
1			
2			
3			

[1] 問 1〜12 の答え Yes/No を図 E.1 で使用する
[2] 通常状態かどうかは，接触/混合が常温，常圧，酸素 21%，閉鎖空間でないことで判断する．もし，通常状態でない場合は，常温常圧下の文献データを使用してはならない．
[3] R＝シナリオの想定する状態で，反応性がある
　NR＝シナリオの想定する状態では，反応しない
　　？＝不明，詳細が分かるまでは R としておくこと

図 E.1 は，表 E.1 の問を繋いで，化学反応の危険性（ハザード）が設備で予想される
かどうかを判断する方法を示すフローチャートである.

3 章に関する注記および問の番号は，参考文献 "Essential Practices for Managing
Chemical Reactivity Hazards"（Ref. E.1）を参照したものである.

訳者註：上記，参考文献の 3 章と 4 章の目次を参考に示す.

3. Preliminary Screening Method for Chemical Reactivity Hazards.

    3.1   Intentional Chemistry.

    3.2   Mixing and Physical Processing.

    3.3   Storage, Handling, and Repackaging.

4. Essential Management Practices.

    4.1   Put into Place a System to Manage Chemical Reactivity Hazards.

    4.2   Collect Reactivity Hazard Information.

    4.3   Identify Chemical Reactivity Hazards.

    4.4   Test for Chemical Reactivity.

    4.5   Asses Chemical Reactivity Risks.

    4.6   Identify Process Controls and Risk Management Options.

    4.7   Document Chemical Reactivity Risks and Management Decisions.

    4.8   Communicate and Train on Chemical Reactivity Hazards.

    4.9   Investigate Chemical Reactivity Incidents.

    4.10   Review, Audit, Manage Change, and Improve Hazard Management Practices
and Program.

E.2　参　考　文　献

E.1   Essential Practices for Managing Chemical Reactivity Hazards, American Institute of
Chemical Engineers, Center of Chemical Process Safety, New York, NY, 2003.

260 付録 E　反応危険性評価ツール

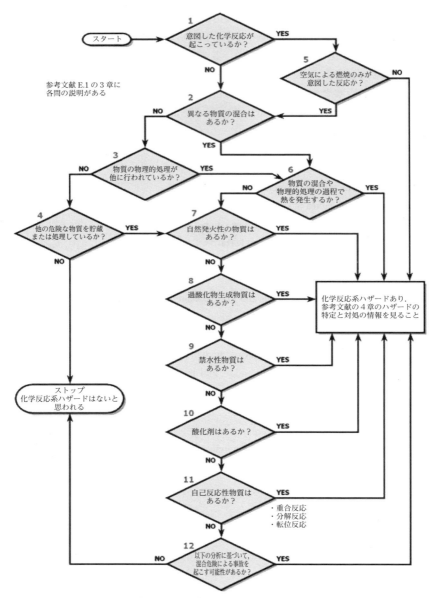

図 E.1　化学反応危険性のスクリーニングの簡易フロー図

索　引

あ

アクションアイテム　218
亜ジチオン酸ナトリウム
　　　　　　17
アース　179
新しいスキル　217
アラームの無効化と管理
　　　　　　231
アルキル化　189
安全運転限界　235
安全エンジニア　126
安全計装システム　126
安全上の弱点へのセンス
　　　　13, 119, 220
安全制御・アラーム・
　インターロック　126
安全装置　226
安全な作業の実行
　　　27, 86, 89, 131
安全文化　219
アンモニアプラント　167

硫黄化合物　182
異性化設備（ISOM）
　　　　　59, 63
イソシアン酸メチル
　　　　6, 55, 111
逸　脱
　——の常態化　14, 44
　運転条件からの——　251
一般的技術標準　15, 244
一般的な故障モード　177
意図した化学反応　250
インターロック　94, 166
インヒビター　180

浮屋根式貯蔵タンク　174
運転員　26
　——によるラインアップ
　　　　　　232
　——とのインター
　　フェース　216
運転規律　39, 221
運転準備　36
運転条件からの逸脱　251
運転手順（書）　25, 26, 81
運転の継続　241
運転前の安全レビュー
　　　　　36, 51

影響の重大性（リスクの）
　　　　　　23
液化石油ガス（LPG）
　　　　32, 107, 176
エクイロン社アナコルテ
　ス製油所　191
エクスパンジョンジョイ
　ント　228
エクスパンションベローズ
　　　　　　100
エクソン・バルディーズ号
　　　　　　103
エンジニアリング規律　234
遠心分離機　155
遠心ポンプ　140
延性脆性遷移温度　184
塩ビポリマー　94
塩ビモノマー　94

屋内退避　172
"O"リング　44

か

過　圧　177
加圧貯蔵タンク　176
改　質　188
回転機器　226
化学工学会安全教育
　（SAChE/SACHE）
　　　　56, 199, 256
化学反応
　——によるハザードの
　　特定　250
　意図した——　250
　潜在的な——　250
化学反応（の）危険性
　（ハザード）
　　　201, 202, 259
化学物質相互作用マトリッ
　クス　253
化学プロセス産業における
　安全性　201
確証バイアス　116
撹拌機　160
火　災　203
　内部の——　178
過充填　177
カー・シール　231
火星気象探査機　46
ガソリン添加剤　162
活性炭層　151
　——の事故　153
過渡期　37
可燃性粉塵　247
可能性（リスクの）　24
可変経口ラム　117
監　査　47

管理者の規律　236
緩和戦略　137

機械エンジニア
　　　　123，127，130
機械的故障　177
機械的分離/固液分離　155
機器のラベル表示　233
危険物質　41
基準の遵守　110
規　制　15
気相反応　252
規則の遵守　89
規定および基準　100
技能工とのインター
　　フェース　216
規範の遵守　15，126
吸　着　151
業務の遂行　96
協力会社の管理　31，89
許可証　28
緊急事態対応計画　41
緊急時の管理
　　　39，86，96，102
緊急時の対応責任　232
緊急指令本部　42
緊急対応訓練　31
緊急対応チーム　42
緊急放出システム
　　　　164，206

グランドキャンプ号　39
クリーンエア法　8
クロルアクネ　6，161
訓　練　33
訓練と能力保証　32，63

経験から学ぶ　11，43，119
軽質炭化水素の処理と分離
　　　　184
計装エンジニア
　　　　123，127，131
継続的な改善　14，49
結　線　179

ケミカルエンジニア
　　　　123，127
原油蒸留装置　91
原油の処理と分離　183

高温水素浸食（HTHA）
　　　　186，188
行動基準　242
効率指標　46
固液分離　155
コーキング　190
故障モード　138
固定屋根式貯蔵タンク
　　　　174
コーパスクリスティ
　（フッ化水素酸の漏えい）
　　　　190
コミッショニング　22
コミュニケーション
　　　13，19，95，240
コロンビア号事故調査
　　委員会（CAIB）67-71
コンセプト・サイエンス社
　　爆発　71
コンデンセート　76
コンデンセートポンプ
　　　　84，85
コンプレッサー　138

さ

最小化戦略　112，137
最大断熱反応温度　250
サイトの手順と管理シス
　　テム　237
作業安全許可　248
作業安全許可証　238
サンド社倉庫火災　101
サンプル採取　230

シアラム　117
シェブロン社　29，183
シェル　77
シェルターイン

プレイス　38，41，172
時間外，週末，祝日の作業
　　　　224
しきい値　8
シクロヘキサノン　97
シクロヘキサン　34，97
事故，出来事，ニアミス
　　の通知　224
事故事例
　機械的分離/固液分離
　　における――　155
　貯蔵における――　169
　熱交換装置の――　146
　燃焼加熱装置の――　166
　反応器の――　160
　物質移動における――
　　　　152
　ポンプ，コンプレッ
　　サー，送風機の――
　　　　139
事故調査　43，50，132
　マコンド油井の暴噴　119
実験室のハザード　247
シナリオ（事故の）　41
シフト指示書　221
シフトノート　222
シフト引継ぎ　223
シフトログ　222
従業員の参画　18
重合禁止剤　180
集塵機　155
　――の爆発　156
充填物の火災　151
重要管理項目（KPI）
　　　　223，234
受動的戦略　138
焼却炉　164
硝酸アンモニウム
　　　25，39，79，82
上昇管　82，84
蒸　留　149
蒸留塔の事故　152
磁力駆動　142
シールレスポンプ　142

索　引　　263

新任エンジニア　241
　　——のためのプロセス
　　　安全業務　124
人命の保護　200

水酸化カリウム　72
スイスチーズモデル　56
水素化処理　185
水素化分解精製設備の爆発
　38
スチームパージ　80
ストレーナー　228
スプリッター　61
スペースシャトル
　　コロンビア号　43, 67
　　チャレンジャー号　12

制御エンジニア　123, 131
制御されていない反応　179
生成物の危険性　252
製油所における一般的な
　　プロセス安全ハザード
　182
整理・整頓・清掃　238
石油精製プロセス　181
設計上の注意
　　機械的分離/固液分離
　　　における——　157
　　貯蔵における——　172
　　熱交換装置の——
　146, 150
　　燃焼加熱装置の——　168
　　反応器の——　163, 165
　　非定常運転状態にお
　　　ける——　194
　　物質移動における——
　153
　　ポンプ，コンプレッ
　　　サー，送風機（流体移
　　　送機器）の——
　139, 144
接触分解　187
接　地　179
設備資産の健全性　216

設備資産の健全性と信頼性
　29, 65, 66, 92, 130, 246
セパレータ　228
セベソ　5, 160, 209
セベソ指令　6
セミバッチ式反応/プロ
　　セス　164, 253
セメント隔壁　114
セルフチェック　242
先行指標　44, 46
潜在的な化学反応　250
専門知識　13

操業の遂行
　38, 66, 106, 220
相互信頼　14
相互チェック　242
操作員　26
操作説明書　221
送風機　138
測定とメトリクス　46, 96
組織変更管理（MOOC）
　35, 100, 129

た

ダイオキシン　5, 161
代替戦略　137
タイムリーな対応　14
台湾プラスチック社塩ビ
　　モノマー爆発　93
脱出限界濃度　182
単位操作　138
タンク/槽　228
タンク崩壊　171
単純化戦略　137

地域社会　19
地下貯蔵タンク　173
遅行指標　44, 46
抽出器　152
中和器　790
チューブシート　147
貯　蔵　169

ディープウォーター・
　　ホライズン　114
定量的リスク分析手法　24
ディレードコーカー　192
テキサスシティー　39
テクニカル・スキル　219
手順化　138
テソロ石油アナコルテス
　　製油所　186
点火装置　227
電気エンジニア
　123, 127, 131
電気・計装盤　227

統括責任　235, 241
同種の置き換え　34
胴　体　77
糖蜜タンク　171
毒性蒸気雲　41
2,4,5-トリクロロフェ
　　ノール　160
ドリルデリック　82
トレーニング　213
トレーニングマトリックス
　213
トレーラーハウス　59, 64
泥-ガス分離機　116

な

NASA　12, 43, 67
ニアミス　43, 45, 56
ニトログリセリン　5, 6
ニュートラライザー　79
熱交換器　228
熱交換装置　145
熱除去能力　251, 254
燃焼加熱設備　164
能動的戦略　138
能力保証　33
ノックアウトポット　228
ノバケミカル　166
ノンテクニカル・スキル
　217

264　索　引

は

排ガスコンプレッサー　65
配管計装図（P&ID）
　　　51, 125, 231
パイパーアルファ
　　　31, 82, 209
パイロットプラント　20
爆燃から爆轟への遷移　169
爆　発　203
　　内部の――　178
ハザード
　　――の認識　242
　　化学反応による――　250
　　リスクの――　23
ハザードと操作性レビュー
　　　78
ハザードとリスクを理解
　　する　11, 20
ハザードの特定とリスク
　　分析（HIRA）　22, 35,
　　47, 51, 74, 78, 82,
　　112, 128, 204, 218
ハザード評価　23
ハザードレビュー　22
バッチ式遠心分離機　155
バッチ式反応/プロセス
　　　163, 253
バッチ式反応器　160
発泡断熱材　43, 67-69
パートリッジ・ローリー
　　油槽所の爆発　87
バーナー管理システム　168
パフォーマンス指標　46
パラフィン　39
バンスフィールドの爆発
　　と火災　169
反応汚染物質　251
反応器と反応のハザード
　　　159
反応性化学物質　247, 250
反応速度　252
反復運動過多損傷　2

非定常運転状態　192
ヒドロキシルアミン
　　　20, 71
ビニルアセチレン　152
非破壊検査　69
日々の業務レビュー　236
評価シートの作成　225
疲労管理　239

ファイアボール　77, 177
負　圧　177
負圧破損　172
フィリップス 66 カンパ
　　ニー・ヒューストン
　　・ケミカル・コンプ
　　レックス　210
フィルター　155
フェノールバインダー　15
不純物の除去　185
ブタジエン回収装置　152
フッ化水素酸　189
　　――の漏えい　190
沸騰液膨張蒸気爆発
　　（BLEVE）
　　　33, 108, 176
フラッシュタンク　76
フラッシング　88
フリックスボローの爆発
　　　34, 97, 209
フレアシステム
　　　60, 66, 185
フレアスタック
　　　63, 108, 111, 164
フレアピット　107
フレームアレスタ　154
ブレンダー　17
プロセス安全　5, 215
　　――の概要　201
　　――の評価　230
　　――のピラー　38
プロセス（の）安全管理
　　　8, 200
プロセス安全管理活動　23
プロセス安全管理規制　8

プロセス安全管理者　233
プロセス安全（上の）事故
　　事例　193
　　――とハザードの事例
　　183, 184, 186, 189, 191
プロセス安全指標のピラ
　　ミッド　44
プロセス安全小事故　44
プロセス安全（上の）
　　ハザード　188
　　製油所における――　182
プロセス安全情報　35, 125
プロセス安全設計戦略　137
プロセス安全能力
　　　17, 22, 78
プロセス安全 Beacon
　　（PSB）　56, 134
プロセス安全文化
　　12, 50, 62, 70, 112, 119
プロセス安全モジュール
　　　199
プロセス安全を誓う　11, 12
プロセス事故　44
プロセス知識　22
プロセス知識管理
　　　20, 63, 74, 123
プロセスの値と評価　224
プロセスハザード　201
プロセスハザード分析　82
プロセスフィルター　228
プロセスフロー図　79
ブローダウンドラム
　　　60, 63
粉塵爆発　15, 155

米国化学安全委員会
　　（CSB）　55, 134
CSB ビデオ　135, 246
ベストプラクティス　20
ペメックス LPG 基地　107
変更管理（MOC）　34, 37,
　　47, 50, 63, 78, 96,
　　100, 107, 113, 128
MOC システム　34

ベントガス洗浄設備　111
ベントスタック　63

ボイルオーバー　169
暴走反応　160, 208
法　律　15
保護具　214
ポジションが重要な器具
　231
ポートニール　25, 79
ボパール　6, 55, 111, 209
本質（的に）安全
　6, 112, 137
本質安全設計　200
本質安全戦略　112
本質化　137
ボンディング　179
ポンプ　138

ま

マコンド油井の暴噴　114
マーズ・クライメイト・
　オービター　46
間違った化学物質の投入
　171
マネジメントレビュー　49
ミルフォード・ヘブン，
　テキサコ製油所の爆発
　90
メカニカルシール
　139, 141
メトリクス　46
モーターコントロール
　センター　227
モティバエンタープライズ
　合同会社（製油所）
　27
盛土式貯蔵タンク　174

や

有機廃棄物の貯蔵状態の
　評価　227

容積型ポンプ　142

ら

ラインアップ　232
落　雷　179
ラフィネート　61

利害関係者との良好な関係
　19
リ　グ　114
リスク　10
リスクに基づくプロセス
　安全　5
リスクに基づくプロセス
　安全システム（RBPS）
　8
　RBPS のエレメント　10
リスクを管理する　11, 25
リソース　42
リーダーシップ　11
リッチオイル　76, 77
リッチモンド製油所
　29, 183
リフォーマー　167
硫化水素　184
硫　酸　189
硫酸カリウム　71
硫酸貯蔵タンク　27
硫酸ヒドロキシルアミン　72
流動接触分解　187
流動接触分解装置　90
リリーフ弁　84, 85
リーンオイル　75-77

冷却システム　160
冷却塔　227
労働安全の評価　230
ロックアウト　84, 85
ロックアウト・タグア
　ウト（LOTO）　36
ロールオーバー　169, 178
ロングフォードガスプラ

ント爆発
　47, 75, 146, 184

欧　文

accountability
　→　統括責任
AIChE Academy　132
API　44
ARCO 社チャネルヴュー
　爆発　65
Baker Panel　2, 62
BLEVE　→　沸騰液膨張
　蒸気爆発
BP 社
　──アモコ（Amoco）
　193
　──製油所爆発　2, 59
CAIB　→　コロンビア号
　事故調査委員会
Case Histories　207
CCPS　134
Clean Air Act　8
condition monitoring
　location（CML）　30
CSB　→　米国化学安全
　委員会
DIERS　5
emergency operations
　center（EOC）
　→　緊急指令本部
emergency response
　team（ERT）
　→　緊急対応チーム
employee participation　18
FCC　→　流動接触分解
HAZMAT　→　危険物質
HAZOP　→　ハザードと
　操作性レビュー
Hickson 社　209
HIRA　→　ハザードの
　特定とリスク分析
HTHA　→　高温水素浸食
IDLH　→　脱出限界濃度

IDPS 56
isomerization unit（ISOM）
　　→　異性化設備
KPI　→　重要管理項目
LOTO　→　ロックアウ
　　ト・タグアウト
LPG　→　液化石油ガス
management of organizational
　　change（MOOC）
　　→　組織変更管理
MOC　→　変更管理
NDT　→　非破壊検査
organizational change
　　management（OCM）
35
OSHA PSM 8
PD ポンプ
　　→　容積型ポンプ
piping and instrumentation

diagram（P&ID）
　　→　配管計装図
PPE　→　保護具
pre-startup safety review
　　（PSSR）　→　運転前
　　の安全レビュー
process safety information
　　（PSI）　→　プロセス
　　安全情報
process safety officer
　　（PSO）　→　プロセス
　　安全管理者
RAGAGEP　→　一般的
　　技術標準
RBPS　→　リスクに基
　　づくプロセス安全
　　システム
recommended practice
　　（RP） 30

replacement-in-kind 34
risk management plan 8
RMI　→　反復運動過多
　　損傷
RMP 規則 19
SAChE/SACHE　→
　　化学工学会安全教育
SCAI　→　安全制御・
　　アラーム・インター
　　ロック
SIS　→　安全計装システム
SME 16, 219
Sonat 社 210
T2 ラボラトリーズ 161
Tosco 社 210
TQ　→　しきい値
What-If 分析 74
workforce involvement 18

化学工学会 SCE・Net 安全研究会のメンバー紹介

翻訳チームメンバー

飯濱 慶（いいはま けい）
早稲田大学大学院修士課程修了（機械工学）．日機装株式会社にて化学プロセスポンプ等の開発設計に従事．デュポン株式会社にて合成ゴム工場の建設と運転管理，国内2か所の工場長，安全コンサルタントを経験．デュポン退職後，国際安全研究所を設立し，日本と ASEAN にて安全コンサルティング業務に従事する．

井内謙輔（いうち けんすけ）
東京大学工学部合成工学科卒業．丸善石油化学株式会社にて石油化学全般に関する製造管理，各種設計・建設，研究開発に従事．丸善石油化学退職後，化学工学会安全部会運営委員，産業総合研究所との安全に関する共同事業などを経験．現在，安全事例研究所を設立し，プロセス安全に取り組んでいる．

牛山 啓（うしやま さとし）
東京大学大学院修士課程修了（化学工学）．八幡化学株式会社（現 日鉄ケミカル＆マテリアル）にて，おもに芳香族および誘導体関連設備製造管理，各種プラント設計建設プロジェクト，海外スチレン系樹脂プラント設計建設，研究開発，海外駐在，経営・監査などに従事する．

小谷卓也（こたに たくや）
AIChE 名誉上級会員．慶応義塾大学大学院修士課程修了（応用化学）．三井造船株式会社（現 三井 E＆S）にてアメリカ本土を含む西半球や東欧における海外プロジェクトの受注・実施，日米合弁会社（現 Applied Materials）の海外（米・台・韓）事業所における業務監査など海外事業関係業務経験豊富．著書に「英和・和英産業技術用語辞典 改訂増補版（研究社，2007）」，「エンジニアにも役だつ わかりやすい英文の書き方（日本能率協会マネジメントセンター通信講座テキスト，1992-2012），日・英・西技術用語辞典（共著，研究社，1990）など．

齋藤興司（さいとう こうじ）
東京大学工学部化学工学科卒．旭硝子株式会社（現 AGC）にてイオン交換膜法食塩電解等の工業化研究，ファインケミカルス製造等に従事．日系企業の中国子会社凱美科瑞亜江蘇化工有限公司にて副総経理として現場管理全般指導．

澤 寛（さわ ひろし）
京都大学工学部化学工学科卒，ワシントン大学大学院化学工学専攻博士課程修了．Ph.D. ダウ・ケミカル社32年勤務，愛知県の新設工場の設計建設運転さらに事業企画管理に携わる．太平洋地域セーフティ・ロスプリベンション・セキュリティディレクター歴任．ダウ退職後，キャ

ボット，サムソン電子，三菱重工などで安全業務の顧問，安全教育担当等歴任.

澁谷　徹（しぶや　とおる）
東京大学大学院修士課程修了（化学工学）．旭硝子株式会社（現 AGC）にてフッ素樹脂に関する研究開発，プラント設計・建設，技術導入に従事する.

竹内　亮（たけうち　あきら）
AIChE 正会員．早稲田大学理工学部応用化学科卒，米国 Drexel University 化学工学修士．三井造船株式会社（現 三井 E＆S）にてプロセス設計，マルチパーパスプラントなど新規事業の開発，デュポン株式会社にて建設プロジェクトの管理，安全コンサルタントなどを経験．現在は，事故分析・コミュニケーション研究所長，埼玉工業大学非常勤講師などに従事する.

長安敏夫（ながやす　としお）
京都大学大学院修士課程修了（化学工学）．昭和電工株式会社にてプラントの能力アップ，品質改良，省エネ，環境対策などに従事．昭和電工退職後，環境マネジメントコンサルタント業に従事する.

山岡龍介（やまおか　りゅうすけ）
北海道大学理学部 修士課程修了（有機合成化学）．東洋高圧工業株式会社（現 三井化学）にて青酸系化合物の製造プラントの運転管理，石油化学原料（エチレン等）の生産計画・管理，高圧ガス事業所（エチレン製造工場等）の保安管理に従事する.

山本一己（やまもと　かずみ）
広島大学大学院修士課程修了（化学工学），横浜国立大学大学院物質工学専攻博士課程修了，博士（工学）取得．綜研化学株式会社にて一般化学プラントのプロセス設計と建設，アクリルポリマーの生産設備の技術開発と研究開発を経た後，安全推進の業務に従事する.

査読チームメンバー

三平忠宏（みひら　ただひろ）
千葉大学工学部工業化学科卒．チッソ（現 JNC）株式会社にて PVC，オキソ化学品，可塑剤等のプラントの運転，設計，建設，製造管理，生産技術，社全体の環境安全管理，半導体後工程会社の経営に従事する.

渡辺紘一（わたなべ　こういち）
東京工業大学化学工学科卒．日本ゼオン株式会社にて合成ゴムプラント，合成樹脂プラントの設計・建設・運転・製造技術の改善と新規ゴムなどの開発，その他，海外プラントの設計・技術支援，生産部門の技術管理に従事する.

化学工学会 SCE·Net 安全研究会

　化学工学会の産学官連携センター傘下の SCE·Net 安全研究会は，化学品メーカー，エンジニアリング会社など，長年，化学産業に従事してきたエンジニアの集まりである．"安全"に関わる豊富な知識と経験を整理・集約し検討した成果を外部に発信して社会に貢献すること」を目的に 2001 年に安全グループとして発足し，2003 年に安全研究会となり，現在に至る．おもな活動に，CCPS（AIChE）からの月刊 Process Safety Beacon の翻訳と「安全談話室」の公開，CCPS と共著の「事例に学ぶ化学プロセス安全」（丸善出版）の上梓，産業技術総合研究所と共同で経済産業省事業「現場保安チェックポイント集および検索システム」への参加などがあり，その他，お茶の水女子大学での LWWC（化学・生物総合管理の再教育講座）安全講座の実施，CCPS の Process Safety Metrics（プロセス安全メトリックス）の翻訳，OPCW（化学兵器禁止機関）とわが国の外務省が主催した東アジア諸国の代表に対するプロセス安全セミナーで CCPS の Global Process Safety Metrics を紹介，4th CCPS Global Summit では安全教育について将来構想を示すなど，国内外の化学プロセス安全向上に寄与している．

若い技術者のための　プロセス安全入門

<table>
<tr><td></td><td>平成 30 年 12 月 25 日</td><td>発　　　行</td></tr>
<tr><td></td><td>令和元年 10 月 20 日</td><td>第 2 刷発行</td></tr>
</table>

訳　　者　　公益社団法人 **化学工学会**
　　　　　　SCE·Net 安全研究会

発 行 者　　池　田　和　博

発 行 所　　**丸善出版株式会社**
　　　　　　〒101-0051　東京都千代田区神田神保町二丁目17番
　　　　　　編集：電話（03）3512-3261／FAX（03）3512-3272
　　　　　　営業：電話（03）3512-3256／FAX（03）3512-3270
　　　　　　https://www.maruzen-publishing.co.jp

© The Society of Chemical Engineers, Japan SCE·Net, 2018

組版印刷・中央印刷株式会社／製本・株式会社 松岳社

ISBN 978-4-621-30358-0　C3058　　　　　　Printed in Japan

本書の無断複写は著作権法上での例外を除き禁じられています．